SDG – Forschung, Konzepte, Lösungsansätze zur Nachhaltigkeit

Die nachhaltige Entwicklung unserer Welt ist eine der wichtigsten Herausforderungen in Gegenwart und Zukunft und zugleich eine Aufgabe, an der alle Wissenschaften beteiligt sind. Um einen sichtbaren Beitrag auf diesem Weg zu leisten, gibt SPRINGERNATURE die Buchreihe SDG – Forschung, Konzepte, Lösungsansätze zur Nachhaltigkeit heraus, in der Arbeiten aus allen Disziplinen publiziert werden können, die die wissenschaftliche Analyse oder die praktische Förderung von Nachhaltigkeit zum Ziel haben, wie sie insbesondere in den Nachhaltigkeitszielen der Vereinten Nationen definiert sind.

Malte Faber · Reiner Manstetten ·
Marco Rudolf · Marc Frick · Mi-Yong Becker

Nachhaltiges Handeln in Wirtschaft und Gesellschaft

Orientierung für den Wandel

 Springer

Malte Faber
Universität Heidelberg
Heidelberg, Deutschland

Reiner Manstetten
Universität Heidelberg
Heidelberg, Deutschland

Marco Rudolf
Hochschule Pforzheim
Pforzheim, Deutschland

Marc Frick
Universität Basel
Basel, Schweiz

Mi-Yong Becker
Hochschule Bochum
Bochum, Deutschland

ISSN 2731-8826   ISSN 2731-8834   (electronic)
SDG – Forschung, Konzepte, Lösungsansätze zur Nachhaltigkeit
ISBN 978-3-662-67888-6   ISBN 978-3-662-67889-3   (eBook)
https://doi.org/10.1007/978-3-662-67889-3

Die Deutsche Nationalbibliothek verzeichnet diese Publikation in der Deutschen Nationalbibliografie;
detaillierte bibliografische Daten sind im Internet über http://dnb.d-nb.de abrufbar.

Planung/Lektorat: Renate Scheddin
Springer ist ein Imprint der eingetragenen Gesellschaft Springer-Verlag GmbH, DE und ist ein Teil von
Springer Nature.
Die Anschrift der Gesellschaft ist: Heidelberger Platz 3, 14197 Berlin, Germany

Das Papier dieses Produkts ist recyclebar.

Geleitwort an die Leserinnen und Leser

Das Buch, in dem Sie gerade lesen, ist eine Art Landkarte für den Weg durch ein schwieriges Gelände. Es verschafft Übersicht und bietet Orientierungsmarken für diejenigen, die an einer nachhaltigen Zukunft arbeiten.

Im Diskurs um die Umwelt und den Klimaschutz mangelt es nicht an engagierten Teilnehmern. Akteure aus Politik, Wirtschaft, Innovations- und Start-Up-Szene, Wissenschaft und Zivilgesellschaft bringen ihre Perspektiven ein, Aktivistinnen und Aktivisten sorgen dafür, dass die Dringlichkeit des Themas präsent bleibt. Die nachdrückliche Art des Protestes der sogenannten „Letzten Generation" deutet darauf hin, worum es geht: Vieles muss sich ändern. Und zwar möglichst bald. Längst sind es nicht nur Minderheiten aus der Umweltbewegung, die sich um kreative Ideen und neue Lösungsansätze bemühen. Auch große Organisationen wie die Deutsche Energie-Agentur (dena), deren Vorsitzender in der Geschäftsführung ich über acht Jahre lang war, bringen immer wieder Modellierungen, Szenarien, Projekte und Vorschläge für Handlungsoptionen in die Debatte, und parlamentarische Mehrheiten verabschieden Gesetze, die nachhaltiges Handeln effektiv befördern. Außergewöhnlich ambitionierte Klimaziele sind durch das von fast allen Regierungen ratifizierte Klimaabkommen von Paris sogar völkerrechtlich verbindlich geworden. Und doch gibt es vielfach eine seltsame Orientierungslosigkeit.

Ein Grund dafür ist, wir wollen oft zu viel und sehen dabei zu wenig. Ideen, Initiativen und Aktionen gehen aber ins Leere, wenn sie sich lediglich an einen einzigen Gesichtspunkt klammern. Zu viele von uns meinen, nur allzu gut zu wissen, wie genau alles gelingen kann. Man müsste doch nur dies oder jenes machen! Doch die gesicherte Überzeugung der einen ist oftmals nicht kompatibel mit den Überzeugungen der jeweils anderen. Gerade die besonders Engagierten – ich will mich selbst dabei keineswegs ausnehmen – sind der Gefahr einer gewissen Hybris ausgesetzt. Aber wer etwa nur die natürlichen Faktoren sieht, unterschätzt die Schwierigkeit gesellschaftlicher Entwicklungen, wer nur auf die Mehrheitsfähigkeit von Initiativen und Ideen achtet, vergisst leicht, dass die Natur nicht wartet, und es rächt sich, wenn man die Eigengesetzmäßigkeiten von Prozessen in Wirtschaft und Politik nicht berücksichtigt. Im Nachhaltigkeitsdiskurs unserer Tage haben zwar viele Teilnehmer irgendwie Recht, und sie reden doch aneinander vorbei oder bekämpfen einander sogar, weil ihr Recht nur das Recht der einen

Seite ist, welche die andere Seite nicht wahrnimmt oder nicht versteht. Wirksame Umwelt- und Klimapolitik ist eben mehr als die Übersetzung von wissenschaftlich abgeleiteten Zielen in ein scheinbar geradliniges Politikkonzept. Es hilft nichts: Wer erfolgreich sein will, muss sich mit unterschiedlichen Perspektiven und Fragestellungen auseinandersetzen. Ohne einen Überblick über die oft komplexen Zusammenhänge zwischen natürlichen Verhältnissen, wirtschaftlichen Abläufen, gesellschaftlichen Trends und politischen Prozessstrukturen können wir den vor uns liegenden Aufgaben nicht gerecht werden.

Um vor den Leserinnen und Lesern das Feld umwelt- und klimapolitischer Fragestellungen in seiner ganzen Weite und Komplexität auszubreiten, werden in diesem Buch Konzepte aus Physik, Biologie, Wirtschafts- und Politikwissenschaften im Horizont ethischer und wissenschaftsphilosophischer Überlegungen vorgestellt. Auf dem Weg zu einer nachhaltigen Gesellschaft können diese Konzepte die Diskussion strukturieren und Orientierung bieten. Ich möchte hier nur schlaglichtartig auf einige dieser Konzepte verweisen. In diesem Buch ist ein prominentes Thema die Zeit. Wandlungsprozesse brauchen Zeit – für den Aufbau von Infrastruktur, die Veränderung von Verhaltensweisen, den Aufbau von Institutionen, die Skalierung von Innovationen zum Beispiel. Für das Verständnis von Zeit besonders wichtig ist aber auch ein Sinn für Zeitfenster, in denen Entwicklungen beschleunigt werden können. Eine Bürgerbewegung zum Beispiel kann ein solches Zeitfenster öffnen, aber auch die Tragik eines Krieges, der uns mit seinen ganz neuen Herausforderungen auch ganz neue Handlungsmöglichkeiten bewusst macht. Ein anderes Thema ist die Gerechtigkeit. Darüber reden wir gerne, wenn es um Klimaschutz geht, verlieren uns dann aber nicht selten in einer Debatte über technische, ökonomische und juristische Instrumente. Im Buch wird deutlich, dass die Aufgabe, Nachhaltigkeit zu erreichen, ohne ein gemeinsames Verständnis für einen fairen und gerechten Rahmen nicht lösbar sein wird. Ebenso häufig reden wir über Umwandlungen von Energie und den Bedarf an Ressourcen, ohne uns dabei der physikalischen Rahmenbedingungen der Nutzung eben dieser Energie und dieser Ressourcen ausreichend bewusst zu sein. Die Behandlung von Themen wie Entropie und der Gesetze der Thermodynamik in diesem Buch kann uns jedoch Hinweise zu den jeweiligen Zustandsformen von Energie geben, die wir für eine zielgerichtete Auseinandersetzung mit diesen Fragen kennen müssen. Besonders beeindruckt haben mich die Ausführungen des Buches zum Thema Unwissen. Das Wissen um unser eigenes Unwissen ist eine der wichtigsten Grundlagen für das Gelingen unserer Bemühungen um Nachhaltigkeit. Zu oft meinen wir schon jetzt exakt zu wissen, welche Schritte in 10 oder 15 Jahren erforderlich sein werden.

In meiner Zeit als Vorsitzender der Geschäftsführung der Deutschen Energie-Agentur (dena) war ein wichtiger Grundgedanke, dass Energiewende und Klimaschutz zwar guter Planung und Organisation bedürfen, dass aber in alle Planung unser Unwissen einbezogen werden muss. Stets muss man offen sein für Veränderungen, neue Optionen und Lösungspfade. Ob bei den dena-Leitstudien, in denen wir über alle Sektoren hinweg die besten Wege für die integrierte Energie-wende und die Klimaneutralität gesucht haben oder auch bei der dena-Netzstudie, in der wir die Grundlagen für eine integrierte Infrastruktur-Planung skizziert und entwickelt haben: Alle unsere Ansätze haben immer versucht, Lösungsvorschläge auf einem sicheres Fundament für die Handlungen zu basieren und gleichzeitig auf diesem Fundament Flexibilität zu ermöglichen, um in der Zukunft offen für noch bessere Lösungen zu sein, wie wir sie zu Beginn unserer Überlegungen weder vorhersehen noch erwarten konnten. Robust und flexibel, das ist für mich kein Widerspruch, sondern Grundlage für das Gelingen.

Immer wieder bin ich bei der Konzeption unserer Aktivitäten und Studien mit meinem Team auf die Grundlagenarbeit der sogenannten *Heidelberger Schule der Ökologischen Ökonomie* gestoßen, auf denen das vor Ihnen liegende Buch auf-baut. Der Begründer eben dieser Schule und einer der Autoren dieses Buches ist Malte Faber. Schon vor mehr als vierzig Jahren ist er auf offenkundige Defizite der reinen Lehre der Ökonomik gestoßen. Zeit seines Lebens hat er Schritt für Schritt den Horizont erweitert, im Austausch mit Naturwissenschaftlern und Philosophen auch jenseits des Rahmens der Wirtschaftswissenschaften Konzepte und Ideen ent-wickelt und in der Auseinandersetzung mit tatsächlichen Problemen angewandt. Er hat sich auch – und zwar sehr erfolgreich – in die praktische Politikberatung gewagt, um dort die eigenen Ansätze zu erproben. 30 Jahre hat er als Inhaber des Lehrstuhls für Wirtschaftstheorie an der Universität Heidelberg gewirkt und einen guten Teil dieser Zeit als Direktor des von ihm gegründeten Instituts für interdisziplinäre Umweltforschung. Viele, die heute intensiv mit Energiewende und Klimaschutz beschäftigt sind, sind durch seine Schule gegangen. Ich bin einer davon. Als jemand, der immer wieder von den Gesprächen mit Malte Faber und auch den anderen Autoren dieses Buches und deren Hinweisen auf Texte und weg-weisende Gedanken profitiert hat, freue ich mich in besonderer Weise über dieses Buch. Ich bin überzeugt, dass dieser neue, komprimierte und praxistauglichen Blick auf die Themen Nachhaltigkeit, Umwelt- und Klimaschutz genau zum richtigen Zeitpunkt kommt.

Berlin
im Juni 2023

Andreas Kuhlmann

Vorwort und Danksagungen

Dieses Buch hat seinen Ursprung bei Malte Faber, der von 1974–2004 den Lehrstuhl für Wirtschaftstheorie an der Ruprecht-Karls-Universität Heidelberg innehatte. Es basiert auf den Erkenntnissen eines interdisziplinären Lehrstuhlteams, das in wechselnder Besetzung und über 40 Jahre die Wechselwirkungen und Dynamiken zwischen menschlichen Handlungsweisen, der Wirtschaft und der Natur erforscht hat. Die Erkenntnisse sind in zahlreichen Publikationen in Fachzeitschriften und Verlagen ganz unterschiedlicher Fachrichtungen veröffentlicht worden, teilweise als Ergebnisse dezidierter Forschungsprojekte. In Retrospektive bilden die Erkenntnisse jedoch einen eigenständigen Forschungsansatz. Um diesen als solchen erkennbar sowie über die Heidelberger Gruppe hinaus adaptierbar zu machen, wurde der Ansatz im Rahmen des Projekts *MINE – Mapping the Interplay between Nature and Economy* in eine *digitale Wissenslandkarte* übersetzt und auf diese Weise einer breiten Leserschaft zugänglich gemacht. Die 2019 als Onlinetool *MINE* (www.nature-economy.com) veröffentlichte Landkarte trägt 15 grundlegende Konzepte zusammen, weist den einzelnen Konzepten einen Ort innerhalb eines Netzwerkes mit zahlreichen Querverbindungen zu und bereitet sie verständlich auf. Die vertiefenden Erfahrungen und Lehrerfolge, die das Autorenteam in zahlreichen Lehrveranstaltungen mit MINE machen konnte, haben den Anstoß geliefert, *MINE* didaktisch aufzubereiten und in Buchform bereitzustellen. Dabei waren insbesondere die zahlreichen wertvollen Hinweise der Teilnehmenden in den MINE-Seminaren an mehreren Hochschulen in Europa, Indien und Argentinien wegweisend.

Die einzelnen Kapitel des vorliegenden Buches behandeln Schritt für Schritt die Konzepte von *MINE* und verweisen auf die Arbeiten der Forschenden, die diesen spezifischen Ansatz mitgeprägt haben. Dabei wird zunächst ausgeblendet, dass zahlreiche andere Wissenschaftlerinnen und Wissenschaftler an anderen Orten und mit ganz eigenen Ansätzen zu den gleichen Fragestellungen und Konzepten gearbeitet haben. Aber: Einen Überblick über den aktuellen Forschungsstand zu der Vielzahl angesprochener Fragestellungen zu liefern, würde den Rahmen dieses Buches sprengen und aus unserer Sicht auch den Zugang erschweren. Darum haben wir uns dafür entschieden, in den Kapiteln selbst nur die notwendigen Literaturverweise aufzuführen und am Ende der Teile 1, 2, 3 und 4 des Buches jeweils einige Literaturempfehlungen zu geben, die über unsere eigenen Arbeiten hinausgehen.

Dieses Buch ist das Ergebnis der Zusammenarbeit eines Autorenteams aus fünf unterschiedlichen Generationen. Auch wenn wir ein gemeinsames Ziel verfolgen und uns mit denselben Fragen beschäftigen, so bringt doch jedes Mitglied unserer Gruppe eigene Perspektiven und eigene Lösungsansätze mit. Die Diskussionen, die sich aus der Heterogenität unserer Gruppe mit Blick auf unser Alter, unsere Lebensrealitäten und Erfahrungen ergeben, haben wir nie als Hindernis verstanden, sondern die Reibung und auch den Dissens, die sich daraus bisweilen ergaben, immer als etwas Konstruktives erlebt. Wir haben versucht, auch in unseren gemeinsamen Seminaren diese unterschiedlichen Perspektiven und Meinungen nicht zu verstecken und das Ringen um die besten Ideen und Argumente untereinander, aber auch im Austausch mit den Studierenden transparent und ergebnisoffen zu halten. Auch wenn diese Vorgehensweise mehr Arbeit macht, als sich schnell auf einen Minimalkonsens zu einigen und auch wenn er mit Zumutungen einhergeht und eine Haltung des Grundvertrauens in das jeweilige Gegenüber erfordert, haben wir sie als wertvoll erlebt. Die Fragestellungen und Herausforderungen, um die es uns geht, sind wichtig und es lohnt sich, konstruktiv über die besten Wege zu Lösungen zu streiten. Wir hoffen, dass es uns gelungen ist, diese Haltung auch in das vorliegende Buch zu übertragen.

Wichtig zu wissen: Struktur des Buches

- **Merkboxen:** Im gesamten Buch sind Merkboxen eingearbeitet, die zentrale Gesichtspunkte der jeweiligen Kapitel hervorheben. Zu Beginn eines jeden Kapitels wird unter dem Titel „Worum geht's?" prägnant zusammengefasst, womit sich das Kapitel beschäftigt. Innerhalb der Kapitel heben „Wichtig zu wissen-Boxen" wesentliche Erkenntnisschritte und Definitionen hervor. Unter dem Titel „Zusammenfassung" werden in einigen Kapiteln die wichtigsten Erkenntnisse des Kapitels noch einmal knapp zusammengeführt.
- **Literaturverzeichnisse:** Literaturverweise werden am Ende jedes Kapitels in einem Literaturverzeichnis zusammengestellt.
- **Literaturempfehlungen:** Zu den Teilen 1–4 des Buches werden zentrale Literaturempfehlungen zur weiterführenden Lektüre angegeben. Diese verweisen auf Literatur von anderen Autorinnen und Autoren, die sich mit ihren jeweils eigenen Ansätzen mit den Fragestellungen unseres Buches beschäftigen.
- **Genderregeln:** Zur besseren Lesbarkeit werden im Buch abwechselnd das generische Maskulinum und das generische Femininum verwendet, wobei in allen Beispielen grundsätzlich alle, auch nicht binäre, Geschlechter gemeint sind.

Die Erarbeitung eines Buches ist, auch bei einem fünfköpfigen Autorenteam, ein Gemeinschaftswerk, das über das einzelne Gruppenmitglied hinaus einer Vielzahl von helfenden Händen und denkenden Köpfen bedarf. Wir möchten uns bei den Teilnehmenden unserer Seminare an der Ruprecht-Karls-Universität Heidelberg, der Hochschule Bochum und der Heidelberg School of Education für die angeregten Diskussionen der Inhalte dieses Buches und ihr offenes Feedback zum didaktischen Konzept bedanken. Dem Springer Verlag und Renate Scheddin gilt unser herzlicher Dank für die Bereitschaft, das Buch in sein Programm aufzunehmen und für die hilfreiche und unterstützende Betreuung auf dem Weg vom Manuskript bis zum Druck. Vielen Dank den Kolleginnen und Kollegen an der Ruprecht-Karls-Universität Heidelberg, dem ZEW-Leibniz Zentrum für Europäische Wirtschaftsforschung in Mannheim, der Hochschule Pforzheim und der Hochschule Bochum mit denen wir den Ansatz und die Konzepte dieses Buches in den vergangenen Jahren diskutiert haben. Ute Beckel-Faber, Monika Kloth-Manstetten, Jörg Hüfner, Klaus Jacobi, Andreas Kuhlmann, Philipp Krohn und Thomas Petersen haben als Gesprächspartner, kritische Leser und Impulsgeber nicht nur dieses Buch, sondern praktisch alle Projekte der vergangenen Jahre begleitet. Ihnen gilt unser besonderer Dank.

Basel, Bochum und Heidelberg
im Juni 2023

Malte Faber
Reiner Manstetten
Marco Rudolf
Marc Frick
Mi-Yong Becker

Inhaltsverzeichnis

Teil III   Zeit und Natur

8   Drei Begriffe von Zeit: Wieso uns eine Uhr nicht alles über die Zeit verrät und wieso man die Zeit verpassen kann

Über die Autoren

Mi-Yong Becker, geboren 1970, Professorin für Nachhaltigkeit mit ökonomischer Ausrichtung an der Hochschule Bochum. 2004 Promotion in den Wirtschaftswissenschaften an der Universität Heidelberg. Von 2004 bis 2007 Post-Doc Stipendiatin der DFG am Graduiertenkolleg „Globale Herausforderungen" der Universität Tübingen. Anschließend bis 2019 wissenschaftliche Mitarbeiterin am Helmholtz-Zentrum für Umweltforschung, zuletzt als Leiterin der Arbeitsgruppe „Steuerung und Innovation". Seit 2018 Trägerin des Deutschen Umweltpreises der DBU gemeinsam mit M. Hirschfeld, R. Müller und M. v. Afferden für die Entwicklung und politische Umsetzung einer dezentralen Abwassersystemlösung in Jordanien. Seit 2019 Professorin der Hochschule Bochum und seit 2022 Mitglied des Präsidiums als Vizepräsidentin für Nachhaltigkeit, Transfer & Entrepreneurship.

Malte Faber, geboren 1938, emeritierter Professor für Wirtschaftswissenschaften der Universität Heidelberg. Er promovierte 1969 an der Technischen Universität Berlin und habilitierte dort 1973. Von 1974 bis 2004 hatte er einen Lehrstuhl für Wirtschaftstheorie an der Universität Heidelberg inne, wo er Direktor des Alfred-Weber-Instituts und von 1997–2004 Direktor des Interdisziplinären Instituts für Umweltökonomie war. Seit 2004 ist er emeritierter Professor und hält Seminare zu Umweltproblemen und Wirtschaftsphilosophie an deutschen und internationalen Hochschulen. Von 1981 bis 2017 war er Berater der Bundesregierung, der Umweltbehörde der USA und der Volksrepublik China. Seit 1998 hält er Kurse und Vorträge über „Zen-Meditation und christliche Kontemplation" an der Universität Heidelberg und anderen Orten.

Marc Frick, geboren 1990, ist Stabsmitarbeiter im Generalsekretariat der Universität Basel. 2020 Promotion in Politischer Theorie über sozialtheoretische Implikationen von Gabenpraktiken. Publikationen zur Ökologischen Ökonomie in Kooperation mit Malte Faber und Reiner Manstetten sowie zu sozialen und ethischen Aspekten von Umwelt- und Klimapolitik. Ist seit 2015 ehrenamtlicher Vorsitzender eines Breitensportvereins, was seinen Blick auf den sozialen Zusammenhalt und das Zusammenwirken ganz unterschiedlicher Menschen zur Lösung gesellschaftlicher Herausforderungen maßgeblich prägt.

Reiner Manstetten, geboren 1953, Dozent für Philosophie an der Universität Heidelberg, Lehrer für christliche Kontemplation. 1992 Promotion in der Philosophie über Meister Eckhart, 1997 Habilitation in den Wirtschaftswissenschaften über das Menschenbild der Ökonomie, 2003 Ernst-Bloch-Förderpreis der Stadt Ludwigshafen. Publikationen zur philosophischen Mystik sowie zur Ökologischen Ökonomie und zu den Grundlagen der Wirtschaftswissenschaften, vielfach in Kooperation mit Malte Faber. 2018 erschien die Monografie: Die dunkle Seite der Wirtschaft (Alber Verlag).

Marco Rudolf, geboren 1994, akademischer Mitarbeiter an der Hochschule Pforzheim, Promotionsstudent am KIT Karlsruhe. Nach seinem Studium der Mathematik in Heidelberg und einem Master in Ressourcen-Governance in Chile forscht er seit 2020 zum Thema Wasserstoff in der Energiewende und Emissionsbilanzierung von Unternehmen. Transformation zu einer nachhaltigen Gesellschaft bedeutet für ihn nicht nur technischen Wandel, sondern auch soziale Veränderungen. Dafür engagiert er sich neben der wissenschaftlichen Arbeit in verschiedenen Jugendorganisationen und organisiert Feriencamps für Erwachsene, in denen der Fokus auf gemeinschaftlichen Gruppenerfahrungen in einer von nachhaltigem Konsum und Nähe zur Natur geprägter Umgebung liegt.

Teil I
Ausgangspunkte

Einführung

Bücher über Klima, Umwelt und Ressourcenprobleme liegen im Trend. In zahllosen Beiträgen wird das Oberthema «Nachhaltigkeit» aus unterschiedlichen Perspektiven beleuchtet, es wird leidenschaftlich um zentrale Fragestellungen gestritten und Menschen mit ganz unterschiedlichen Hintergründen in Theorie und Praxis präsentieren selbstbewusst ihren jeweiligen Ansatz zur Lösung der vielleicht «größten gesellschaftlichen Herausforderung unserer Zeit». Es stellt sich die Frage, ob zu diesen Themen überhaupt noch etwas Neues gesagt werden kann. Auch wir als Autorenteam haben uns gefragt, ob es nötig sei, dieses Buch zu verfassen. Denn vieles von dem, was darin zu finden ist, ist da und dort von Anderen oder auch von uns, den Autoren selbst, bereits veröffentlicht worden. Dennoch hoffen wir, dass das Gesamtergebnis durchaus neu ist, insofern unter dem umfassenden Gesichtspunkt der Nachhaltigkeit Perspektiven und Einsichten zusammengebracht werden, die zwar wesentlich zusammengehören, aber zumeist nur getrennt voneinander und verstreut an ganz unterschiedlichen Orten in diversen Publikationen zugänglich sind.

Was dieses Buch von anderen Büchern unterscheidet, nämlich die Vielfalt und Abfolge der dargestellten Probleme, mag für manche befremdlich wirken. Die Bandbreite der Themen reicht von den Naturwissenschaften über die Wirtschaftswissenschaften bis zur Philosophie: Aus der Physik begegnet man der Thermodynamik und der Entropie, aus der Biologie der Evolution, die Themen Kuppelproduktion und Knappheit gehören in den Bereich der Ökonomie, die praktische Philosophie ist vertreten durch Untersuchungen zu Problemen wie Verantwortung, Urteilskraft und Gerechtigkeit. Unserer Überzeugung nach gehören diese anscheinend heterogenen Themen zusammen, jedes von ihnen spricht einen Aspekt an, der bei den anstehenden Transformationen zu berücksichtigen ist, manche dieser Aspekte stehen sogar im Zentrum der zu erwartenden und zu erhoffenden großen Veränderungen in Richtung einer *nachhaltigen Entwicklung*.

M. Faber et al., *Nachhaltiges Handeln in Wirtschaft und Gesellschaft*, SDG – Forschung, Konzepte, Lösungsansätze zur Nachhaltigkeit, https://doi.org/10.1007/978-3-662-67889-3_1

Adressaten unserer Überlegungen sind Menschen, die in Gesellschaft und Politik an den Wandlungsprozessen mitwirken wollen – sei es in der Arena der Politik, sei es in den Administrationen, sei es Forschungs- und Entwicklungsabteilungen der Unternehmen, sei es in den wissenschaftlich gestützten Beratungsprozessen der Expertengremien – oder sei es in den vielen Formen der Bürgerbeteiligung und des Bürgerprotestes. Angesprochen sind diese Menschen, sofern sie sich einen Überblick über die Bandbreite und Komplexität der anstehenden Aufgaben verschaffen wollen – und sofern sie nach erfolgversprechenden Eingriffsmöglichkeiten suchen.

Wir beginnen das Buch mit einem politisch-philosophischen Blick auf die Frage nach den Möglichkeiten zur Veränderung unserer Welt. Dabei werden die Perspektiven von Ökonomie, Ökologie und Philosophie in einer integrativen Sicht zusammengeführt (Teil 1). Darauf folgt die Frage nach dem Menschen und den Konzepten, mit denen sich menschliches Handeln und sein Wirken in der Welt reflektieren lässt und zwischen Handlungsoptionen abgewogen werden kann (Teil 2). Der dritte Teil lenkt den Fokus auf elementare Konzepte aus den Naturwissenschaften, die die Basis bilden, um die Herausforderungen zu verstehen, mit denen die gegenwärtigen Umweltprobleme die Menschen konfrontieren. Der vierte Teil bringt die unterschiedlichen Puzzlestücke zusammen, indem er wesentliche Aspekte des Zusammenspiels von Mensch und Natur untersucht und dabei insbesondere auch das Problem des Unwissens reflektiert. Wenn in Teil 5 die Frage nach der Einheit und Unvereinbarkeit des Miteinanderseins von Mensch und Natur behandelt wird, stoßen wir zwar auf Grenzen des menschlichen Planens und Handelns. Zugleich aber wird deutlich, dass erfolgversprechende Transformationen durchaus möglich sind.

Das MINE-Projekt und die Heidelberger Schule der Ökologischen Ökonomik

2

Inhaltsverzeichnis

Wir versuchen in diesem Buch, Konzepte aus ganz unterschiedlichen Disziplinen zu einem Bild zusammenzufügen. Dieses Vorgehen ist für viele Leserinnen und Leser ungewohnt. Wir halten diese Zusammenschau jedoch für wichtig, um ein angemessenes Verständnis von Umweltproblemen zu entwickeln, das wiederum die Voraussetzung für angemessene Lösungen in der Praxis ist. Wir haben immer wieder erfahren, dass es oft gerade an grundsätzlichen Zugängen mit interdisziplinärem Zuschnitt fehlt. Einzelne Wissenschaftler und Expertinnen können zwar hervorragend für die Untersuchung spezifischer Einzelaspekte qualifiziert sein, aber vielfach fehlen Mut und Muße, sich an die Herausforderungen heranzutrauen, die das große Ganze stellt. Dahinter steckt die durchaus nachvollziehbare Ahnung, dass die Herausforderungen dieses großen Ganzen sich als gewaltige Überforderung erweisen könnten. Aber etwas von einer derartigen Überforderung muss man sich zumuten, wenn es um Perspektiven geht, die zum Handeln führen sollen. Denn ein Problem wie der Klimawandel ist weder physikalisch noch biologisch noch ökonomisch noch sozial – es ist vielmehr dieses alles zugleich und noch mehr, wenn man es wirklich verstehen möchte. Wer zu sinnvollen Lösungen beitragen möchte, muss all diese Aspekte auf irgendeine

M. Faber et al., *Nachhaltiges Handeln in Wirtschaft und Gesellschaft*,
SDG – Forschung, Konzepte, Lösungsansätze zur Nachhaltigkeit,
https://doi.org/10.1007/978-3-662-67889-3_2

Weise integrieren. Die Zusammenschau dieses Buches maßt sich allerdings nicht an, das Große und Ganze in dem Sinne zu bieten, dass wir es systematisch vollständig abbilden könnten. Schon aufgrund des Unwissens, dem niemand entgehen kann, wäre das unmöglich. Vielmehr möchten wir zum einen auf die Komplexität der Probleme aufmerksam machen und zum anderen Orientierung bieten, wie man in dieser Komplexität, trotz bei allem Wissenserwerb verbleibendem Unwissen, relevante Aspekte berücksichtigen und zum Handeln aufbereiten könnte.

Der erste Versuch einer solchen Zusammenschau liegt bereits seit 2019 vor, allerdings nicht in Form eines Buches, sondern in der etwas ungewöhnlichen Form einer digitalen (Wissens-)Landkarte. Im Rahmen des sogenannten MINE-Projektes haben wir uns an der Erarbeitung einer digitalen Landkarte zur Darstellung des Zusammenspiels zwischen Natur und Wirtschaft versucht. MINE steht entsprechend für «MINE – Mapping the Interplay between Nature and Economy». Das MINE-Projekt hat mit diesem Buch gemeinsam, dass sich beide um eine Zusammenschau vieler relevanter Aspekte von Umweltproblemen einerseits und um die Stiftung von Orientierung andererseits bemühen. Vor dem Hintergrund des Bemühens um Orientierung ist daher auch nicht verwunderlich, dass wir im MINE-Projekt die Form einer Landkarte gewählt haben (Abb. 2.1).

Was hat das MINE-Projekt nun mit diesem Buch zu tun? Beiden liegen zwei Gesichtspunkte zugrunde, die als Ausgangspunkt unseres Nachdenkens dienen:

1. Wirtschaft wird als Teilsystem der Natur aufgefasst.
2. Fragen sind wichtiger als Antworten.

Beide Gesichtspunkte möchten wir im Folgenden erläutern.

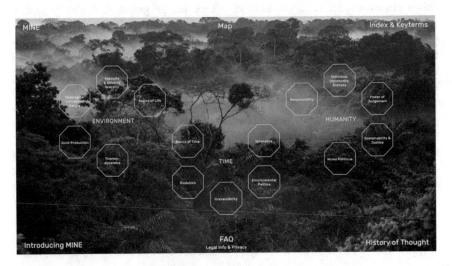

Abb. 2.1 Konzepte zur Untersuchung der Interaktion zwischen Mensch und Umwelt

2.1   Wirtschaft wird als Teilsystem der Natur aufgefasst

> **Wichtig zu wissen**
> Die traditionellen Wirtschaftswissenschaften betrachten die Natur als ein Teilsystem der Wirtschaft, das Ressourcen bereitstellt und Emissionen, Abwässer und Abfälle aufnimmt. Dem gegenüber steht die Perspektive dieses Buches, die Wirtschaft in der Tradition der Ökologischen Ökonomik als Subsystem der Natur versteht.

Nicht wenige umweltökonomische Ansätze bieten ein Verständnis der Natur, worin diese als ein Element im Regelsystem der Wirtschaft erscheint, sodass nur ihre Nutzung und Verwertung und allenfalls ihre Widerständigkeit thematisiert werden. Im Gegensatz dazu gehen wir davon aus, dass es die Wirtschaft ist, die fundamental abhängig von der Natur ist, indem sie deren Gesetzen unterworfen und in diese eingebettet ist. Natur interessiert uns in diesem Buch vor allem hinsichtlich ihrer Dynamik, weshalb wir Natur von vornherein systematisch in Verbindung mit Zeit betrachten (Abb. 2.2).

Dieser Perspektivenwechsel gegenüber den traditionellen Wirtschaftswissenschaften verortet den Ansatz unseres Buches innerhalb einer wissenschaftlichen Denkrichtung, die unter dem Namen Ökologische Ökonomik bekannt geworden ist. Das Verständnis der Wirtschaft als Subsystem der Natur ist für diese Denkrichtung kennzeichnend, die mit ihrer Tradition auf den Ökonomen Kenneth Boulding (1910–1993) und sein Essay „The economics of the coming spaceship earth" (1966) zurückgeführt werden kann:

„Das *Spaceship Earth* war in den sechziger Jahren eine gängige Metapher für eine Welt, die an ihre Grenzen stößt. Bei Boulding ist damit auch gemeint, dass

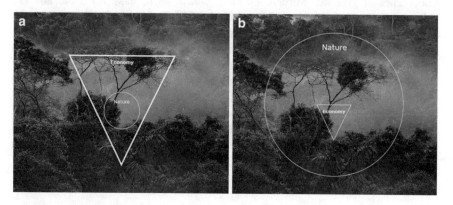

Abb. 2.2   a) Das Verständnis der traditionellen Wirtschaftswissenschaften: Umwelt als Subsystem der Wirtschaft. **b)** Das Verständnis der Ökologischen Ökonomie: Wirtschaft als Subsystem der Umwelt

die Umweltprobleme des einen schnell zu Umweltproblemen seines Nachbarn werden können. Sein Text ist ein Gründungsdokument der Ökologischen Ökonomik, einer wissenschaftlichen Fachdisziplin, die vereinfacht gesagt die Natur nicht als ein Subsystem der Wirtschaft versteht wie die Umwelt- und Ressourcenökonomik, sondern die Wirtschaft als Teil des globalen Ökosystems. Bekannteste Vertreter sind Herman Daly, Robert Costanza, Joan Martinez Alier und die Heidelberger Schule um Malte Faber" (Krohn, 2021, Abs. 6).

Der Ausgangspunkt des MINE-Projekts liegt am Lehrstuhl für Wirtschaftstheorie der Universität Heidelberg. Rund um Malte Faber, der diesen Lehrstuhl von 1974 bis 2004 innehatte, forschte seit Beginn der 1980er Jahre in regelmäßig wechselnder Zusammensetzung eine Gruppe von Wissenschaftlern und Wissenschaftlerinnen, die nicht nur theoretische wirtschaftswissenschaftlichen Erkenntnisse erarbeiten, sondern diese auch in der Praxis anwenden wollte. Ihr Anliegen war es, mit Blick auf drängende Umweltprobleme etwas zu bewirken. Es wurde schnell deutlich, dass die Erkenntnisse der Wirtschaftswissenschaften alleine für dieses Anliegen nicht ausreichen würden. Um eine Brücke von der Theorie in die Praxis und zur Lösung komplexer Umweltprobleme zu schlagen, entstand daher ein Forschungsansatz, der Menschen aus ganz unterschiedlichen Disziplinen miteinander in einen Austausch brachte und Räume eröffnete, um vertrauensvoll zusammenzuarbeiten und von den Stärken verschiedener Perspektiven zu lernen.

Der Austausch zwischen Wissenschaft und Praxis führte immer wieder zu konstruktiven Kontroversen über spezielle Fragen und die Umweltpolitik im Allgemeinen, die auch in den politischen Raum reichten. Die Beschäftigung mit unterschiedlichen naturwissenschaftlichen Konzepten machte bereits damals deutlich, dass die Ansätze der herkömmlichen Wirtschaftswissenschaften nicht ausreichten, um Umwelt- und Rohstoffprobleme zu verstehen. Stattdessen gewannen Energiefragen an Bedeutung und damit die Beschäftigung mit der Thermodynamik. Ausgehend von dieser Kombination von ökonomischen und physikalischen Fragestellungen konnte eine Tür zu weiteren interdisziplinären Kooperationen geöffnet werden. Deutlich wurde auch, dass Konzepte aus der Philosophie und insbesondere philosophische Weisen des Fragens bedeutsam für das Verständnis gesellschaftlicher Transformationen sind.

In diesem Buch werden auf eine stark verdichtete Art und Weise wesentliche Gedanken zusammengeführt, wie sie in mehr als 40 Jahren Arbeit im Rahmen des beschriebenen Forschungsansatzes entwickelt wurden. Leserinnen und Leser, die die Inhalte des Buches vertiefen möchten, können das einerseits auf der MINE-Plattform tun. Darüber hinaus haben wir Verweise auf unsere publizierten Vorarbeiten beigefügt, die selbst jeweils auf die Forschungsliteratur verweisen. Am Ende jeden Teils geben wir außerdem einschlägige Literatur an, die uns zum jeweiligen Thema wichtig erscheint.

2.2   Fragen sind wichtiger als Antworten

Das vorliegende Buch liefert keine *Musterlösungen* zum Umgang mit Umweltproblemen. Es ist ein Angebot, wie man sich Zugänge zu komplexen Fragen
schaffen und einen Weg durch das Dickicht der fachdisziplinären Perspektiven, der
verwendeten Konzepte und des vorhandenen Wissens bahnen kann.

Wichtig zu wissen: Die Bedeutung der richtigen Fragestellung
Will man Verhältnisse ändern, kommt es darauf an, zu Beginn **die richtigen
Fragen** zu stellen. Denn sie eröffnen Zugänge und Wege zum Ziel einer
Nachhaltigen Entwicklung. Die Erfahrung lehrt: Wird richtig gefragt und
am Leitfaden der Fragen geduldig geforscht, ergeben sich die Antworten
oft im Lauf der Zeit «wie von selbst». Was dagegen als Lösung angeboten
wird, bevor ein Problem in seiner Breite und Tiefe befragt worden ist, offenbart sich auf lange Sicht oft als Scheinlösung. Daher sagen wir: Fragen sind
wichtiger als Antworten.

Seriöses wissenschaftliches Arbeiten bedeutet in allererster Linie, Fragen zu
stellen. Das scheint paradox, weil die meisten Menschen ihre Aufmerksamkeit den
Antworten widmen, also den Lösungen gewisser Probleme und Fragestellungen.
Warum sind die Fragen wichtiger?

Zunächst müssen wir feststellen, dass wir in einer Welt leben, in der wir nahezu
immer von Informationen umgeben sind. Wir finden sie in Zeitungen, Büchern,
Nachrichtensendungen, in Live-Tickern, auf Social Media Plattformen, in Wikipedia, wissenschaftlichen Studien oder in großangelegten Datensätzen, beispielsweise vonseiten global agierender Internetkonzerne. Es mangelt uns also nicht an
Informationen und Fakten. Vielmehr ist es so, dass der schiere Überfluss daran uns
häufig sogar überfordert. So waren beispielsweise während der Corona-Pandemie
eine Vielzahl von Kennzahlen, Fakten und Statistiken stets in nur wenigen Klicks
und tagesaktuell verfügbar. Wir konnten die Sieben-Tage-Inzidenz, die aktuelle
Hospitalisierungsrate, die aktuelle Zahl der Intensivpatienten, Todesfälle und die
Anzahl der Geimpften abrufen und uns alle Fakten graphisch aufbereitet anzeigen
lassen. Dennoch waren viele überfordert, wenn es darum ging, Schlüsse aus der
Flut der Fakten und Behauptungen zu ziehen.

Das Problem besteht darin, dass in der Regel eher zu viele als zu wenige
Informationen verfügbar sind, dass aber ein Schlüssel fehlt, der Aufschluss
darüber gibt, was sie bedeuten – für Individuen, Gesellschaften oder auch für
konkretes gesellschaftliches und politisches Handeln. Den Schlüssel bieten in der
Regel die Fragen. Alle Informationen sind zwar in gewisser Weise selbst auch
Antworten, nämlich Antworten auf die umfassendste aller Fragen, die Frage: Was
ist der Fall? Wir sind also permanent umgeben von einer Fülle von Antworten,

die uns mitteilen, was an irgendeinem Ort zu irgendeiner Zeit in irgendwelchen Umständen irgendwie der Fall ist. Diese Antworten sind jedoch in der Regel unübersichtlich und ungeordnet, denn es ist quasi unendlich vieles «der Fall», Wichtiges und Unwichtiges, Zusammenhängendes und Unzusammenhängendes. Das wenigste davon hat für die, die es zur Kenntnis nehmen, eine konkrete lebenspraktische oder handlungsrelevante Bedeutung. Überdies wird von vielem behauptet, es sei der Fall, was sich bei einer näheren Untersuchung als falsch erweist (man denke an *Fake News*).

Wir können mit einer Antwort prinzipiell nur wenig anfangen, wenn wir die dazu gehörende Frage und das dazu passende Forschungsinteresse nicht kennen. Zutreffende Informationen sind ohne die entsprechende Fragestellung in gewisser Weise zwar ein Wissensbestand, aber sie sind wie ein Schatz, zu dem wir keinen Zugang haben. Es fehlt eine Struktur, die uns dieses Wissen zugänglich und verständlich macht, und es fehlt ein Filter, der die für uns relevanten Informationen von weniger relevanten Informationen trennt. Informationen systematisch zu filtern, Ordnung, Übersicht und Klarheit in der großen Menge von echten und angeblichen Fakten zu gewinnen ist dagegen das Ziel des Vorgehens der Wissenschaften. Wissenschaft ist, so gesehen, eine Tätigkeit, die Informationen sammelt, diese Informationen mithilfe von Fragen strukturiert, sie also auf ein Erkenntnisziel hin ordnet, und auf diese Weise eine bloße Ansammlung von Informationen in zugängliches und nutzbares Wissen überführt.

2.3   Die Herausforderung eines interdisziplinären Ansatzes

Das MINE-Projekt und dieses Buch gehen noch einen Schritt weiter. Diesem Schritt liegt folgende Überlegung zugrunde: Wissenschaftler aus einzelnen Fachdisziplinen sammeln auf unterschiedliche Weise Informationen und formulieren ihre Einsichten in unterschiedlichen Modellen und Theorien aus. Jedoch sind die Begriffe der einen wissenschaftlichen Disziplin häufig für die Vertreter einer anderen nicht verständlich, und arbeitet die eine wissenschaftliche Disziplin mit quasi selbstverständlichen Annahmen, die in einer anderen Disziplin durchaus kritisch gesehen werden. So sind die Anschlüsse zwischen unterschiedlichen Wissenschaften, ihre Schnittmengen und Schnittstellen oft unklar. Schon Physik und Biologie haben bei genauerem Hinsehen recht wenig gemeinsam. Noch schwieriger wird es, wenn man etwa eine von Karl Marx geprägte Soziologie mit einem modernen verhaltensbiologischen Ansatz zusammenbringen möchte. Meistens scheitert hier die Verständigung.

Wichtig zu wissen: Interdisziplinarität als Fundament dieses Buches
In diesem Buch gehen wir davon aus, dass die entscheidenden Fragen auf eine **über die Einzelwissenschaften hinausgehende Art und Weise**

formuliert werden müssen. Diesen Beitrag verstehen wir als einen wichtigen Schritt über das Vorgehen der Einzelwissenschaften hinaus. Dass wir dabei den Erkenntnissen der Einzelwissenschaften verpflichtet bleiben, versteht sich von selbst.

Damit unser Buch mit Gewinn gelesen wird, müssen wir von den Leserinnen und Lesern eine gewisse Mitarbeit erwarten. Wenn wir beispielsweise im Kapitel über «Verantwortung» mit dem gleichen Praxisbeispiel arbeiten, das auch unser Kapitel über «Bestände» veranschaulicht, so ist das nicht eine seitenfüllende Wiederholung von bereits Gesagtem. Denn was wir den Leserinnen und Lesern nahebringen möchten, ist die Verschiedenheit der Perspektiven, mit denen jeweils auf ein solches Praxisbeispiel geschaut wird. Vielmehr geht es beim Umgang mit Nachhaltigkeit entscheidend darum, verschiedene Perspektiven zu kennen, sie zu beherrschen und selbstständig zusammenführen zu können. In diesem Buch wird folglich auch kein «Übersystem» und keine «Überperspektive» über Physik, Ökonomie, Soziologie und Philosophie hinaus entwickelt. Idealerweise schreiten die Leser gleichsam die verschiedenen Sichtweisen ab, in einer Schrittfolge, die nicht zwingend ist, aber einen wohl überlegten Vorschlag des Autorenteams darstellt. Am Ende müssen die Leserinnen und Leser selbstständig sehen, wie für sie die Perspektiven zusammenkommen. Sie benötigen dafür eine Fähigkeit, der wir ein eigenes Kapitel gewidmet haben. Diese Fähigkeit ist die *Urteilskraft*. Sie steht an der Schnittstelle zwischen Wissen und Handeln, zwischen Theorie und Praxis. Wenn man das Ziel des Buches sehr kurz zusammenfassen wollte, dann könnte man sagen, es geht darum, die Urteilskraft der Leserinnen und Leser in Nachhaltigkeitsfragen zu schulen und ihnen diejenigen Gesichtspunkte zu liefern, die Voraussetzungen für kluge Entscheidungen und erfolgreiches Handeln sind.

Unsere Überlegungen decken das Thema «Nachhaltigkeit» keinesfalls vollständig ab. Dennoch kann unsere Auswahl an Konzepten Orientierung geben und einen Weg zu ermöglichen, mit der Komplexität von Nachhaltigkeitsfragen und Umweltproblemen umzugehen. Die präsentierten Konzepte können also als «Eingang» oder erster Schritt verstanden werden, um sich der Komplexität zu nähern, ohne sich der Orientierungslosigkeit auszusetzen. Man sieht an der Erfahrung aus 40 Jahren Politikberatung am Lehrstuhl für Wirtschaftstheorie in Heidelberg, dass sich gerade dann etwas erreichen lässt, wenn die Komplexität ernst genommen wird. Daher haben wir die Komplexität im Buch so aufbereitet, dass wir glauben, sie ohne unzulässige Reduktion dennoch gut zugänglich zu präsentieren.

Es ist ein gewisses Wagnis, diese Konzepte hier zu präsentieren, ohne dass den Leserinnen und Leser Personen zur Seite stehen, die ihnen im Gespräch, im Wechsel von Frage und Antwort, den Umgang damit erleichtern und über Schwierigkeiten hinweghelfen können. Wir haben alle Konzepte, die in diesem Buch behandelt werden, in Seminaren und anderen Blockveranstaltungen vorgestellt – wobei oft mehrere von uns gemeinsam unterrichtet haben. Besonders fruchtbar waren dabei die Diskussionen mit den Studierenden, aber anregend waren auch die Diskussionen unter den Lehrenden, die ihre Ideen aufgrund von Nachfragen der Studierenden oft präzisieren und klarer formulieren konnten. Zu einer Klärung und didaktischen Aufbereitung der Fragen, um die es uns geht, hat sicherlich auch beigetragen, dass mehrere Generationen an diesen Ideen und Konzepten beteiligt und in zahlreichen Gesprächen ihre Ausformulierung geprägt haben. Die Spannbreite wird deutlich, wenn man sich die Geburtsdaten des Autorenteams anschaut, die zwischen 1938 und 1994 liegen. Wir hoffen, dass etwas von der Atmosphäre des persönlichen Austausches über die Texte dieses Buches transportiert wird.

Unser Buch zeigt an unterschiedlichen Beispielen, dass es schwierig ist, angesichts von Umweltproblemen und Herausforderungen gut zu handeln. Aber das ist nicht die eigentliche Botschaft. Vielmehr möchten wir dazu anregen, die Schwierigkeiten anzuschauen, aber sich von ihnen nicht überwältigen zu lassen. Notwendig ist der Mut, erstens genau hinzusehen (Theorie) und zweitens zu handeln (Praxis). Dabei ist klar, dass man vieles nicht sehen und vieles nicht wissen kann. Was immer wir mit unseren Texten denjenigen, die etwas tun und erreichen wollen, in die Hand geben – es bleiben unvollständige Hinweise, es bleiben geschriebene Worte, und wer es in die Hand nimmt, hat ein Buch und nicht mehr als ein Buch vor sich. Es ist uns wichtig, deutlich zu machen, dass dieses Buch kein Handbuch für das Handeln, keine Rezeptur für die richtige Nachhaltigkeitspolitik ist. Aber das Buch kann durchaus Orientierung wie Ermutigung bieten. Denn aus unseren Konzepten lässt sich entnehmen, dass Menschen keineswegs alles wissen oder charakterlich perfekte Persönlichkeiten sein müssen, um eine gute Nachhaltigkeitspolitik zu machen.

Wichtig zu wissen: Ansprüche an gute Politik
Als Leserinnen und Leser wünschen wir uns engagierte Persönlichkeiten mit Bürgersinn und politische Akteure, die Verantwortung im gesellschaftlichen Miteinander übernehmen wollen. Dieses Buch soll helfen in ihnen diejenigen Kompetenzen weiter auszubilden, die eine gute Politik seit je verlangt:

- Übersicht (Wissen) im Rahmen des Möglichen, eine entschiedene ethische Orientierung (wie sie in diesem Buch auf Nachhaltigkeit gerichtet ist),
- ein Gespür für die rechte Zeit zum Handeln,
- den Mut, ins Offene hinein zu agieren, ohne sich des Ausgangs sicher sein zu können –
- und, am Ende, Bescheidenheit, wenn das real Erreichte nie ganz und manchmal nicht einmal zur Hälfte das ist, was man am Anfang erreichen wollte. Bei aller Neuartigkeit und Komplexität der Problemstellung ist daher die Herausforderung der Umwelt- und Nachhaltigkeitspolitik im Prinzip doch dieselbe, vor der Politik schon immer gestanden hat.

Literatur

Boulding, K. (1966). The economics of the coming spaceship earth. In H. Jarrett (Hrsg.), *Environmental Quality in a Growing Economy,* Resources for the Future/Johns Hopkins University Press.

Krohn, P. (2021, April 18). Nachhaltige Entwicklung: Leben in einer 2-Tonnen-CO2-Welt. *Blog Politische Ökonomie.* https://www.blog-bpoe.com/2021/04/18/krohn/.

Ökonomie, Ökologie und Philosophie

3

Inhaltsverzeichnis

3.1 Die Welt radikal verändern – sofort und mit allen Mitteln?

Wozu braucht man Philosophie, wenn die Menschheit ihren Umgang mit ihren Lebensgrundlagen grundsätzlich verändern muss? „Die Philosophen haben die Welt nur verschieden interpretiert; es kommt drauf an, sie zu verändern." Die Zeit drängt, so behauptete der junge Marx mit der elften der *Thesen über Feuerbach* von 1845 (Marx, 1969, S. 7). Die Philosophie mit ihren verschiedenen Interpretationen der Welt hatte ihre Berechtigung gehabt, als es nichts zu tun gab. Wenn aber Taten nötig sind, fördert das Abwägen der verschiedenen Interpretationen der Welt nur Bedenken aller Art und verzögert entschiedenes Handeln.

Marx' Worte passen zu einem Zeitgeist von 2023, der ungeduldig auf radikale und weitreichende Veränderungen drängt. Klimawandel, Artensterben, rapides Verschwinden von Naturräumen, Rückgang von Wasservorräten und verschmutze Gewässer, gefährdete Bodenfruchtbarkeit, unkontrollierter Flächenverbrauch,

M. Faber et al., *Nachhaltiges Handeln in Wirtschaft und Gesellschaft*,
SDG – Forschung, Konzepte, Lösungsansätze zur Nachhaltigkeit,
https://doi.org/10.1007/978-3-662-67889-3_3

Plastikmüll in den Meeren, Schadstoffpartikel in der Nahrungskette – eine geradezu unüberschaubare Fülle von Indizien zeigt an, dass die Lebensgrundlagen und das Wohlergehen der Menschen dramatisch gefährdet sind. Ob man die Uhrzeiger des Weltlaufs auf fünf vor zwölf oder auf fünf nach zwölf stehen sieht, nicht nur Klima – und Umweltaktivisten, sondern auch viele Experten sind davon überzeugt, dass gehandelt werden muss. Bedenklichkeit erscheint angesichts drohender Katastrophen fehl am Platz.

Den Aktivisten, die sich für eine Wende einsetzen, scheint im Allgemeinen klar, was zu tun ist: Jegliches Verhalten ist zu unterbinden, das die Lebensgrundlagen der Menschheit gefährdet. Ob es sich um Braunkohleabbau, Fleischkonsum aus Massentierhaltung oder privaten Automobilverkehr handelt – ein Weiter-so darf es nicht geben, möglichst schnell muss es anders werden! Eine solche Überzeugung kann indes zu kurzsichtigem Aktionismus führen. Aktionismus bedeutet: Die Akteure sind, ohne nach rechts und links zu schauen, einseitig auf ein bestimmtes Ziel fixiert, das sie an oberster Stelle positionieren. Die Angemessenheit und Effizienz der Mittel sowie mögliche kontraproduktive Folgen eines solchen Handelns werden nicht beachtet und nicht bedacht.

3.2   Was man beachten muss, wenn es besser werden soll

Versucht man, die Idee einer Veränderung der Welt von heute mit konkreten Inhalten zu füllen, so zeigt sich darin eine höchst anspruchsvolle Programmatik, die leicht in einer Überforderung münden kann. Ihr Schlagwort ist der Ausdruck *sozial-ökologische Transformation*. Mit *sozial* ist das ganze Feld menschlicher Beziehungen in seiner Vielfalt, mit *ökologisch* der gesamte Bereich des Natürlichen mit seiner Überfülle von physikalischen und biologischen Prozessen angesprochen. Der Singular *Transformation* kann in diesem Zusammenhang in die Irre führen, denn bei den anstehenden Veränderungen handelt es sich um eine Vielzahl von notwendigen Transformationen – Technologien, Konsumgewohnheiten, Institutionen, Politikmodelle, kulturelle und spirituelle Aspekte sind davon betroffen (Manstetten et al., 2021).

Alles menschliche Leben erhält und entfaltet sich im Zusammenwirken von sozialen und ökologischen Faktoren. Damit willentlich vorgenommene Transformationen zu Ergebnissen führen, die Menschen ein erträgliches oder gar gutes Leben auf der Basis der natürlichen Lebensgrundlagen ermöglichen, müssen Mensch und Natur – für sich genommen in der Vielfalt ihrer Dimensionen und zusammengenommen in ihrem komplexen Beziehungsgeflecht – angemessen verstanden werden. Umgekehrt gilt: Wird den Programmen sozial-ökologischer Transformationen ein verkürztes oder fehlerhaftes Verständnis von Mensch und Natur zugrunde gelegt, so ist das Scheitern vorhersehbar. Gut gemeintes Handeln könnte dazu führen, dass es sogar schlimmer wird als zuvor.

Der Wunsch nach Veränderung entbindet also nicht von der Pflicht zur Erkenntnis. Es gilt, hinzusehen: Was in Gesellschaft und Natur soll verändert, was soll bewahrt werden? Welche erfolgversprechenden Wege gibt es, welche Mittel sollte man anwenden, welche nicht, welche Fallen muss man vermeiden, welche unerwünschten Folgen können sich einstellen? Was darf nicht übersehen werden, damit Veränderungen überhaupt stattfinden und in die richtige Richtung führen? Gibt es Zielkonflikte zwischen den beiden Polen Mensch und Natur: Können Maßnahmen zur Bewahrung der natürlichen Lebensgrundlagen den sozialen Frieden gefährden, kann die Priorisierung des sozialen Friedens dazu führen, dass die Zerstörung der natürlichen Lebensgrundlagen unaufhaltsam weiterläuft?

Fragen wie diese stehen im Hintergrund dieses Buches. In bewusstem Gegensatz zu Marx' Formulierung könnte man es unter das Motto stellen: Wenn die Welt verändert werden soll, kommt es darauf an, sie angemessen zu interpretieren. Was ist der Status quo? Was geschieht, wie entwickeln sich die Verhältnisse, wenn man nichts tut? An welchen Stellen und in welchem Ausmaß kann man die Welt verändern, wenn man etwas tut? Ist gewiss, dass sie besser wird, wenn sie verändert wird? Welche erfolgversprechenden Handlungsmöglichkeiten gibt es?

Wird die Welt falsch oder verkürzt interpretiert, dann werden Versuche ihrer Veränderung sehr wahrscheinlich fehlgehen. Im Gegenteil liefert eine wirklichkeitsnahe, umfassende Interpretation der Welt eine Entscheidungsgrundlage, mit deren Hilfe fruchtbare Veränderungen in Gang gebracht werden und Irrwege vermieden werden können. Blicke auf das, was ist, Blicke auf das, was möglich ist und Blicke auf das, was notwendig ist, im Bereich des Menschlichen und des Natürlichen, – das sind Themen, um die es in diesem Buch geht. Dazu gehört insbesondere die Achtsamkeit auf wesentliche Strukturen und Abläufe in Natur und Gesellschaft unter dem Gesichtspunkt ihrer Zeitlichkeit. Ihre inhärenten Tendenzen, Entwicklungspotenziale und Veränderungsmöglichkeiten müssen erkannt werden. Das bedeutet, sich die jeweilige Trägheit und Unbeweglichkeit, aber auch die Unbeständigkeit, Zerbrechlichkeit und Eigendynamik von Verhältnissen bewusst zu machen. Zugleich muss man stets bereit sein, wie es Umwelt- und Klimaaktivisten von Politik und Gesellschaft mit Recht fordern, Eingriffsmöglichkeiten und Zeitfenster für rechtes Handeln entschlossen wahrzunehmen (Klauer et al., 2013, S. 182–198). Bei alledem muss man jedoch das eigene Unwissen und die eigene Irrtums- und Fehleranfälligkeit (vgl. Kap. 12 zu *Unwissen*) anerkennen, sodass man auch umfassende Pläne angesichts der Möglichkeit neuer Erkenntnisse, unvorhersehbarer Hindernisse oder Chancen unter Vorbehalt stellen wird.

3.3 Umweltprobleme und Wirtschaftswissenschaften

Bis heute gibt es in der Politik, in der Industrie und teilweise auch in den Wissenschaften die Tendenz, Umweltprobleme als eine Aufgabe für Naturwissenschaftler und Ingenieurinnen anzusehen. Naturwissenschaftlerinnen entwickeln Messmethoden, um den Grad der Verschmutzung von Luft, Wasser und Boden festzustellen, Ingenieure erfinden technische Lösungen für die von Wissenschaftlern erforschten Probleme. Dieser Sichtweise fehlt jedoch Entscheidendes: der Faktor Mensch. Die ökologische Krise geht auf menschliches Verhalten zurück.

Die Frage nach Lösungen beinhaltet daher Fragen nach dem Verhältnis von Mensch und Natur, nach den Bedingungen dieses Verhältnisses und nach seiner Veränderbarkeit.

Stellen wir diese Fragen, dann gerät das Feld der Wirtschaft in unser Blickfeld: Dazu gehören die Bereiche Produktion, Austausch (z. B. Markt) und der Konsum, aber auch die Extraktion von Rohstoffen und die Entsorgung von Abfallstoffen. Der Erhalt der natürlichen Lebensgrundlagen hängt entscheidend davon ab, wie die Menschen ihre Wirtschaft gestalten.

Was hier Wirtschaft genannt wird, ist jedoch nur teilweise Gegenstand der der Volkswirtschaftslehre (Ökonomik). Seit dem Aufkommen der Neoklassik mit Beginn des letzten Viertels des 19. Jahrhunderts kamen viele der großen Ökonomen aus den Ingenieurs- sowie Naturwissenschaften und der Mathematik[1]. Das führte zu einer Formalisierung der Wirtschaftswissenschaften, worüber die menschliche und die natürliche Komponente vernachlässigt wurde. Trotz bedeutender Ausnahmen[2] wird in den konventionellen Wirtschaftswissenschaften unserer Zeit der Mensch in der Regel immer noch auf den Typus des *homo oeconomicus*[3] begrenzt, den egoistischen rationalen Nutzenmaximierer, dessen Lebensorientierung im Normalfall auf sein privates Wohlergehen fixiert ist. In dieser Interpretation der Welt werden gerade diejenigen Aspekte des Menschseins, die für Veränderungen entscheidend sind, ausgeblendet (vgl. Kap. 5 zum *homo oeconomicus*). Die Natur wird fast gänzlich außer Acht gelassen (vgl. u. a. Kap. 9 *Thermodynamik* und Kap. 16 *Grundlagen des Lebens*). Prominent ist die Natur nur in der erst 1989 gegründeten Ökologischen Ökonomie vertreten, die aber nicht zu den herkömmlichen Wirtschaftswissenschaften zählt.

Seit Beginn der achtziger Jahre existiert, in wechselnder personeller Besetzung, eine Forschergruppe um Malte Faber an der Universität Heidelberg, deren Arbeiten in der Webseite MINE (www.nature-economy.com) zusammengefasst sind. Ausgehend von der Überzeugung, dass das Vorgehen der Wirtschaftswissenschaften nicht umfassend genug ist, hat sie ein neues interdisziplinäres Verständnis

---

[1]Um einige zu nennen: Hermann Heinrich Gossen (1810–1858), Leon Walras (1834–1910), William Stanley Jevons (1835–1882), Marschall (1842–1924), Francis Edgeworth (1845–1926), Vilfredo Pareto (1848–1923), Irving Fisher (1867–1947), Abraham Wald (1902–1950), John von Neumann (1903–1957), Tjalling Koopmans (1910–1985), Gérard Debreu (1921–2004), Kenneth Arrow (1921–2017), John Nash (1928–2015), Reinhard Selten (1930–2017).

[2]Dies betrifft die im letzten Viertel des vorigen Jahrhunderts neu begründeten Richtung der Verhaltensökonomie, in der Wirtschaftswissenschaftler und Psychologinnen und Verhaltenswissenschaftlerinnen zusammenarbeiten.

[3]Auch die Ende des 20. Jahrhunderts begründete, mit methodischen Elementen aus der Psychologie und den Neurowissenschaften angereicherte Verhaltensökonomik, bietet nur ein reduktionistisches Verständnis des menschlichen Verhaltens. Immerhin werden dort Konstellationen untersucht, in denen Menschen im Widerspruch zum Homo Oeconomicus Modell handeln.

der Wirtschaft erarbeitet. Auf der Seite des Untersuchungsgegenstandes wird die
Natur in zentraler Stellung mit einbezogen; auf der Seite der Methodik werden
ausdrücklich Aspekte der Sozial-, Human- und Geisteswissenschaften, insbesondere der Philosophie geltend gemacht. Die Webseite MINE bildet den
Hintergrund für die Konzepte des hier vorliegenden Buches. Diese sind hilfreich,
um, wie oben erwähnt wurde, eine Interpretation der Welt zu entwickeln, die eine
Entscheidungsgrundlage liefert, mit deren Hilfe fruchtbare Veränderungen in Gang
gebracht werden und Irrwege vermieden werden können.

3.3.1 Drehscheibe zwischen Natur- und Geisteswissenschaften: Interdisziplinäre Wirtschaftswissenschaft

Die Überlegungen dieses Buches setzen an bei dem (wie Marx es ausdrückt)
Stoffwechsel des Menschen mit der Natur (Marx, 1962, S. 192). Dieser Stoffwechsel findet in der Wirtschaft statt. Materialien aus der Natur werden als Rohstoffe extrahiert und in der Produktion transformiert in Güter, die der Befriedigung
menschlicher Bedürfnisse dienen. Während der Produktion, ebenso während
und nach dem Gebrauch und Konsum der Güter entstehen sogenannten Kuppelprodukte (vgl. Kap. 13 zu *Kuppelproduktion*) die z. T. als Schadstoffe, Abluft,
Abwasser, Abfall in die natürliche Umwelt gelangen und unter anderem den
Klimawandel hervorrufen.

Zum Verständnis dieser Abläufe sind zwei Pole zu betrachten: Der eine Pol
ist der Mensch. Menschen wählen, Menschen entscheiden, wie sie leben, was
sie konsumieren, welchen Beruf sie ausüben wollen. Menschen entdecken Rohstoffe, erfinden Techniken, sparen, um Kapital in Innovationen zu investieren, sie
entwickeln aber auch soziale, politische und ökonomische Institutionen, indem sie
Handelswege etablieren, Geld verwenden, Märkte einrichten, eine Rechtsordnung
aufbauen etc. Auf diesem Pol wird die Ökonomie bestimmt von den menschlichen
Vorstellungen über ein gutes Leben einerseits, von den Fähigkeiten, diese Vorstellungen technisch und praktisch umzusetzen andererseits.

Der andere Pol ist die Natur. Jede Ökonomie hat eine Naturbasis, die ihre
Möglichkeiten und Grenzen entscheidend bestimmt. Was in die Ökonomie an
Stofflichem eingeht, kommt aus der Natur, und was aus ihr an Stofflichem heraus-
geht, geht wieder in die Natur zurück (vgl. Kap. 9 zu *Thermodynamik* und Kap. 13
zu *Kuppelproduktion*).

Betrachten wir die Ökonomie mit ihren beiden Polen, stellen wir fest, dass sich
in ihr Gesichtspunkte begegnen, die normalerweise getrennt betrachtet werden:
Die Frage nach der Natur führt uns zu den Naturwissenschaften. Die Frage
nach dem Menschen führt uns zu den soziologischen und anthropologischen[4]

---

[4] Die Anthropologie ist die Wissenschaft vom Menschen.

Forschungen der Sozial- und Geisteswissenschaften. Die Fragen nach den Zusammenhängen zwischen Mensch und Natur führen uns zu einem Feld, welches Natur-, Geistes- und Sozialwissenschaftliches verbindet, das sozusagen als Drehscheibe zwischen den Wissenschaften fungiert.

Somit bedarf der Stoffwechsel zwischen Mensch und Natur vieler Perspektiven, um in seinen wesentlichen Aspekten erfasst zu werden. Erforderlich ist zum einen eine interdisziplinäre wissenschaftliche Betrachtung und zum anderen eine philosophische Grundlegung.

Wichtig zu wissen: Interdisziplinäre Wirtschaftswissenschaften fungieren als Drehscheibe

Verschiedene Wissenschaften beschäftigen sich mit den beiden Polen Natur und Mensch. Während Abläufe in der Natur von den Naturwissenschaften untersucht werden, widmen sich die Geistes- und Sozialwissenschaften dem Menschen. In der Mitte zwischen beiden steht die Wirtschaft als Stoffwechsel zwischen Mensch und Natur. Interdisziplinäre Wirtschaftswissenschaft kann als eine Art Drehscheibe zwischen Natur- und Sozialwissenschaften betrachtet werden. Zum einen untersucht sie die Bedeutung der wirtschaftlichen Produktion für die Natur – Ressourcenentnahme, Umwandlung von Ressourcen und Abgabe von Abfällen, Abwässern und Abluft –, wofür naturwissenschaftliche Kenntnisse erforderlich sind. Weiterhin untersucht sie die Bedürfnisse und Interessen von Menschen, durch die bestimmt wird, was produziert wird, wie produziert wird und wie die produzierten Güter verteilt werden (siehe Kap. 4 zu *Nachhaltigkeit*). Um diese Fragen zu beantworten, ist Wissen der Sozial- und Geisteswissenschaften erforderlich. In die interdisziplinären Wirtschaftswissenschaften fließen demnach Erkenntnisse aus den Natur- sowie aus den Sozial- und Geisteswissenschaften ein, welche sich gegenseitig beeinflussen; daher das Bild der Drehscheibe. Die disziplinär betriebenen Wirtschaftswissenschaften sind für diese Herausforderung zwar ein geeigneter Anlaufpunkt, allerdings ist es notwendig, die ökonomische Perspektive im Dialog mit Erkenntnissen aus den Natur-, Geistes und Sozialwissenschaften zu erweitern und zu vertiefen.

3.3.2 Interdisziplinarität und das Problem der Verständigung

Dieses Buch ist für Menschen abgefasst, die, bevor sie handeln, Übersicht gewinnen wollen über die die heterogenen Felder, auf denen Veränderungen nötig und möglich sind. Auf der Basis einer solchen Übersicht lassen sich die zu lösenden Aufgaben in ihrer ganzen Breite, Tiefe und Komplexität formulieren. Eine derartige Übersicht über die Faktoren, die für sozial-ökologische Transformationen von Bedeutung sind, können die Einzeldisziplinen des Wissenschaftsbetriebs nicht gewähren. Naturwissenschaftlerinnen haben in der Regel ein genaues und gründliches Wissen über die jeweiligen Bereiche der Natur, die innerhalb ihrer abgegrenzten Forschungsfelder liegen, aber schon innerhalb der Physik und innerhalb der Biologie existieren Sprach- und Kommunikationsbarrieren zwischen den einzelnen Disziplinen. Erst recht sind die Sprache der Biologie und die Sprache der Physik füreinander Fremdsprachen, für die häufig keine Übersetzungshilfen geboten werden. Wenn dann ökonomische, juristische oder sozialwissenschaftliche Aspekte hinzukommen, reicht die naturwissenschaftliche Qualifikation nicht aus, um kompetent mitreden zu können (vgl. Kap. 12 zu *Unwissen* und Kap. 17 *Resümee*). Umgekehrt weisen Experten aus den Wirtschafts- und Sozialwissenschaften nicht selten gravierende Mängel auf, wenn es um Einflussfaktoren aus den Bereichen Physik oder Biologie geht.

Jede Wissenschaft hat ihre eigene Sprache und ihre eigene Methodik. Sollen Gesichtspunkte verschiedener Wissenschaften zusammengetragen werden, stellt man häufig eine babylonische Begriffs- und Methodenverwirrung fest. Die Probleme werden nicht geringer, wenn das Praxiswissen von Betriebswirtinnen, Ingenieuren, Chemikerinnen, Technikerinnen und Medizinern hinzukommt. Dieses angewandte Wissen hat den theoretischen Wissenschaften gegenüber den Vorzug, in der Realität wirksam zu werden, ist aber in der Regel einseitig. Die Ingenieurin, die Motoren für Elektroautos optimiert, ist nicht unbedingt kompetent im Umgang mit den ökologischen, ökonomischen, juristischen oder politischen Problemen, die mit ihren Ideen verknüpft sind. Ganz allgemein gilt: Die Aufgaben, die sich bei größeren Veränderungen stellen, sind nicht mit den Erkenntnissen einer einzelwissenschaftlichen Disziplin oder nach Art von Ingenieursaufgaben zu lösen.

Um die anstehenden Aufgaben angemessen zu formulieren, werden Strukturen der Verständigung gebraucht, die offen für disziplinär erworbenes Wissen sind, aber dieses Wissen in einer umfassenden Sicht integrieren und außerdem allgemein – d. h. nicht nur für die jeweiligen Expertinnen – zugänglich und verständlich sind. Diese Strukturen sollen ermöglichen, Probleme jenseits von Disziplingrenzen in allen wesentlichen Aspekten zu betrachten. Das gilt ganz besonders für den Stoffwechsel des Menschen mit der Natur. Die interdisziplinäre Wirtschaftswissenschaft ist, um als Drehscheibe wirksam zu werden, auf solche Strukturen angewiesen. Eine entscheidende Rolle für die Grundlegung einer solchen Verständigung spielt die Philosophie.

Wichtig zu wissen: Philosophie als Zugang zu grundsätzlichen Fragestellungen
Es geht um eine umfassende Sichtweise auf Probleme im Bereich Mensch/ Natur, die als solche keiner Disziplin angehören: Diese Probleme sind nicht ausschließlich physikalische, biologische, ökonomische, politische, soziale und kulturelle Probleme, sondern sie sind dies alles zugleich und noch mehr. Eine Sichtweise, die dieser Sachlage gerecht wird, kann man als eine philosophische bezeichnen – sofern man unter Philosophie die Auseinandersetzung mit den Grundlagen unseres Erkennens und Handelns versteht.

3.4   Philosophie und Weisheit

Wirtschaft ist immer wieder Gegenstand philosophischer Überlegungen gewesen[5], einige der bedeutendsten Figuren der sogenannten ökonomischen Klassik – nicht zuletzt auch Karl Marx – waren von Hause aus Philosophen (Petersen & Faber, 2018). Diese philosophische Sicht auf die Wirtschaft, die den Wirtschaftswissenschaften in den letzten 150 Jahren weitgehend verloren gegangen ist, gilt es im Horizont der anstehenden Veränderungen wieder zu gewinnen. Was aber bedeutet in diesem Zusammenhang Philosophie?

Idealerweise müsste den großen Veränderungen, die nottun, ein umfassendes Verständnis von Mensch und Natur zugrunde liegen, worin alle wesentlichen Faktoren, die von den Akteuren zu berücksichtigen sind, enthalten wären. Die Fähigkeit, eine Problemlage in ihrer Ganzheit zu überblicken und auch die praktischen Konsequenzen zu ziehen, die für einen guten Ausgang notwendig sind, wird in der Überlieferung der griechisch-römischen Antike Weisheit genannt. Als Aufgabe, deren Lösung nur einer weisen Persönlichkeit möglich war, wurde insbesondere die Aufstellung grundlegender Regeln für die Ordnung des menschlichen Zusammenlebens angesehen.

Eine der größten Transformationen der Antike ging von dem Athener Solon (ca. 640–540 v. Chr.) aus, der der Begründer der ersten Verfassung mit Bürgerbeteiligung war. Solon, der für die folgende Blütezeit seiner Stadt das Fundament legte, galt als einer der großen Weisen Griechenlands. Zugleich wusste man jedoch auch im Altertum, dass Weisheit oft nur ein Ideal ist: Sei es, dass die zu gestaltenden Verhältnisse zu komplex, sei es, dass die Erkenntnis- und Eingriffsmöglichkeiten der Menschen zu gering sind, sei es, dass der Wille fehlt, das für richtig Erkannte in die Tat umzusetzen (Petersen & Faber, 2001).

Es ist also nicht immer möglich, weise zu sein und weise zu handeln, sodass vernünftige Ziele zuverlässig erreicht werden. Stets möglich ist es jedoch, sich um Weisheit mit allen Kräften zu bemühen und nach jeweils bestem Wissen und Vermögen zu handeln. Vor dem Hintergrund derartiger Überlegungen hat sich die Philosophie entwickelt. *Sophia* heißt Weisheit, *Philia* ist Freundschaft oder Liebe. Eine Philosophin ist ein Mensch, der die Weisheit liebt, aber zugleich weiß, dass man sie vielleicht niemals vollständig erlangen kann.

Wer sich der Philosophie widmet, übernimmt jedoch ein zentrales Anliegen aus der Dimension der Weisheit: Das Ganze einer Situation zu überblicken und aus diesem Überblick, wo möglich und nötig, Orientierungen für das Handeln zu

---

[5]Zu nennen sind hier Aristoteles (384/3- 322/1 v.u.Z.), Jean Jaques Rousseau (1712–1778), Adam Smith (1723–1790), Thomas Robert Malthus (1766–1834), Georg Wilhelm Friedrich Hegel (1770–1831), Mill (1806–1873) und Karl Marx (1818–1883); Eine knappe Darstellung der ökonomischen Ideen dieser Philosophen einschließlich der von Thomas Hobbes (1588–1679) und John Locke (1632–1704), geben Petersen und Faber (2018, Teil 2).

entnehmen. Allerdings unterscheidet sich die Philosophie von der Weisheit nicht zuletzt dadurch, dass sie ein eigenständiges Vorgehen entwickelt hat.

3.5 Das Vorgehen der Philosophie

Bis heute können wir uns auf die vier Grundfragen der Philosophie beziehen, wie sie Immanuel Kant (1968) formulierte:

1. Was kann ich wissen?
2. Was soll ich tun?
3. Was darf ich hoffen?
4. Was ist der Mensch?

Diese Grundfragen, die in den Konzepten dieses Buches an vielen Stellen präsent sind, könnten auch auf dem Feld der Weisheit gestellt werden. Aber in der Art, wie sie darauf antwortet, unterscheidet sich die Philosophie von der Weisheit. In der Philosophie wird ausdrücklich das eigene Unwissen (vgl. Kap. 12 zu *Unwissen*) thematisiert, und es wird akzeptiert, dass innerhalb der Diskurse über theoretische und praktische Probleme zu jedem Satz fast immer ein Gegensatz aufgestellt werden kann, der seinerseits bedacht werden muss. In der Philosophie macht man sich die Begrenztheit der menschlichen Handlungsmöglichkeiten und die Fehlbarkeit der Handelnden einschließlich der je eigenen Schwäche der philosophierenden Person ausdrücklich bewusst. Dennoch kann und wird auch (anders als Marx in der zu Anfang zitierten These über Feuerbach behauptete) in der Philosophie über die Frage nachgedacht, inwieweit die Welt zu bewahren oder zu verändern ist. *Was soll ich tun?*, die zweite Grundfrage Kants, ist die Leitfrage der Praktischen Philosophie, der dieses Buch verpflichtet ist.

Thema der Praktischen Philosophie, soweit sie Leitlinien für das Handeln formuliert, ist das gute Leben der Menschen in Harmonie mit dem Gang der Natur. Allerdings gehört aufgrund der begrenzten Erkenntnis- und Handlungsmöglichkeiten zur Praktischen Philosophie immer eine gewisse Bescheidenheit dazu. Ob sich ein gutes Leben der Menschen in völliger Harmonie mit der Natur unter den Lebensbedingungen dieser Erde widerspruchsfrei denken lässt, kann durchaus infrage gestellt werden. Und wenn ein solches Leben denkbar sein sollte, inwieweit ist es realisierbar und machbar? Und, insofern es zumindest in Teilaspekten machbar wäre, was für Anforderungen werden an die Akteure gestellt, in was für einem Zeithorizont wäre es machbar – sofort, in zehn oder eher in hundert Jahren? Oder ist es schon falsch, auf Transformationen zielendes Handeln überhaupt mit Zeitindices zu versehen (vgl. Kap. 8 zu *drei Begriffen von Zeit*)?

Die Philosophie hat es, wie der junge Marx ahnte, durchaus mit Bedenken zu tun. Aber solche Bedenken haben nichts von Zaudern, Unsicherheit oder Schwanken an sich. Es sind die Bedenken, an denen man sich abgearbeitet haben muss, um nicht ins Blaue hinein zu agieren. Diese Bedenken sollten nicht nur die

Vertreterinnen des Faches Philosophie beschäftigen, sondern vor allem diejenigen, denen weitreichende Veränderungen ein Anliegen sind.

Heute ist es an der Zeit, dass Wissenschaftler der Natur, Sozial- und Geisteswissenschaften sowie Ingenieurinnen, Betriebswirte, Unternehmerinnen, insbesondere aber staatsbürgerlich engagierte Menschen, Aktivistinnen und Aktivisten sich die Intention der Philosophie zu eigen machen, die Sachlage so weit wie möglich ganzheitlich zu erfassen. Zugleich sollten sie sich der Begrenztheit ihrer Erkenntnis- und Handlungsmöglichkeiten bewusst sein und angesichts der Komplexität der Probleme und des stets virulenten Unwissens offen sein für neue Einsichten, Perspektiven und Handlungsoptionen.

In den dazu erforderlichen inter- und transdisziplinären Dialog sollten indes auch Philosophinnen und Philosophen prominent einbezogen werden. Die Chance auf wirkliche Verbesserungen für Mensch und Natur würde sich erhöhen, wenn die Kraft des langen Atems, welche sich aus der weit über 2.000 Jahre währenden Tradition der Liebe zur Weisheit nährt, in die Programm der anstehenden sozialökologischen Transformationen einfließen könnte.

In seinen unterschiedlichen Konzepten versucht dieses Buch, neben der Vermittlung des jeweiligen fachdisziplinären Wissens dieser Intention der Philosophie zu entsprechen.

> **Wichtig zu wissen: Die Bedeutung der Philosophie für weitreichende Veränderungen**
> Angesichts einer Situation, in der Handeln dringend erforderlich ist, zielt Praktische Philosophie zum einen darauf, Übersicht über das ganze zu bearbeitende Feld zu gewinnen, zum anderen darauf, alle Erkenntnisse, die dieses Feld betreffen, in einer von allen Beteiligten gemeinsam entwickelten Sprache jenseits der wissenschaftlichen Fachsprachen zu formulieren. Die vier Grundfragen der Philosophie sollten dabei im Hintergrund stets präsent sein: Was kann ich wissen, was soll ich tun, was darf ich hoffen, was ist der Mensch? Dabei muss stets das Unwissen aller Beteiligten thematisiert werden. Praktische Philosophie in diesem Sinne gehört nicht primär zur heutigen Spezialdisziplin, die den Namen Philosophie trägt, sondern drückt eine Haltung aus, die sich alle zu eigen machen sollten, die an der Bewahrung der Lebensgrundlagen der Menschheit interessiert sind.

Literatur

Kant, I. (1968). *Akademieausgabe* (Bd. 9). de Gruyter.

Klauer, B., Manstetten, R., Petersen, T., & Schiller, J. (2013). *Die Kunst langfristig zu denken: Wege zur Nachhaltigkeit*. Nomos.

Manstetten, R., Kuhlmann, A., Faber, M., & Frick, M. (2021). Grundlagen sozial-ökologischer Transformationen: Gesellschaftsvertrag, Global Governance und die Bedeutung der Zeit. *ZEW-Discussion Paper, 21*, (034).

Marx, K. (1962). *Das Kapital. Erster Band.* MEW Bd. 23. Dietz Verlag.

Marx, K. (1969). *Thesen über Feuerbach.* MEW Bd. 3. Dietz Verlag.

Petersen, T., & Faber, M. (2001). Der Wille zur Nachhaltigkeit. Ist, wo ein Wille ist, auch ein Weg. *Zukunftsverantwortung und Generationensolidarität, Schriften des Institutes für angewandte Ethik, 3,* 47–71.

Petersen, T., & Faber, M. (2018). *Karl Marx und die Philosophie der Wirtschaft: Unbehagen am Kapitalismus und die Macht der Politik.* Karl Alber.

Weiterführende Literatur: Leseempfehlungen zur weiterführenden Lektüre zu Teil 1 „Ausgangspunkte"

Costanza, R. (1992). *Ecological economics: The science and management of sustainability.* Columbia University Press.

Daly, H. E. (1977). *Steady-state economics: The economics of biophysical equilibrium and moral growth.* Freeman. [Ein klassischer Text der Ökologischen Ökonomie]

Edenhofer, O., & Jakob, M. (2019). *Klimapolitik: Ziele, Konflikte, Lösungen.* CH Beck.

Gardiner, S. M. (2011). *A perfect moral storm: The ethical tragedy of climate change.* Oxford University Press.

Haddad, B. M., & Solomon, B. D. (2023). *Dictionary of ecological economics: Terms for the new millennium.* Edward Elgar Publishing.

Klauer, B., Manstetten, R., Petersen, T., & Schiller, J. (2016). *Sustainability and the art of long-term thinking.* Taylor & Francis.

Krohn, P. (2023). *Ökoliberal: Warum Nachhaltigkeit die Freiheit braucht.* Frankfurter Allgemeine Buch.

Raworth, K. (2017). *Doughnut economics: Seven ways to think like a 21st-century economist.* Chelsea Green Publishing.

Ruth, M. (Hrsg.). (2020). *A Research Agenda for Environmental Economics.* Edward Elgar Publishing.

Teil II
Der Mensch und sein Handeln

Das Leitbild der Nachhaltigen Entwicklung und der Begriff der Gerechtigkeit

Inhaltsverzeichnis

> **Worum geht's?**
>
> Es geht um Kuchen. Genauer gesagt, es geht ums Kuchenbacken und Kuchenverteilen, es geht darum, dass es nicht nur heute, sondern auch morgen, übermorgen, in zehn und in einhundert Jahren Kuchen geben soll – für alle. Es soll also gerecht sein. Aber es gibt ein Problem: Der Vorrat ist erschöpflich, der Nachschub begrenzt. Und, nicht zu vergessen: Die Reste des Backens und Essens müssen aufgeräumt werden, sonst ersticken alle im Abfall und es ist aus mit dem Backen.
>
> Dass eine nachhaltige Entwicklung viel mit Kuchenbacken und -essen gemeinsam hat, damit befasst sich dieses Kapitel. Die Frage nach der angemessenen Nutzung der natürlichen Lebensgrundlagen führt zu der Frage, was gerecht ist, wie bestimmt wird, was jeweils gerecht

M. Faber et al., *Nachhaltiges Handeln in Wirtschaft und Gesellschaft,*
SDG – Forschung, Konzepte, Lösungsansätze zur Nachhaltigkeit,
https://doi.org/10.1007/978-3-662-67889-3_4

ist, welche Bedürfnisse für ein gutes Leben notwendig und welche hinderlich sind. Wir hinterfragen kritisch die Vorstellung, stetes Wirtschaftswachstum sei nachhaltig. Ist die Idee, der Kuchen müsse immer größer werden, eine gute Idee oder führt sie langfristig dazu, dass es keinen Kuchen mehr gibt?

4.1   Einführung in das Konzept

4.1.1   Die Analogie zwischen einem Kuchen und dem Ziel einer nachhaltigen Entwicklung

Einen Kuchen backen und ihn zusammen mit ein paar Freunden essen – diese Aufgabe klingt einfach. Stellen wir uns nun vor, der Kuchen soll so groß sein, dass nicht nur ein paar Freunde, sondern sehr viele Menschen, von denen wir die meisten nicht kennen, davon satt werden können. Jetzt ist es nicht mehr so einfach: Was für eine Art Kuchen sollten wir backen, wie groß muss er sein, wer soll wieviel vom Kuchen bekommen? Extrem kompliziert wird es aber, wenn wir mit den Zutaten so verfahren müssen, dass wir nicht nur den vielen Gästen, die wir zur Stunde erwarten, einen Kuchen vorsetzen können, sondern auch morgen und übermorgen und immer wieder neu für Gäste, die wir nicht kennen, Kuchen backen können. Auch Menschen, die später zum Kuchenfest dazukommen, sollten genug erhalten, und am Ende sollen alle zufrieden nach Hause gehen. Aber was machen wir, wenn wir feststellen, dass wir für jetzt zwar reichlich über Mehl, Wasser, Zucker und Eier verfügen, dass aber der Nachschub an Zutaten keineswegs sicher ist? Wenn wir heute einen zu großen Kuchen backen, wird der Kuchen der Zukunft vielleicht schon bald zu klein sein angesichts der vielen Menschen, die morgen und übermorgen und später auch noch am Kuchenbacken und Kuchenessen beteiligt werden wollen?

Die Aufgabe der Menschheit, nachhaltig zu leben, ist dieser Kuchenaufgabe ähnlich. Der Kuchen ist das Gesamtprodukt, das die Menschheit mit den Ressourcen, die sie aus der ganzen Erde herausholt, für die Befriedigung ihrer Bedürfnisse herstellt. Beim Ziel der Nachhaltigkeit geht auch um Nachschub an Zutaten: Nicht Mehl, Eier und Zucker, sondern die heute verfügbaren Rohstoffe sind es, die so eingesetzt werden müssen, dass auch die Bedürfnisse von morgen und übermorgen nicht zu kurz kommen. Unsere Gäste sind alle Menschen auf der Erde, jetzt und in Zukunft. Unser Kuchen umfasst die Erzeugnisse der gesamten Weltwirtschaft. Mit den Zutaten, also den Rohstoffen, die wir jetzt verwenden, müssen wir so umgehen, dass auch zukünftige Generationen über angemessene Grundlagen für ihr Leben verfügen. Es geht nicht nur um die Erfüllung von Grundbedürfnissen wie Essen, Trinken und Wohnen. Die Gäste sollen insgesamt zufrieden sein, sie sollen in die Lage versetzt werden, über ihre ganze Lebenszeit ein gutes Leben führen zu können. Es reicht dafür nicht, denen, die gerade jetzt da sind, einen schmackhaften Kuchen zu servieren, d.h. ihnen eine angemessene

Versorgung mit dem für das Leben Notwendigen und Angenehmen zu sichern. Vielmehr muss man immer schon die zukünftigen Gäste mit im Blick haben. Nachhaltigkeit erfordert also einen schonenden Umgang mit den natürlichen Lebensgrundlagen.

Dazu kommt aber noch etwas Weiteres. Das Backen und Essen des gegenwärtigen Kuchens, also die Herstellung und der Verzehr all dessen, was der Menschheit zur Befriedigung ihrer Bedürfnisse zur Verfügung steht, bringt gegenwärtig massive Umweltschäden mit sich. Diese entstehen auf der ganzen Erde bei der Produktion, dem Transport und dem Konsum von Gütern in Form von Abfällen und Emissionen. Diese Schäden – Klimawandel, Artensterben, Wasserknappheit, Zerstörung von Anbauflächen etc. – können dazu führen, dass die Menschen, die in Zukunft leben werden, nichts mehr oder zu wenig vom dem bekommen, was sie brauchen. Angesichts solcher Gefahren wurde bereits 1987 im sogenannten Brundtland-Bericht Folgendes formuliert:

Nachhaltig ist eine *„Entwicklung, welche den Bedürfnissen der heutigen Generation entspricht, ohne die Fähigkeit künftiger Generationen zu gefährden, ihre eigenen Bedürfnisse zu befriedigen"* (WCED, 1987, art. 27).

Die nachhaltige Entwicklung erscheint als das Leitbild der Stunde oder sogar des Jahrhunderts. Dieses Leitbild sollte Orientierung für Politik und Gesellschaft bieten. Die Politik soll Gesetze, Gebote und Verbote, erlassen, die der Wirtschaft einen Handlungsrahmen geben, um der Menschheit langfristig das Überleben und die Chance auf ein gutes Leben zu gewährleisten. In der Gesellschaft ist das Leitbild der Nachhaltigkeit, wenn auch häufig nicht in Taten, so wenigstens in Worten bereits vielfach angekommen. Im öffentlichen Diskurs und am Arbeitsplatz ebenso wie auch im privaten Umfeld ist die Rede von nachhaltigen Lebensstilen, nachhaltiger Ernährung, von der Umstellung auf nachhaltige Mobilität, von berichtsfähigen Nachhaltigkeitsleistungen der Unternehmen etc. Aber meinen wir alle dasselbe oder zumindest Ähnliches, wenn wir über Nachhaltigkeit reden und versuchen unser Leben daran auszurichten? Ist das Leitbild in den Augen von jungen Studierenden in Deutschland dasselbe wie aus der Perspektive von Managerinnen eines indischen Großkonzerns? Während Nachhaltigkeit für einige Menschen die Bereitschaft zu weitgehenden Veränderungen bedeutet, die nicht nur Politik und Wirtschaft, sondern auch die persönliche Lebensweise betreffen, hat der Begriff für andere vor allem mit Marktpositionierung, politischer Taktik oder gesellschaftlicher Profilierung zu tun.

Es gibt weder in unserer Gesellschaft noch weltweit eine einheitliche Auffassung vom Leitbild der nachhaltigen Entwicklung. Aber wenn Nachhaltigkeit nur noch eine Hülse für beliebige Dinge ist und „nachhaltig" auf jede Lebensmittelverpackung, jedes Elektroauto, jeden Firmenbericht und jedes Wahlplakat gedruckt werden kann, dann werden notwendige Veränderungen unterbleiben und die Lebensgrundlagen weiterhin irreparabel geschädigt. Die Menschen von morgen werden in eine Welt geboren, in der sie nicht einmal genug zum Überleben, geschweige denn zum guten Leben vorfinden.

Wir wollen im Folgenden ein allen Menschen zugängliches Verständnis des Leitbildes der nachhaltigen Entwicklung präsentieren. Dafür werden wir

- die historische Entwicklung des Leitbildes darstellen,
- die dazugehörige Standarddefinition reflektieren und diskutieren
- und das Verhältnis des Leitbildes einer nachhaltigen Entwicklung zum Begriff der Gerechtigkeit herausarbeiten.

Die Frage danach, wie wir unsere Wirtschafts- und Lebensweise nachhaltig gestalten können, können wir hier nicht abschließend beantworten. Wir werden allerdings am Ende des Kapitels einer ersten Annäherung an eine Antwort nachgehen, indem wir das Konzept der *Suffizienz* einführen.

4.1.2   Die historische Entwicklung des Leitbilds der nachhaltigen Entwicklung

Durch unsere auf wachsendem Verbrauch natürlicher Ressourcen basierende Wirtschaftsweise zerstören wir Menschen unsere Umwelt und gefährden damit die natürlichen Lebensgrundlagen, auf die unsere Gesellschaften angewiesen sind.

Manchen vorindustriellen Gesellschaften war durchaus bewusst, dass ihr Fortbestand unter Umständen gefährdet war, wenn die natürlichen Lebensgrundlagen zu stark genutzt wurden und sich nicht regenerieren konnten, etwa durch Überweidung, Abholzung oder die Verschmutzung von Gewässern. Allerdings waren die Umweltprobleme früherer Zeiten lokaler und unmittelbarer Art und dadurch häufig gut wahrnehmbar. Nicht selten konnten sie aufgrund ihrer Begrenztheit und Kurzfristigkeit entweder gelöst oder umgangen werden, etwa durch die Nutzung neuen Landes. In anderen Fällen führten sie zu starken Beeinträchtigungen der betroffenen Bevölkerung oder gar zum Untergang einer ganzen Kultur.

Neu war in den 70er Jahren des vorigen Jahrhunderts die grundlegende Erkenntnis, dass die wirtschaftlichen Aktivitäten der Menschheit – welche zu großen Teilen auf eine Verbesserung von Lebensbedingungen abzielten – zur Erschöpfung notwendiger Ressourcen führen und eine mittel- und langfristige Zerstörung der Umwelt auf der ganzen Erde in nie dagewesener Intensität verursachen. Es hieß: Wenn diese Wirtschaftsweise so fortgesetzt wird, wie sie bisher betrieben wurde, werden die Lebensbedingungen vieler, vielleicht sogar der meisten Menschen, anstatt sich zu verbessern, deutlich schlechter werden. 1972 veröffentlichte der Club of Rome seinen Bericht *Die Grenzen des Wachstums* (1972), der einen weltweiten Diskurs über die negativen Auswirkungen und die Endlichkeit des kontinuierlichen Wirtschaftswachstums auslöste. Zum ersten Mal formulierte eine Vielzahl von Menschen, darunter Wissenschaftlerinnen und politische Entscheidungsträgerinnen, die Forderung „So kann es nicht weitergehen!". Dies führte im Jahr 1983, initiiert von den Vereinten Nationen, zur Bildung der Weltkommission für Umwelt und Entwicklung (WCED), welche den Auftrag bekam, ein globales Programm für Wandel zu skizzieren. Das Ergebnis war der im Jahr 1987 veröffentlichte Bericht mit dem Titel *Our Common Future*[1] (WCED, 1987). Dieser sogenannte Brundtland-Report hat *das Leitbild der nachhaltigen Entwicklung für eine* weltweite Öffentlichkeit geprägt. Die oben zitierte Formel hat sich bis heute als die globale Standarddefinition des Leitbildes durchgesetzt.

4.1.3   Die wesentlichen Konzepte im Leitbild der nachhaltigen Entwicklung

Das von den Vereinten Nationen vertretene Leitbild der nachhaltigen Entwicklung enthält zwei zentrale Hypothesen:

1. Den Möglichkeiten der Menschen, die heutigen und zukünftigen Bedürfnisse zu befriedigen, sind Grenzen gesetzt. Diese sind bestimmt durch die Ressourcen der Erde, d.h. die natürlichen Lebensgrundlagen, sowie das Licht und die Energie der Sonne, die verfügbaren Technologien, die politische und soziale Organisation sowie durch die Naturgesetze (vgl. Kap. 9 zu *Thermodynamik* und 11 zu *Evolution*).
2. Die Menschen gegenwärtiger und zukünftiger Generationen haben Bedürfnisse, die erfüllt werden sollen.

Was die erste Hypothese betrifft, dass unser Planet nur begrenzt Ressourcen bereitstellen und Schadstoffe aufnehmen kann, verweisen wir auf die Ausführungen in den Kapiteln zu *Thermodynamik* (Kap. 9) und *Kuppelproduktion* (Kap. 13) sowie auf Rockström et al. (2009). Die zweite Hypothese, die Frage nach den Bedürfnissen heutiger **und** zukünftiger Generationen, bedarf einer gründlichen Betrachtung. Aus dem Leitbild der nachhaltigen Entwicklung geht nämlich nicht hervor, welche Bedürfnisse in welchem Umfang befriedigt werden sollen und befriedigt werden können. Überlebenswichtige Grundbedürfnisse wie Nahrung, sauberes Trinkwasser, medizinische Grundversorgung und ein Dach über dem Kopf stehen außer Frage, aber was kann oder muss darüber hinaus gefordert werden? Wie sind die Bedürfnisse nach Freiheit, Frieden und Solidarität zu einzuschätzen? Unzählige weitere Bedürfnisse sind entsprechend dem jeweiligen individuellen, sozialen und geographischen Kontext denkbar. Je nach Art und Umfang der Bedürfnisse, die zugrunde gelegt werden, kann Nachhaltigkeit ganz unterschiedlich ausgelegt werden. Überspitzt dargestellt: Ob Nachhaltigkeit ausschließlich bedeutet, Grundbedürfnisse zu garantieren und damit den Menschen das Überleben als Minimalstandard zu sichern oder ob es darum geht, jedem Individuum die Erfüllung aller seiner Konsumbedürfnisse zu ermöglichen, gleichviel, ob es sich um einen Kleinwagen, ein SUV, einen Privatjet

---

[1] Der Report ist bekannt als der Brundtland Report, benannt nach der Vorsitzenden der Kommission, der früheren norwegischen Ministerpräsidentin Gro Harlem Brundtland.

oder einen Flug ins Weltall handelt, macht einen großen Unterschied für die Möglichkeiten, zu einer Nachhaltigen Entwicklung zu gelangen.

Wir stellen fest: Es bedarf eines Maßstabes, gemäß dem entschieden werden kann, welche *Bedürfnisse* gegenwärtig und zukünftig zu erfüllen sind und welche nicht, damit die Entwicklung der Menschheit als nachhaltig angesehen werden kann. Um die für Nachhaltigkeitsfragen relevanten Bedürfnisse zu ermitteln, müssen wir fragen: Ist es gerecht, wenn dieses oder jenes Bedürfnis, das diese oder jene Person oder Personengruppe geltend macht, erfüllt wird? Oder ist andererseits die Erfüllung bestimmter Bedürfnisse ungerecht – etwa aufgrund der Ressourcen, die dafür benötigt werden, oder aufgrund der davon ausgehenden Wirkungen auf die Mitmenschen und Mitgeschöpfe? Ohne den Begriff der Gerechtigkeit können wir nicht von Nachhaltigkeit sprechen, da wir keinen Maßstab für die Bedürfnisse haben, die es – für heutige und zukünftige Generationen – zu erfüllen gilt.

4.2   Der Begriff der Gerechtigkeit

Was Gerechtigkeit im Alltagsgebrauch bedeutet, lässt sich am Beispiel des Kuchens zeigen. Ein Kuchen soll so aufgeteilt werden, dass im Rahmen des Möglichen die Bedürfnisse aller, die daran beteiligt sind – sei es als Bäckerinnen, Servierer, Reinigungskräfte oder einfach als Essende – erfüllt werden, ohne dass jemand bevorzugt oder benachteiligt wird. Demgemäß denkt man bei Gerechtigkeit zunächst an die Verteilung von materiellem Wohlstand, etwa von Eigentum und Einkommen: die sogenannte *Verteilungsgerechtigkeit*. Dass damit nur ein Teilaspekt der Gerechtigkeit erfasst ist, wird deutlich, wenn wir uns beispielsweise eine Gesellschaftsordnung vorstellen, in der zwar alle mit ihrem materiellen Wohl zufrieden sind, aber nur ein Teil der Menschen frei ist und die Macht hat, dem unfreien Teil vorzuschreiben, was er denken, was er tun und wie er leben muss. Eine solche Gesellschaftsordnung erscheint wohl den meisten Menschen als ungerecht. Wenn also Gerechtigkeit über die *Verteilungsgerechtigkeit* hinaus weitere wesentliche Elemente umfasst, was sind diese Elemente und wie passen sie zusammen?

In der Geschichte der Philosophie haben bedeutende Denkerinnen und Denker seit Platon (428/427 – 348/347 v.Chr.) und Aristoteles (380-322 v. Chr.) über John Stuart Mill (1806-1873) bis zu John Rawls (1921-2022), Martha Nussbaum (*1947) und Amartya Sen (*1933) auf unterschiedliche Weise versucht, einen angemessenen Begriff von Gerechtigkeit zu erarbeiten. Das Gemeinsame dieser Versuche trifft die im römischen Rechtsdenken aufgestellte Forderung „Jedem das Seine"[2]. Gerechtigkeit besteht demnach darin, dass jeder Person diejenigen Mittel,

---

[2] Cicero, *De legibus* 1, 6 19. Der klassische Gerechtigkeitsgrundsatz „Jedem das Seine" wurde in seiner Bedeutung ins Gegenteil pervertiert, als ihn die Nationalsozialisten 1937 als Inschrift über das Tor des Konzentrationslagers Buchenwald setzten, um den Lagerinsassen ihre Menschlichkeit abzusprechen. Jeder hatte als das Seine nichts als Demütigung, Misshandlung, Folter und Ermordung zu erwarten.

Umstände und Entfaltungsmöglichkeiten zugänglich sind, die ihr zustehen. Das gilt auf materieller sowie auf nicht materieller Ebene.[3] Zu den nicht-materiellen Rechten gehören beispielsweise die Menschenrechte jedes Einzelnen, die unter anderem Freiheit und Sicherheit vor Übergriffen seitens des Staates oder anderer Personen und Gruppen gewähren. Weiterhin gehören dazu die politische und die gesellschaftliche Partizipation, um die für die Ausgestaltung einer gerechten Gesellschaft notwendigen Transformationen zu ermöglichen.

Solche Rechte aber benötigen, damit sie faktisch gelten, sowohl Gesetze, in denen sie formuliert sind, als auch Instanzen, die diese Gesetze durchsetzen und Gesetzesbrüche verhindern, oder falls sie dennoch stattfinden, bestrafen. Gerechtigkeit existiert nur vor dem Hintergrund einer Ordnung, welche die Institutionen des Rechtes und der Politik umfasst. Der Staat, als Inbegriff dieser Institutionen, ist zum einen durch seine Verfassung gefordert, einen Rechtszustand einschließlich seines Fortbestehens in der Zukunft zu garantieren. Dazu gehören insbesondere auch der Frieden innerhalb der Gesellschaft und friedliche Beziehungen zu den Nachbarstaaten. Die Stabilität und Kontinuität der Ordnung sind wesentliche Elemente von Gerechtigkeit, und sie sind auch die Voraussetzungen dafür, dass ungerechte Gesetze und Verhältnisse friedlich und in geordneten Verfahren geändert werden können (Becker, Ewringmann, Faber, Petersen & Zahrnt, 2015). Schließlich gehört zur Gerechtigkeit, dass die Mitglieder einer Gesellschaft sich zum einen an die geltenden Gesetze halten, das bedeutet, Rechtsgehorsam praktizieren, zum anderen aber den anderen Mitgliedern mit Solidarität und Wohlwollen begegnen. Gerechtigkeit in diesem umfassenden Sinne bezeichnet der antike Philosoph Aristoteles als *allgemeine Gerechtigkeit*. Da sie sich vor allem auf die Rechtsordnung und die Ordnung des Lebens der Mitglieder einer Gesellschaft bezieht, werden wir diese *allgemeine Gerechtigkeit* im Folgenden auch als *Ordnungsgerechtigkeit* bezeichnen. Die Verteilungsgerechtigkeit ist ein Teilaspekt dieser allgemeinen Gerechtigkeit. Zu beachten ist, dass nur die Verteilungsgerechtigkeit sich unmittelbar auf die Bedürfnisbefriedigung bezieht, während die allgemeine Gerechtigkeit den Möglichkeitsraum individueller Bedürfnisbefriedigung zugleich begrenzt und strukturiert.

Wir halten fest: Eine Gesellschaft kann nur gerecht sein, wenn sie die folgenden sechs Bedingungen erfüllt:

---

[3] Der indische Wirtschaftswissenschaftler Amartya Sen spricht in diesem Zusammenhang von Befähigungen (engl. capabilities). Sen fordert, dass, soweit es die natürlichen Voraussetzungen und die Potenziale einer Gesellschaft erlauben, jeder Mensch die Ressourcen und Entfaltungsmöglichkeiten erhält, die er braucht, um das Leben nach seinen Vorstellungen glücklich zu gestalten (Sen, 2000). Eine solche Gesellschaft wäre aus der Sicht von Sen gerecht.

- Sie gewährt allen Mitgliedern ein Leben in Freiheit auf der Basis der Menschenrechte,
- sie schafft Frieden in ihrem Innern und pflegt friedliche Beziehungen mit allen anderen Gesellschaften,
- sie sorgt für politische und rechtliche Stabilität und ist auf Dauer angelegt, d.h. auf Kontinuität,
- sie etabliert Verteilungsgerechtigkeit, indem alle das erhalten, was ihnen zusteht.
- sie ermöglicht Partizipation, d.h. die Mitwirkung aller Mitglieder an Prozessen, die ungerechte Gesetze und Verhältnisse durch bessere ersetzen sollen und
- die Mitglieder halten sich an das Recht (Rechtsgehorsam) und praktizieren Solidarität und Wohlwollen.

Eine solche Gesellschaft ist allerdings nirgendwo auf der Welt zu finden. Sie ist ein Ideal, an dem sich die gegenwärtigen Gesellschaften orientieren sollten und dem sie sich mehr oder weniger annähern können. Im Folgenden werden wir darlegen, inwiefern sich die Forderung nach einer nachhaltigen Entwicklung aus der allgemeinen Gerechtigkeit ableitet. Diese letztere ist also eine Vorbedingung für die erstere.

Wichtig zu wissen: Verschiedene Dimensionen der Gerechtigkeit
- **Verteilungsgerechtigkeit:** Zur Gerechtigkeit gehört wesentlich eine Verteilung von materiellen Gütern, Chancen oder Pflichten, die darauf abzielt, jeder Person das zuzuteilen bzw. jede Person das erhalten zu lassen, was ihr zusteht.
- **Allgemeine Gerechtigkeit oder Ordnungsgerechtigkeit:** Damit eine Gesellschaft insgesamt als gerecht bezeichnet werden kann, muss sie über die Forderungen der Verteilungsgerechtigkeit hinaus individuelle Freiheit gewährleisten sowie den Frieden nach innen und außen einhalten und eine tendenziell von allen einzuhaltende Rechtsordnung sichern (Stabilität). Diese Rechtsordnung, die im Einzelnen veränderbar sein sollte, muss in ihren Grundzügen auf eine lange Dauer angelegt sein (Kontinuität). Weiterhin muss eine gerechte Gesellschaft Partizipation, d.h. Mitwirkung an politischen Prozessen ermöglichen (Faber & Petersen, 2008).
- **Die allgemeine Gerechtigkeit und der Raum der Bedürfnisbefriedigung:** Die allgemeine Gerechtigkeit schafft für die individuelle Bedürfnisbefriedigung einerseits einen Möglichkeitsraum, andererseits begrenzt sie die individuelle Bedürfnisbefriedigung durch die Berücksichtigung der Bedürfnisse aller anderen sowie durch die Ansprüche, die sich aus der Rechtsordnung und den Anforderungen der Stabilität ergeben.

4.3 Vom Ideal der gerechten Gesellschaft zum Leitbild der Nachhaltigkeit

4.3.1 Intra- und intergenerationale Gerechtigkeit

Alles, was bisher zum Thema Gerechtigkeit gesagt wurde, handelt von der sogenannten *intragenerationalen Gerechtigkeit*. Diese bezieht sich auf die Ordnung von Verhältnissen und die Regelung von Verteilung, soweit eine gegenwärtig lebende Generation von Menschen betroffen ist. In der allgemeinen Gerechtigkeit ist jedoch mit den Gesichtspunkten Stabilität und Kontinuität ein Hinweis auf das Leitbild der nachhaltigen Entwicklung enthalten, denn Stabilität und Kontinuität sind notwendige Bedingungen dafür, dass eine Gesellschaft über die Gegenwart hinaus auch in Zukunft bestehen kann. Um nachhaltig zu sein, muss eine Gesellschaft jedoch mehr leisten. Stabilität und Kontinuität, für sich genommen, könnten auch bewirken, dass Gesetze und Lebensstile, die nicht nachhaltig sind, beibehalten werden. Das kann nicht geschehen, wenn die Gesellschaft sich ernsthaft der Aufgabe stellt, die sich aus dem Leitbild der nachhaltigen Entwicklung ergibt: Sie muss auch zukünftigen Generationen einen Möglichkeitsraum gewähren, um ihre Bedürfnisse zu erfüllen, und damit zugleich Verhalten, das diesen Möglichkeitsraum gefährdet, unterlassen. Neben der Erhaltung des Rechtszustandes sowie der Weitergabe und Vermehrung von Wissen und Technologien ist es vor allem der Schutz der natürlichen Lebensgrundlagen und die Ablösung von allem, was zu ihrem Schwund beiträgt, was als das Ziel der sogenannten *intergenerationalen Gerechtigkeit* anzusehen ist. Die Idee der intergenerationalen Gerechtigkeit erweitert die Forderungen der allgemeinen Gerechtigkeit durch den Gesichtspunkt, dass die natürlichen Lebensgrundlagen erhalten werden müssen. Das erscheint als eine Ergänzung der Gesichtspunkte Stabilität und Kontinuität. Diese Ergänzung aber kann dann problematisch erscheinen, wenn die anscheinende Stabilität und Kontinuität einer Gesellschaft zu einem bestimmten Zeitpunkt auf einer Rechtsordnung beruht, die einen übermäßigen Verbrauch an Ressourcen ermöglicht. Wird allerdings dieser übermäßige Verbrauch von heute auf morgen unterbunden, so kann das aufgrund der nunmehr massiv eingeschränkten Bedürfnisbefriedigung von Betroffenen zu Konflikten, ja zu massiven gesellschaftlichen Verwerfungen, führen: Vor diesem Dilemma stehen wir heute.

Die Forderung nach intergenerationaler Gerechtigkeit ist ein zentraler Bestandteil des Leitbildes der nachhaltigen Entwicklung und steht im Mittelpunkt vieler aktueller Umweltdebatten, insbesondere der Klimadebatte. Um Stabilität und Kontinuität zu gewährleisten, dürfen jedoch die Bedürfnisse der jeweils gegenwärtigen Generation nicht übergangen werden. Das Leitbild der nachhaltigen Entwicklung umfasst somit sowohl die intergenrationale als auch die intragenerationale Gerechtigkeit. Zwischen beiden Formen der Gerechtigkeit kann es jedoch Spannungen und Konflikte geben.

Würde man beispielsweise im Sinne intragenerationaler Gerechtigkeit alle Besitzerinnen von Zweitwagen nötigen, diese an Menschen ohne Auto abzutreten, so würde die Umwelt wahrscheinlich durch die nun gestiegene Nutzung der Autos als Erstwagen mehr als zuvor durch den Treibstoffverbrauch und die Emissionen belastet werden. Das wäre der intergenerationalen Gerechtigkeit nicht förderlich.

Genauso kann eine zu sehr auf intergenerationale Gerechtigkeit fokussierte gesellschaftliche Debatte dazu führen, dass die Bedürfnisse derzeit lebender Menschen nicht ausreichend berücksichtigt werden. Wenn beispielsweise allzu ambitionierte Maßnahmen im Sinne des Klimaschutzes zu einem so starken Anstieg der Energiepreise führen, dass große Bereiche der Industrie ihre Produktion nicht mehr aufrechterhalten können, kann daraus Arbeitslosigkeit und Wohlstandsverlust bis hin zur Armut resultieren. Weiterhin wäre die Folge, dass die Mobilität massiv eingeschränkt würde und dass Wohnungen nicht mehr ausreichend geheizt würden. Im Zusammenhang damit könnten soziale Unruhen ausbrechen, die in Extremfällen sogar zu Bürgerkriegen führen könnten.

Um zu bestimmen, welches Maß an Bedürfnisbefriedigung angemessen sein könnte, um sowohl intra- als auch intergenerationale Gerechtigkeit zu gewährleisten, ist eine Betrachtung der dritten Bedingung der allgemeinen Gerechtigkeit notwendig: das Erlangen dessen, was einer Person zusteht.

4.3.2 Was steht einem Individuum zu? Der Möglichkeitsraum der Bedürfnisse

Eine erste Antwort darauf, was einem Individuum zusteht und was es demnach auch erhalten sollte, lautet:

> *Jedem Individuum steht prinzipiell alles zu, was es in die Lage versetzt, ein gutes Leben führen zu können.*

Diese Antwort ist jedoch wenig aussagekräftig, da das, was einem Individuum als ein für es selbst gutes Leben erscheint, abhängig ist von der jeweiligen Person und ihrem sozialen, kulturellen und geographischen Kontext. Grundsätzlich steht es jedem Individuum zu, dass die Bedürfnisse seiner Wahl im Rahmen seiner Möglichkeiten erfüllt werden, solange damit niemandem gegenwärtig und zukünftig Schaden zugefügt wird. Aber diese Wahl ist nicht beliebig:

1. Einerseits gibt es einen Minimalbedarf dessen, was einer Person zusteht, ohne dass sie es eigens wählen müsste. Das sind die Grundbedürfnisse, ohne deren Erfüllung ein gutes Leben nicht möglich ist.
2. Andererseits gibt es Einschränkungen der Bedürfnisse, um deren Erfüllung ein Individuum sich bemühen kann, aufgrund der Forderungen der allgemeinen Gerechtigkeit.

Zu 1. Eine notwendige Bedingung dafür, ein gutes Leben führen zu können, ist die Erfüllung von Grundbedürfnissen. Menschen, die hungern, Menschen, die sich nur unzulänglich vor Kälte und Hitze schützen können, Menschen, die keinen Zugang zu sauberem Trinkwasser oder medizinischer Grundversorgung haben, sind so stark eingeschränkt, dass sie nicht in der Lage sind ein Leben zu führen, das ihnen als ein gutes Leben erscheint. Zu den Grundbedürfnissen muss auch ein Mindestmaß an Zugang zu Bildung gezählt werden – etwa die Möglichkeit, Lesen, Schreiben und Rechnen zu lernen –, denn ohne Zugang zu Bildung in der heutigen Welt gut zu leben, ist kaum möglich. Es ist somit die Aufgabe jedweder Art von nachhaltiger Entwicklung die Erfüllung der Grundbedürfnisse zu gewährleisten, heute und in der Zukunft. Diese geben ein Minimum dessen an, was einem jeden Menschen auf der Erde zusteht.

Zu 2. Der Möglichkeitsraum dessen, was einem Individuum zusteht, ist begrenzt durch die Forderungen und Einschränkungen, welche die Allgemeinheit dem Individuum auferlegt. Denn die Erfüllung vieler materieller Bedürfnisse ist mit einem hohen Verbrauch von Ressourcen und/oder einer Belastung der Umwelt verbunden. Da damit das Wohlergehen derzeitiger und zukünftiger Generationen gefährdet wird, muss die Gesellschaft eine Befriedigung derartiger Bedürfnisse einschränken oder ganz untersagen. Nur so kann sie ihre eigene Stabilität und Kontinuität schützen. Beispielsweise mag zwar der regelmäßige Konsum eines Rindersteaks von einem Einzelnen gewünscht werden, jedoch hat die Gesellschaft aufgrund der Klimaschädlichkeit dieses Verhaltens Gründe, eine solche Gewohnheit massiv einzuschränken.

Wir fassen zusammen: Einer Person steht im Prinzip alles zu, wodurch sie die Möglichkeit bekommt, ein gutes Leben führen zu können. Dafür ist die Erfüllung von Grundbedürfnissen unbedingt notwendig. Begrenzt wird das, was einer Person zusteht, durch Einschränkungen, die begründet sind in der Gefährdung heutiger und zukünftiger Generationen. Die Einschränkungen dürfen indes nicht so weit gehen, dass nur Grundbedürfnisse als legitim erscheinen. Neben den Menschenrechten und den übrigen Anforderungen der allgemeinen Gerechtigkeit (s.o.) sind in der heutigen Zeit unter anderem gute Bildungschancen relevant, intakte soziale Beziehungen, gute Arbeitsbedingungen, die Eindämmung der sozialen Ungleichheit und Erholungsmöglichkeiten in einer intakten Natur.

Wichtig zu wissen: Gerechtigkeit und Nachhaltigkeit
- **Nachhaltigkeit und Intragenerationale Gerechtigkeit:** Eine Menschheit, die dem Leitbild der Nachhaltigkeit folgt, bedarf der allgemeinen Gerechtigkeit und insbesondere auch der Verteilungsgerechtigkeit. Das bedeutet, dass es ein Ziel einer nachhaltigen Entwicklung ist, intragenerationale Gerechtigkeit, also Gerechtigkeit zwischen den unterschiedlichen Mitgliedern der derzeit lebenden Generation zu schaffen. Dass bedeutet, dass beispielsweise ein Ausgleich zu leisten ist zwischen reichen Ländern des globalen Nordens und ärmeren Ländern des globalen

Südens. Auch die gegenwärtige extreme Ungleichverteilung von Einkommen und Vermögen in vielen Ländern und insbesondere weltweit ist, da sie ungerecht ist, als nicht nachhaltig anzusehen.

- **Nachhaltigkeit und intergenerationale Gerechtigkeit:** Das Leitbild der Nachhaltigkeit erfordert, dass gegenwärtige Generationen gerecht mit den Lebensmöglichkeiten zukünftiger Generationen umgehen, dass also intergenerationale Gerechtigkeit hergestellt wird. Zum Beispiel haben gegenwärtige Generationen die Aufgabe, Maßnahmen gegen den globalen Klimawandel zu ergreifen oder das Artensterben zu stoppen, damit spätere Generationen noch gut auf der Erde leben können.
- **Der Korridor der Bedürfnisse eines guten Lebens:** Die Bedürfnisse von Individuen oder Gruppen können sich in einem gewissen Korridor frei entfalten, welcher allerdings bestimmte Minimalbedingungen erfüllen muss und durch die Forderungen der intra- und intergenerationalen Gerechtigkeit nach oben hin beschränkt ist. Die Minimalbedingung wird durch die Grundbedürfnisse gesetzt, ohne deren Erfüllung ein gutes Leben nicht möglich ist. Die Beschränkungen des Korridors ergeben sich aus den Forderungen der Allgemeinheit (inklusive zukünftiger Generationen): Es muss verhindert werden, dass übermäßige Bedürfnisbefriedigung einiger Personen anderen Personen die Möglichkeit nimmt ein gutes Leben zu führen.

Die eingangs eingeführte Standarddefinition von nachhaltiger Entwicklung als Entwicklung, welche den Bedürfnissen der heutigen Generation entspricht, ohne die Fähigkeit künftiger Generationen zu gefährden, ihre eigenen Bedürfnisse zu befriedigen, wird in Verbindung mit den Konzepten von intra- und intergenerationaler Gerechtigkeit greifbarer. Der erste Schritt, die Schaffung eines fundamentalen Verständnisses von Nachhaltigkeit, ist damit getan.

Der zweite Schritt besteht darin zu überlegen, wie der Weg zu einer nachhaltigen Gesellschaft aussehen könnte. In den folgenden Abschnitten zeigen wir, dass Nachhaltigkeit nicht dadurch erreicht werden kann, dass ein immer größerer Kuchen gebacken wird. Die Vorstellung, dass eine Welt, in der immer mehr produziert und verbraucht wird, nachhaltig sei, speist sich aus dem sogenannten Wachstumsparadigma. Wir zeigen Mängel dieses Paradigmas auf und verweisen stattdessen auf alternative Ansätze.

4.4   Nachhaltigkeit und das Wachstumsparadigma

Seit vielen Jahrzehnten gibt es in weiten Teilen der Gesellschaft die Vorstellung, dass eine nachhaltige Entwicklung nur über kontinuierliches Wirtschaftswachstum geschaffen werden kann. Durch Wirtschaftswachstum, so die Idee, könne die Erfüllung der Grundbedürfnisse aller Menschen gewährleistet werden, insbesondere in den Ländern, in denen viele noch immer in Armut, Hunger und ohne medizinische Versorgung leben. Wirtschaftswachstum mache den Kuchen für alle größer, es gäbe mehr zu verteilen. Wenn dieses Mehrprodukt an die Ärmeren ginge, müssten die Reichen nicht einmal von ihrem Reichtum etwas abgeben, und Konflikte, die durch eine Umverteilung des Reichtums innerhalb von Ländern und von Ländern des globalen Nordens hin zu Ländern des globalen Südens entstehen würden, könnten vermieden werden. Die Vorstellung, Wachstum sei die Lösung fast aller gesellschaftlichen Probleme, wird als Wachstumsparadigma bezeichnet. Stetiges Wachstum scheint Stabilität und Kontinuität von Gesellschaften weltweit zu garantieren. Das aber ist ein Fehlschluss: In einer Gesellschaft wie China hat zwar das kontinuierliche Wirtschaftswachstum über die letzten Jahrzehnte die Lebensbedingungen vieler Menschen deutlich verbessert. Zugleich ist jedoch absehbar, dass viele Menschen unter den als Begleiterscheinungen des Wachstums auftretenden Umweltproblemen schon jetzt leiden – man denke nur an Wassermangel sowie Dürren und Überschwemmungen aufgrund des Klimawandels – und dass vor allem in Zukunft noch viel mehr Menschen in weitaus größerem Maße leiden werden. Daher ist, seit 1972 der Bericht des Club of Rome „Die Grenzen des Wachstums" veröffentlich wurde, das Wachstumsparadigma in eine Krise geraten. Zu dieser Krise gesellt sich die Erkenntnis, dass das bisherige Wachstum der Weltwirtschaft nicht verhindert hat, dass die Kluft zwischen Arm und Reich in fast allen Gesellschaften nicht geringer geworden ist. Die ärmsten Menschen weltweit sind von den Vorteilen des Wachstums weitgehend oder vollständig ausgeschlossen, während die Reichen und Superreichen davon nicht selten überproportional profitieren. Das widerspricht jeder vernünftigen Idee von Verteilungsgerechtigkeit.

Als Antwort auf die Kritik am Wachstumsparadigma wurde das Konzept des „Grünen Wachstums" entwickelt. Seine Befürworter sehen Wachstum an sich keineswegs als Problem, im Gegenteil: „Umweltfreundliches Wachstum" entspricht ihrer Überzeugung nach ganz dem Leitbild der Nachhaltigen Entwicklung. Ihr Argument lautet: Wachstum führe wie bisher so auch in Zukunft zu technischen Innovationen und steigender Effizienz. Dadurch könnten übermäßiger Ressourcenverbrauch und negative Umweltauswirkungen der Wirtschaft reduziert und langfristig fast gänzlich vermieden werden. Dieser Wachstumsglaube berücksichtigt allerdings zu wenig die Tatsache, dass selbst den wirkungsvollsten Technologien physikalische Grenzen gesetzt sind (vgl. Kap. 9 zu *Thermodynamik* und 13 zu *Kuppelproduktion*). Überdies werden Effizienzgewinne, welche der Umwelt zugutekommen könnten, häufig von einer steigenden Produktion „aufgefressen" (vgl. auch Literatur zum Rebound-Effekt[4]). Beispielsweise führt die Umstellung eines Bewässerungssystems in der

---

[4](Alcott, 2005; Jevons, 1865). Vom Rebound-Effekt wird gesprochen, wenn Einsparpotenziale von Effizienzsteigerungen nicht oder nur zum Teil verwirklicht werden. Das Phänomen ist auch bekannt als *Jevons' Paradox,* in Anlehnung an seine erstmalige Beschreibung durch den britischen Ökonom William Stanley Jevons (1835–1882). Jevons erkannte, dass eine effizientere Nutzung von Kohle paradoxerweise nicht zu den erwünschten Einsparungen des Rohstoffes führte, sondern gerade zum Gegenteil: einer Steigerung des Kohleverbrauchs.

Landwirtschaft auf effiziente Tröpfchenbewässerung nicht unbedingt dazu, das Problem der Wasserknappheit zu entschärfen, sondern bewirkt mitunter sogar das Gegenteil (Grafton et al., 2018). Das bedeutet nicht, dass es kein Wachstum und Entwicklung mehr geben soll oder darf. Wachstum und Entwicklung wird es in vielen Bereichen weiterhin geben, ja sogar geben müssen. Allerdings sollte Wachstum in einer auf nachhaltige Entwicklung ausgerichteten Wirtschaft nicht Selbstzweck, sondern ein dosiert eingesetztes Mittel sein. Der Zweck einer solchen Wirtschaft wäre es, für möglichst viele Menschen, heute und in der Zukunft, die Möglichkeiten zu schaffen, ein gutes Leben zu führen.

Einige Wirtschaftsbereiche, besonders im sozialen Bereich, würden dabei wachsen, andere hingegen würden eingedämmt werden. Ein Versuch, einer auf das gute Leben der Menschen ausgerichteten Wirtschaft jenseits des Wachstumsparadigmas Orientierung zu bieten, sind die 17 Ziele nachhaltiger Entwicklung (Sustainable Development Goals, kurz, SDGs), welche am 01. Januar 2016 von den Vereinten Nationen für den Zeitraum bis 2030 ausgegeben wurden.[5] Von diesen Zielen beziehen sich einige direkt auf die Wirtschaft und ihr Wachstum. Eine größere Anzahl von Zielen ist sozialer Art, etwa die Verringerung der Armut, die Stärkung der Gleichberechtigung oder der Zugang zu guter Bildung. Darin wird insbesondere auch denjenigen Bedürfnissen der Menschen, die über materiellen Wohlstand hinausgehen, Rechnung getragen.

Die Sicherung der natürlichen Lebensgrundlagen wird bei einigen Zielen durchaus als Problem gesehen, hat aber nicht den Stellenwert, der ihrer Bedeutung entsprechen würde. Denn die Lebensgrundlagen sind die entscheidende Voraussetzung für weiteres Leben auf der Erde. Dass die Verfolgung eines der Ziele mit der Verfolgung eines anderen Nachhaltigkeitsziels in Konflikt geraten kann, wird nicht thematisiert. Es ist jedoch immerhin erkennbar, dass ein Verständnis von Nachhaltigkeit, welches über die materiellen Bedürfnisse hinausgeht, dazu führen kann, dass sich politische Zielsetzungen – in diesem Fall von den Vereinten Nationen gesetzt – mehr auf die Schaffung von Gerechtigkeit in einem umfassenden Sinn und damit auf die Ermöglichung eines guten Lebens aller ausrichtet.

4.4.1   Nachhaltiges Handeln und Unwissen

Die Frage, ob eine bestimmte Politik, ein bestimmter Wirtschaftssektor oder eine Verhaltensweise nachhaltig ist oder nicht, lässt sich oft nicht klar beantworten,

---

[5] Die Ziele sind folgendermaßen benannt: 1) Keine Armut; 2) Kein Hunger; 3) Gesundheit und Wohlergehen; 4) Hochwertige Bildung; 5) Geschlechtergleichheit; 6) Sauberes Wasser und Sanitäreinrichtungen; 7) Bezahlbare und saubere Energie; 8) Menschenwürdige Arbeit und Wirtschaftswachstum; 9) Industrie, Innovation und Infrastruktur; 10) Weniger Ungleichheiten; 11) Nachhaltige Städte und Gemeinden; 12) Nachhaltiger Konsum und nachhaltige Produktion; 13) Maßnahmen zum Klimaschutz; 14) Leben unter Wasser; 15) Leben an Land; 16) Frieden, Gerechtigkeit und starke Institutionen; 17) Partnerschaften zur Erreichung der Ziele. (vgl. Vereinte Nationen (2016), https://unric.org/de/17ziele/).

da Nachhaltigkeitsfragen in einem Feld kaum zu reduzierender Komplexität angesiedelt sind. Diese Komplexität ergibt sich aus den langen Zeiträumen, die zu betrachten sind, aus dem oft unzureichenden Verständnis physikalischer und ökologischer Zusammenhänge und schließlich aus der Verschiedenheit der jeweiligen gesellschaftlichen und wirtschaftlichen Voraussetzungen und Möglichkeiten weltweit – wofür das Klimaproblem nur ein Beispiel ist. Aufgrund der Komplexität müssen wir mit *Unwissen* umgehen, welches zudem häufig nicht reduzierbar ist (vgl. Kap. 12 zu *Unwissen*).

Dennoch ist es notwendig, dass Aussagen über die Nachhaltigkeit von Handlungen, Politikentscheidungen oder Wirtschaftssektoren gemacht werden, denn unter der Vielzahl der angebotenen Problembeschreibungen und Lösungsmöglichkeiten ist eine vernünftige Wahl zu treffen. Fast alle in diesem Buch vorgestellten Konzepte enthalten Hinweise darauf, was bei einer solchen Wahl berücksichtigt werden muss. Thermodynamische Zusammenhänge und Kuppelproduktion (vgl. Kap. 9 und 13) spielen dabei ebenso eine Rolle wie zeitliche Strukturen natürlicher und gesellschaftlicher Prozesse und die Organisation von Verantwortung und das Verständnis politischen Handelns (vgl. Kap. 5 zu *Menschenbildern* und 7 zu *Urteilskraft*). Die Ausführungen dieses Kapitels bieten daher nicht mehr als erste Orientierungshilfen. Ausgehend von dem Leitbild der Nachhaltigkeit, das sich auf die Bedürfnisse der Menschen sowohl in der Gegenwart als auch in der Zukunft erstreckt, bieten unsere Überlegungen zum Thema Gerechtigkeit einen Rahmen, der erkennbar macht, unter welchen Gesichtspunkten der Möglichkeitsraum für das jeweils individuelle Streben nach einem guten Leben strukturiert und eingegrenzt werden sollte. Eine weitere Orientierung gibt uns die Aufgabe, die natürliche Lebensgrundlagen (vgl. Kap. 15 zu *Beständen*) zu erhalten, welche mittel- und langfristig in Nachhaltigkeitsfragen absolute Priorität hat. Ein Schwund an Lebensgrundlagen gefährdet sowohl die Stabilität, die Kontinuität als auch die Möglichkeiten für ein gutes Leben, in der Gegenwart und in der Zukunft.

Mit diesen Orientierungshilfen und insbesondere mit den konkreten Hinweisen in den genannten und anderen Kapiteln können Nachhaltigkeitsfragen in der Vielfalt ihrer Aspekte theoretisch geklärt und praktisch angegangen werden. Aufgrund des *Unwissens* gibt es in der Regel keine optimale („nachhaltigste") Option. Wohl aber gibt es gute Optionen und weniger gute. Es ist bereits ein nicht kleiner Schritt in Richtung Nachhaltigkeit getan, wenn man klar erkennt, welche Wege man nicht wählen sollte. Die Handelnden sind bei ihren Entscheidungen auf ihre *Urteilskraft* angewiesen (vgl. Kap. 7 zu *Urteilskraft*). Es gilt daher: Menschen, die zu Entscheidungen über Nachhaltigkeit herausgefordert sind, brauchen nicht an der Schwierigkeit der Frage verzweifeln. Anstatt zu verzagen und anderen, weniger Geschulten, das Feld zu überlassen, können sie wichtige Beiträge für eine nachhaltige Gesellschaft leisten.

4.4.2 Lösungsräume jenseits des Wachstumsparadigmas

Das Etikett „Nachhaltigkeit" erweist sich heute oft als förderlich für die Vermarktung von Produkten, die Wiederwahl von Politikerinnen oder sogar das soziale Ansehen in einer Gruppe. Das sogenannte „Greenwashing", also die unberechtigte Etikettierung einer Handlung oder eines Produktes als nachhaltig, wird damit zu einem gesellschaftlichen Problem. Durch genaues Hinsehen und ein Bewusstsein über die Bedeutung von Nachhaltigkeit wird Greenwashing als solches erkennbar. Auf der Basis der Überlegungen dieses Kapitels muss jedoch offenbleiben, wie eine nachhaltigere Welt erreicht werden kann. Wir werden abschließend jedoch einen Ansatz skizzieren, den wir als zweckmäßig einstufen: Eine *Politik der Suffizienz,* welche das gute Leben als Zielsetzung beinhaltet und damit eine Alternative zum Wachstumsparadigma aufzeigt.

Die Idee der Suffizienz besteht darin zu fragen, welches Maß an Konsum das richtige ist (Faber & Manstetten, 2014, Kap. 12; Schneidewind & Zahrnt, 2013). In anderen Worten: Wie viel brauchen wir für ein gutes Leben? Gesellschaften, in denen diese und ähnliche Fragen gestellt werden, gehen einen anderen Weg in Richtung Nachhaltigkeit als den, der bisher in der Regel verfolgt wurde. Bis zur Stunde wird Nachhaltigkeitspolitik oft von der folgenden Aufgabenstellung dominiert: „Wie schaffen wir es, die bereits bisher enorme und aufgrund des Bevölkerungswachstums noch steigende Nachfrage nach Gütern zu decken, ohne dass wir dadurch unsere natürlichen Lebensgrundlagen zerstören?" Die Antwort besteht dann meist in der Forderung nach mehr Wachstum, welches durch den Einsatz moderner Technologien und kontinuierlicher Innovation möglichst „grün" werden soll. Eine Politik der Suffizienz stellt dazu eine Alternative dar. Sie schließt den Einsatz moderner Technologien nicht aus. Aber statt mit großen – letztendlich häufig vergeblichen (vgl. Kap. 9 *Thermodynamik* und 13 *Kuppeproduktion*) – Anstrengungen das Angebot zu schaffen, welches eine kontinuierlich wachsende Nachfrage bedienen kann, kann die Überlegung, was wirklich gebraucht ist, die Nachfrage auf ein rechtes Maß beschränken. In Teilen der Energiewirtschaft wird dieser Ansatz treffend auf den Punkt gebracht mit dem Satz: „Die günstigste und klimafreundlichste Kilowattstunde ist diejenige, die nie verbraucht wird." Eine Politik der Suffizienz hat zwar, wie die bisher üblichen Vorgehensweisen, weiterhin das Ziel, Strom oder andere Güter zu produzieren, um eine Nachfrage zu bedienen. Allerdings handelt es sich um eine Nachfrage, der ein Maß vorgegeben ist, wie es sich aus den Anforderungen eines guten Lebens ergibt. Suffizienz ist daher nicht mit der Forderung nach Verzicht gleichzusetzen. Für Menschen, die bereits übermäßig viel konsumieren mag dies der Fall sein. Allerdings impliziert eine Politik der Suffizienz auch, denjenigen Menschen, die in Armut leben und deren Grundbedürfnisse nicht erfüllt sind, ein höheres Konsumniveau zu ermöglichen, wodurch die Umweltbelastung sogar steigen kann.[6] Um die weiterhin bestehende, aber in

---

[6] Dieser Anstieg könnte jedoch durch einen Rückgang des Konsums reicher Menschen zumindest teilweise kompensiert werden. Derzeit verantworten die 10% einkommensstärksten Menschen weltweit ca. 50% der globalen CO_2 Emissionen (Kartha et al., 2020). Die unteren 50% der Menschheit (gemessen nach Einkommen) verursachen wiederum nur 7% der globalen Emissionen.

einigen Bereichen wohl deutlich geringere Nachfrage ohne Umweltzerstörung zu decken, ist auch eine sich an Suffizienz ausrichtende Gesellschaft darauf angewiesen moderne umweltfreundliche Technologien, wie etwa regenerative Energieerzeugung, einzusetzen. Es gilt für eine Politik der Suffizienz:

1. Prioritär wird die Nachfrage durch die Frage nach dem richtigen Maß des Konsums bestimmt.
2. Sekundär wird versucht, das Angebot für die verbleibende Nachfrage durch moderne Technologien ressourcenschonend und umweltfreundlich zu erzeugen.

Der Ausdruck Politik der Suffizienz bezieht sich primär nicht auf die große Politik, die Nachhaltigkeit nur im Rahmen ihrer Mittel, d.h. durch Gebote, Verbote oder Strukturmaßnahmen erreichen kann. Da Suffizienz das gute Leben betrifft, das im Rahmen von Gesichtspunkten der Gerechtigkeit letztlich aus der freien Wahl individueller Personen hervorgeht, kann sie nicht von den politischen Institutionen verordnet werden. Eine auf dem Gedanken der Suffizienz basierenden Politik benötigt viel mehr die Einsicht, dass individuelle Ansätze zur Nachhaltigkeit von großer Bedeutung sein können. So beginnen viele Ansätze für eine nachhaltige Lebensweise bei Individuen. Mit der Zeit können sie von größeren Gesellschaftsgruppen übernommen werden. Ein Beispiel dafür ist die in der Gesellschaft sich zunehmend verbreitende Idee, innerhalb einer Gemeinschaft sein Privatleben auf einen vergleichsweise kleinen Wohnraum zu beschränken, während zugleich der Wert der gemeinschaftlich genutzten Flächen als wesentliches Moment eines guten Lebens erlebt wird.

Allerdings ist der Erfolg der Veränderungen Einzelner begrenzt, da auch individuelle Handlungen eingebettet sind in soziale und institutionelle Kontexte. So können gemeinschaftliche Wohnprojekte nur schwer umgesetzt werden, wenn Förderungen ausbleiben und Baugrundstücke an lukrativere, aber weniger nachhaltige individuelle Eigentumsprojekte vergeben werden. Zusätzlich fühlen sich viele Menschen überlastet durch die ständige Aufgabe, individuell zu entscheiden, was im Sinne der Nachhaltigkeit das richtige Maß ist. Somit gibt es anlässlich der Suffizienz doch eine wichtige Aufgabe für die „große Politik". Es ist an ihr, institutionellen Gegebenheiten für einen nachhaltigen Lebensstil zu schaffen. Das bedeutet, dass Individuen und Gruppen, aber auch Vereine und Unternehmen, die sich selbstständig um nachhaltige Lebensweisen bemühen, ermutigt und gefördert werden. Zugleich kommt eine Politik der Suffizienz nicht um die Aufgabe herum, Lebensgewohnheiten, die einer nachhaltigen Entwicklung offensichtlich entgegenstehen, einzuschränken.

Dagegen hört man immer noch das Argument, dass die individuelle Bedürfnisbefriedigung Privatsache sei, in die sich die Politik nicht einzumischen habe. Wir haben gezeigt, dass Gesichtspunkte der allgemeinen Gerechtigkeit und insbesondere der intergenerationalen Gerechtigkeit diesem Argument die Basis entziehen. Werden die natürlichen Lebensgrundlagen durch das Verhalten Einzelner gefährdet, hat die Gesellschaft das Recht und die Pflicht, ein solches Verhalten einzuschränken oder zu unterbinden, um ihre Stabilität und Kontinuität sowie das gute Leben aller auch auf lange Sicht hin zu sichern.

Literatur[7]

Alcott, B. (2005). Jevons' paradox. *Ecological Economics, 54*(1), 9–21. https://doi.org/10.1016/j.ecolecon.2005.03.020

Faber, M., & Manstetten, R. (2014). *Was ist Wirtschaft?: Von der politischen Ökonomie zur ökologischen Ökonomie*. Verlag Karl Alber.

Faber, M., & Petersen, T. (2008). Gerechtigkeit und Marktwirtschaft–das Problem der Arbeitslosigkeit. *Perspektiven der Wirtschaftspolitik, 9*(4), 405–423.

Grafton, R. Q., Williams, J., Perry, C. J., Molle, F., Ringler, C., Steduto, P., Udall, B., Wheeler, S. A., Wang, Y., Garrick, D., & Allen, R. G. (2018). The paradox of irrigation efficiency. *Science, 361*(6404), 748–750. https://doi.org/10.1126/science.aat9314

Jevons, W. S. (1865). *The coal question: An inquiry concerning the progress of the nation, and the probable exhaustion of our coal-mines*. Augustus M. Kelley.

Kartha, S., Kemp-Benedict, E., Ghosh, E., Nazareth, A., & Gore, T. (2020). *The carbon inequality era: An assessment of the global distribution of consumption emissions among individuals from 1990 to 2015 and beyond*. Oxfam, Stockholm Environment Institute. https://doi.org/10.21201/2020.6492.

Rockström, J., Steffen, W., Noone, K., Persson, Å., Chapin, F. S., Lambin, E. F., Lenton, T. M., Scheffer, M., Folke, C., Schellnhuber, H. J., Nykvist, B., de Wit, C. A., Hughes, T., van der Leeuw, S., Rodhe, H., Sörlin, S., Snyder, P. K., Costanza, R., Svedin, U., & Foley, J. A. (2009). A safe operating space for humanity. *Nature, 461*(7263), 472–475. https://doi.org/10.1038/461472a.

Schneidewind, U., & Zahrnt, A. (2013). *Damit gutes Leben einfacher wird: Perspektiven einer Suffizienzpolitik*. Oekom-Verl.

Sen, A. (2000). *Ökonomie für den Menschen. Wege zu Gerechtigkeit und Solidarität in der Marktwirtschaft*. Carl Hanser Verlag.

WCED. (1987). *Our common future* (Brundtland Report). Weltkommission für Umwelt und Entwicklung.

---

[7] Die Inhalte dieses Konzeptes basieren auf: Faber, M., Frick, M., Zahrnt, D. (2019) MINE Website, Sustainability & Justice, www.nature-economy.com

Homo Oeconomicus und Homo Politicus: Wie wir uns als Menschen sehen und warum das alles ändern kann

5

Inhaltsverzeichnis

> ▶ **Worum geht's?**
> Es geht um Menschenbilder. Was Menschsein ist, lässt sich nicht eindeutig definieren. Jedoch können in unterschiedlichen Menschenbildern bestimmte Dimensionen des Menschseins bestimmt werden – etwa die biologische, die wirtschaftliche, die kulturelle, die politische Dimension. Menschenbilder werden auch in den Wissenschaften verwendet. Es handelt sich dabei um Vereinfachungen, wie sie in den jeweiligen Disziplinen für analytische Zwecke vorgenommen werden.
>
> Hier geht es um zwei besondere Menschenbilder und ihre Bedeutung für den Umgang mit Nachhaltigkeitsproblemen. Den analytischen Kern der herkömmlichen Wirtschaftswissenschaften bildet das Menschenbild des wirtschaftenden Menschen *(Homo oeconomicus),* das den Menschen als *egoistischen rationalen Nutzenmaximierer* konzipiert. Als Grundlage für wirtschafts- und umweltpolitische Instrumente ist dieses

M. Faber et al., *Nachhaltiges Handeln in Wirtschaft und Gesellschaft,*
SDG – Forschung, Konzepte, Lösungsansätze zur Nachhaltigkeit,
https://doi.org/10.1007/978-3-662-67889-3_5

Menschenbild für eine praxistaugliche Nachhaltigkeitspolitik unentbehrlich. Bedeutende Transformationen erfordern bei den Akteuren jedoch
mehr als rationalen Egoismus. Dass es immer wieder Menschen gibt, die
sich für ihre Mitmenschen und den langfristigen Erhalt unserer Lebensgrundlagen engagieren, setzt ein intrinsisches Interesse an Gerechtigkeit
voraus – und die Fähigkeit, es im öffentlichen Disput zu vermitteln. Diese
Dimension des Menschseins wird im Folgenden im Menschenbild des
politischen Menschen *(Homo politicus)* beschrieben.

5.1   Einführung in das Konzept

Die Frage: Was ist der Mensch? ist der Ausgangspunkt der Lehre vom Menschen,
der Anthropologie (von griech. *anthropos* – Mensch – und *logos* – Begriff). Die
Anthropologie fragt nach dem Wesen des Menschen und sucht nach allgemein
gültigen Bestimmungen des Menschseins. Menschsein an sich entzieht sich jedoch
jeder Definition. Daher gibt es nicht *eine* für alle Zeiten gültige Anthropologie,
sondern nur *Anthropologien* im Plural aus jeweils unterschiedlichen Perspektiven.
Indem diese vom jeweils einzelnen Menschen und seinen individuellen Eigenschaften abstrahieren, entwickeln sie Vorstellungen vom Menschsein, sogenannte
Menschenbilder, die Anspruch auf Allgemeingültigkeit erheben – allerdings nur
im Rahmen der jeweiligen Perspektive. Menschenbilder sind also Konstruktionen,
die jenseits aller Individualität bestimmte Aspekte der menschlichen Natur hervorheben. Ein Mensch, der als Person einem solchen Menschenbild ganz und gar
entspricht, ist in der Realität *nicht* vorzufinden. Wohl aber kann in bestimmten
Umständen das Verhalten vieler Menschen geringere oder größere Ähnlichkeiten
zu dem einem in einem Menschenbild idealtypisch angenommen Verhalten aufweisen.
   Da viele Perspektiven auf den Menschen möglich sind, verweisen Menschenbilder jeweils auf einen begrenzten Ausschnitt des Menschseins. Innerhalb einer
wissenschaftlichen Disziplin stellt das jeweilige Menschenbild eine methodisch
vorgenommene Reduktion dar, um den komplexen Untersuchungsgegenstand
„Mensch" für die disziplinären Fragestellungen zugänglich zu machen. So haben
die Wirtschaftswissenschaften ein Menschenbild des wirtschaftenden Menschen
entwickelt, den Homo oeconomicus.

5.2   Das Menschenbild des Homo oeconomicus

Um Wirtschaftsabläufe wissenschaftlich zu erklären und mathematisch zu
modellieren, legen Wirtschaftswissenschaftlerinnen ihren Modellen bestimmte
Annahmen über das Verhalten der wirtschaftenden Menschen zugrunde. John
Stuart Mill (1806–1873), aus dessen Ideen das Menschenbild des Homo
oeconomicus hervorgegangen ist, schreibt: „Die politische Ökonomie betrachtet
die Menschheit als lediglich mit dem Erwerb und Verzehren von Vermögen

beschäftigt und strebt danach zu zeigen, zu welcher Handlungsweise die im Gesellschaftszustande lebenden Menschen geführt würden, wenn dieser Beweggrund *(motive)*... unbedingte Gewalt über alle ihre Handlungen besäße. Nicht daß je ein politischer Ökonom absurderweise angenommen hätte, daß die Menschheit wirklich so beschaffen ist, sondern dies ist die Art, in der Wissenschaft notwendig vorgehen muss." (zitiert nach Manstetten, 2000, S. 48). Derartige Überlegungen waren die Basis für den sogenannten Homo-Oeconomicus-Ansatz der herkömmlichen Wirtschaftswissenschaften. Der Menschen wird darin als egoistischer, rationaler Nutzenmaximierer angesehen (Müller, 1989). Der Homo-Oeconomicus-Ansatz enthält Grundannahmen über die Art und Weise, wie Menschen über ihre Bedürfnisbefriedigung entscheiden und nach welchen Prinzipien sie die Mittel dazu auswählen.

Wesentlich für das Verhalten des Homo oeoconomicus ist die Orientierung an seinem privaten Selbst. Er kennt seine eigene Bedürfnisstruktur (ökonomisch: seine Präferenzordnung), das ihm zur Verfügung stehende Einkommen und alle möglichen Handlungsoptionen. Aufgrund seiner Rationalität ist er stets in der Lage, zu optimieren, d. h. die für ihn optimale Entscheidung zu treffen. Das Kriterium für jede Entscheidung ist die optimale Befriedigung seiner Bedürfnisse.

In den ökonomischen Standardmodellen wird dem Homo oeconomicus ,Nichtsättigung' unterstellt. Das bedeutet: Gibt es zu einer (Güter-)Wahl eine bessere Alternative (d. h. mehr Güter bei gleichem Budget), dann wählt der Homo oeconomicus immer „mehr Güter". Er will immer mehr haben, als er tatsächlich hat, wobei es keine Rolle spielt, wie viel er bereits hat. Es wird weiterhin unterstellt, dass das Wohlbefinden des Homo oeconomicus nicht von dem anderer beeinflusst wird. Neid und Mitleid sind ihm also fremd. In den Wirtschaftswissenschaften heißt diese Annahme *Unabhängigkeit der Präferenzen*. Die Handlungen einer Person werden nicht von anderen beeinflusst und sie beeinflussen nicht die Bedürfnisse anderer.[1] Nichtsättigung und Unabhängigkeit müssen in der Regel angenommen werden für die Berechnung von wirtschaftlichen Entscheidungen.

> **Wichtig zu wissen: Annahmen über den Homo oeconomicus**
> - **Optimale Befriedigung der Bedürfnisse:** Das Kriterium wirtschaftlicher Entscheidung ist die optimale Erfüllung der Bedürfnisse (unter gegebenen Bedingungen, z. B. das verfügbare Einkommen).
> - **Nichtsättigung:** Der Homo oeconomicus will stets mehr haben, zumindest von einem Gut und unabhängig davon, wie viel er bereits hat.

---

[1] Überdies nimmt man an, dass der Homo oeconomicus seine wahren Präferenzen verschleiert, wenn er sich einen Vorteil davon verspricht. Diese Verschleierung geht so weit, dass in bestimmten ökonomischen Veröffentlichungen von einem „Anreiz zu lügen" die Rede ist.

- **Unbeschränktheit der Präferenzen:** Alle Arten von Bedürfnissen und Interessen sind zugelassen. Weder Staat noch Gesellschaft, Tradition oder Religion haben Einfluss auf ökonomische Entscheidungen.
- **Unabhängigkeit der Präferenzen:** Der Homo oeconomicus kümmert sich ausschließlich um das eigene Wohl. Es kennt weder Neid noch Mitleid.
- **Vollkommene Information:** Der Homo oeconomicus kennt die eigene Bedürfnisstruktur (individuelle Präferenzordnung) sowie sein Einkommen, alle Preise für ihn relevante Güter sowie alle gegebenen Handlungsoptionen.
- **Konsumentensouveränität:** Den Individuen wird genügend Einsicht und Urteilskraft zugetraut, um sich angemessen um ihre eigenen Bedürfnisse und Interessen zu kümmern.

5.2.1 Was leistet das Menschenbild der Homo oeconomicus

Die Homo-oeconomicus-Annahme ist zwar eine Konstruktion der Wirtschaftswissenschaften, aber sie hat einen konkreten Realitätsbezug. Denn sie erinnert daran, dass in der Realität viele Menschen die eigenen Bedürfnisse und den eigenen Vorteil wichtiger nehmen als die Interessen der Mitmenschen und Mitgeschöpfe, und sie macht verständlich, dass viele Menschen ihr Verhalten eher aufgrund drohender finanzieller Einbußen oder Strafandrohungen als aufgrund eindringlicher Moralpredigten ändern. Aus der Perspektive des Homo oeconomicus ist es auch nachvollziehbar, dass Menschen, verführt von der Aussicht auf einen Gewinn, alle ihre moralischen Vorstellungen vergessen. Werden derartige allgemein bekannte Tatsachen gebührend berücksichtigt, so können damit aussagekräftige Erklärungen für wirtschaftliche und gesellschaftliche Abläufe geboten werden. Auch vielen umweltpolitischen Empfehlungen liegen Einsichten aus den Wirtschaftswissenschaften zugrunde: Das gilt etwa für Abgaben auf Abwässer und für Zertifikate für Klimagase.

Dass finanzielle Anreize, die das Eigeninteresse ansprechen, als Instrument der Politik verwendet werden können, zeigt, dass das Menschenbild des Homo oeconomicus für Umwelt- und Nachhaltigkeitspolitik Relevanz hat. Jede Umwelt- und Nachhaltigkeitspolitik, die bei weitreichenden und tiefgreifenden Veränderungen nicht mit dem Homo oeconomicus rechnet, ist zum Scheitern verurteilt. Denn Widerstände, wie sie von Eigennutz, Ablehnung von Veränderung und mangelnder Bereitschaft zum Verzicht ausgehen, müssen von den politischen Akteuren im Vorhinein in Rechnung gestellt werden, um unliebsame Überraschungen bei der Realisierung von Ideen zu umfassenden Transformationen zu vermeiden. Das Bild des Homo oeconomicus hat sich in den Wirtschaftswissenschaften vor allem bei der Analyse von sogenannte Standardsituationen auf Märkten aller Art bewährt. Aber auch außerhalb von Märkten muss man darauf gefasst sein, Verhaltensmustern zu begegnen, die dem Bild des Homo oeconomicus entsprechen.

5.2.2   Welche Probleme ergeben sich aus dem Menschenbild der Homo oeconomicus

Nicht selten wird der perspektivische Charakter des Homo oeconomicus übersehen – auch von Wirtschaftswissenschaftlern (Becker et al., 1996). Dann kann
sich sein Bild verselbstständigen und für die der Realität am ehesten nahe-
kommende Perspektive auf Menschsein überhaupt gehalten werden. Der rationale
Egoist oder die rationale Egoistin erscheinen dann als Normalfall oder gar als
eine Art Norm in der Lebenswelt, und wer der Norm nicht entspricht, wer etwa
im Wettbewerb „keine Ellbogen" einsetzt, um andere wegzudrücken, „ist selbst
schuld", wenn er oder sie keinen Erfolg hat. Es gibt demgemäß Entwürfe menschlichen Zusammenlebens ausschließlich auf Basis des Menschenbildes der Wirtschaftswissenschaften.[2] Aus der beschreibenden Aussage: „So – in der Weise des
Homo oeconomcius – verhält sich der Mensch unter bestimmten Umständen" wird
dann eine wertende Aussage: „Es wäre gut und vernünftig, wenn sich Menschen
so – in der Weise des Homo oeconomicus – unter allen Umständen verhalten
würden."

Die Auffassung des wirtschaftenden Menschen als eines ichbezogenen
unersättlichen Nutzenmaximierers hat immer wieder Kritik herausgefordert.
Bemängelt wird am Homo oeconomicus das Fehlen von Gesichtspunkten der
Gerechtigkeit, die doch für ein Handeln in Richtung auf Nachhaltigkeit erhebliche Bedeutung haben (vgl. Kap. 4 zu *Nachhaltigkeit*). Die Kritik setzt also beim
Egoismus und den daraus resultierenden Beschränkungen an. Offenbar kennt
der Homo oeconomicus keine Motivation jenseits seiner privaten Vorlieben und
Abneigungen, unparteiische Interessiertheit an einer Sache oder ethische Antriebe,
die ihn am Wohlergehen und Leid anderer Menschen und anderer Lebewesen teilhaben lassen, kommen ihm allenfalls zufällig und in Ausnahmefällen zu. Wenn
sich allgemein die Überzeugung verbreitet, Menschen seien ausschließlich dazu
da, um für ihr eigenes Wohl zu sorgen, nicht aber für das Wohl der Gemeinschaft
oder gar der Menschheit und der Erde, dann führt das zur potenziellen Lähmung
vieler auf Veränderung zielender Initiativen. Darin kann eine reale Gefahr für eine
erfolgreiche Politik der Nachhaltigkeit liegen. Wenn allen Menschen als eigenste
Impulse ausschließlich egoistische Motivationen unterstellt werden, führt das zu
einem prinzipiellen Misstrauen gegen alle, die sich für Gerechtigkeit und den
Schutz der Natur einsetzen. Die Annahme, dass alle die, die etwas ändern wollen,
in Wahrheit nur private Interessen verfolgen, geht dann einher mit einer Recht-
fertigung der eigenen Untätigkeit und Resignation – „weil die Menschen nun
einmal so sind." Nur am Egoismus orientierte Entscheidungen vertragen sich
nicht mit nachhaltigen Konsummustern und gesellschaftlicher Solidarität. Aber

---

[2] Hier ist insbesondere die Neue Politische Ökonomie (Public Choice) hervorzuheben, die
eine eigenständige Analyse politischer Strukturen ausschließlich auf der Basis der Homo-
oeconomicus-Annahme leisten möchte (Buchanan & Tullock, 1962).

wir wollen im Folgendem zeigen: die Menschen sind nicht so – jedenfalls nicht vollständig.

> **Wichtig zu wissen: Leistungen und Grenzen des Homo oeconomicus**
> Das Menschenbild des Homo oeconomicus erinnert an die Macht von privaten Eigeninteressen. Es beschreibt eine Dimension des Menschseins, mit der in der Praxis stets zu rechnen ist. Es drückt überdies ein grundsätzliches Vertrauen in die individuelle Freiheit aus: Ohne Berücksichtigung des Homo oeconomicus kann Nachhaltigkeitspolitik nicht gelingen. Andererseits gilt: Wenn alle Menschen sich unter allen Umständen ausschließlich nach Art des Homo oeconomicus verhalten würden, gäbe es keine Übernahme von sozialer und ökologischer Verantwortung. Vor allem, wenn die Verantwortung über den eigenen Lebenshorizont hinausweist und sich auf zukünftige Generationen bezieht, wird ein Homo oeconomicus sich dieser Verantwortung entziehen. Da es aber Menschen gibt, die soziale und ökologische Verantwortung übernehmen, muss ein Menschenbild konzipiert werden, dass diese Tatsache berücksichtigt.

5.3   Das Menschenbild des Homo politicus

In der Realität entsprechen Menschen keineswegs immer dem Bild des Homo oeconomicus. Demgemäß ist es sinnvoll, außerhalb des Feldes der Wirtschaft mit anderen Menschenbildern als dem der Wirtschaftswissenschaften zu operieren. Im Rahmen der Themenstellung unseres Buches ist das Feld der Politik von besonderem Interesse. Einerseits gibt es Abläufe in der Politik, die durchaus mit dem Menschenbild des Homo oeconomicus beschrieben werden können. Es sind die Prozesse, in denen die Machtgier und die private Vorteilnahme der politischen Akteurinnen bewirken, dass entweder bewährte Strukturen zerstört werden oder notwendige Veränderungen unterbleiben. Aber da, wo politisches Handeln zu substanziellen Verbesserungen führt, wird eine Analyse, die nur den Ansatz des Homo oeconomicus verwendet, zu kurz greifen. Denn gerade im politischen Handeln zeigen Menschen immer wieder, dass sie aus Motiven handeln, die nicht auf ihr privates Eigeninteresse zurückgeführt werden können. Als historisches Beispiel dafür kann auf die Bürgerrechtsbewegung in den USA in den 1960er Jahren verwiesen werden. In der Bundesrepublik Deutschland verdankt die grüne Bewegung seit den 1970er Jahren ihre größten Erfolge dem Engagement zahlloser Bürgerinnen und Bürger, die sich für den Erhalt der Natur einsetzten – obwohl daraus für die meisten kein privater Vorteil hervorging. Ganz allgemein gilt: Viele Menschen engagieren sich über die Realisierung eigener Interessen hinaus für das Gemeinwohl. In diesem Engagement offenbart sich eine Dimension des Menschseins, die nicht mit dem Menschenbild des Homo oeconomicus beschrieben werden kann. Diejenigen Motivationen, Orientierungen und Eigenschaften des Handelns, die für politisches Handeln allgemein und insbesondere für Handeln in Richtung Nachhaltigkeit von Bedeutung sind, können mit dem Menschenbild des Homo politicus formuliert werden.

> **Wichtig zu wissen: Fünf Eigenschaften des Homo politicus (Petersen et al., 2000)**
>
> - **Intrinsisches Interesse an Gerechtigkeit:** Der Homo politicus hat ein intrinsisches Interesse am Gemeinwohl und strebt nach Gerechtigkeit.
> - **Interesse an Streitkultur und Öffentlichkeit:** Der Homo politicus ist fähig und bereit, mit anderen öffentlich zu disputieren und sich auf Auseinandersetzungen einzulassen über die Frage, was in einer bestimmten Situation gerecht ist. Dabei will er andere überzeugen, ist aber auch bereit, sich von anderen durch das bessere Argument überzeugen zu lassen.
> - **Mut:** Der Homo politicus nimmt für seinen Einsatz für Gemeinwohl und Gerechtigkeit gegebenenfalls auch persönliche Nachteile in Kauf.
> - **Urteilskraft und Kreativität:** Der Homo politicus kann die besonderen Umstände einer Situation einschätzen und den rechten Zeitpunkt zum Handeln erkennen. Es ist ihm möglich, neue und unerwartete Entwicklungen anzustoßen.
> - **Sinn für Verantwortung:** Der Homo politicus steht für die Folgen seines Handelns ein, selbst für Nebenfolgen, die im Vorhinein unvorhersehbar waren.

Wir werden diese fünf Aspekte nun erläutern:

Zu 1: Intrinsisches Interesse an Gerechtigkeit: Der Homo Politicus strebt nach dem Gemeinwohl. Der Grund seines politischen Engagements liegt in seinem intrinsischen Interesse an der Gerechtigkeit. Dieses Interesse steht per se nicht im Gegensatz zum Eigeninteresse, aber es bewirkt, dass das Eigeninteresse gegebenenfalls zurückgestellt wird zugunsten des Interesses am Gemeinwohl. Für den Homo politicus ist eine Entscheidung gerecht, wenn ihr (im Idealfall) alle Betroffenen mit guten Gründen zustimmen können. Allerdings ist mit dieser Definition ein Problem verbunden: Was jeweils gute Gründe sind und was nicht, lässt sich oft nicht eindeutig und unkontrovers feststellen. Folglich ist der Begriff Gerechtigkeit *nicht operationalisierbar.* Dazu kommt ein weiteres Problem: Entscheidungen der Nachhaltigkeitspolitik betreffen immer auch zukünftige Generationen. Über deren mögliche Zustimmung kann man aber keine Gewissheit erlangen, sondern allenfalls plausible Vermutungen anstellen. Wie der Homo politicus mit derartigen Schwierigkeiten umgeht, wird in den folgenden Abschnitten angesprochen. (vgl. Kap. 4 zu *Nachhaltigkeit*).

Zu 2: Interesse an Streitkultur und Öffentlichkeit: Was jeweils gerecht ist, definiert der Homo politicus nicht für sich allein. Er agiert vielmehr in der Öffentlichkeit und sucht die politische Debatte mit anderen, die ebenfalls an öffentlichen Angelegenheiten interessiert sind. Um sein Ziel erreichen zu können – die Zustimmung der Beteiligten zu seinen Ideen von Gerechtigkeit, die oft ganz unterschiedliche Interessen haben –, muss der Homo politicus die Interessen und die Perspektiven der Beteiligten nachvollziehen können. Diese Fähigkeit ist die Voraussetzung dafür, dass der Homo politicus in einer Weise handeln kann, welche prinzipiell die Zustimmung der Beteiligten finden kann. Der Prozess der Debatte setzt die Freiheit der Rede und öffentliches Auftreten voraus. In diesem Prozess lässt sich der Homo politicus auf Auseinandersetzungen mit Andersdenkenden ein, versucht sie zu überzeugen und ist bereit, sich seinerseits durch das bessere Argument überzeugen zu lassen. Der Homo politicus interessiert sich aber nicht nur für das Ergebnis des politischen Prozesses, sondern für den Prozess selbst. Für den Homo politicus ist der Wettbewerb in der politischen Debatte kein Hindernis, sondern ein Stimulus.

Zu 3: Mut: Mit der öffentlichen Darstellung seiner Überzeugung und in Verfolgung seines Zieles, d. h. in dem Bemühen, seine Überzeugungen praktisch realisieren zu können, exponiert sich der Homo politicus und setzt sich damit der Kritik, auch ungerechter und unsachlicher Kritik, aus. Nicht selten sieht er sich mit einer Medienkampagne gegen ihn oder gar einem *Shitstorm* konfrontiert (Krohn, 2023, Kap. 7 zu *Urteilskraft*). Angesichts dessen braucht der Homo politicus den Mut, öffentlich für seine Überzeugungen einzutreten. Er muss sich öffentlich den Angriffen gegen seine Person stellen und bereit sein, damit verbundene Risiken und Nachteile in Kauf zu nehmen.

Zu 4: Urteilskraft und Kreativität: In seinem Handeln beschränkt sich der Homo politicus nie darauf, Empfehlungen wissenschaftlicher Experten umzusetzen. Zur Umsetzung und eventuellen Adaption an die gegebenen Umstände setzt er vielmehr ein besonderes *Know-how* ein, ein Wissen, *wie man es macht*, damit aus den besten verfügbaren Erkenntnissen der Wissenschaften gute Ergebnisse für die Praxis in den jeweiligen politischen, wirtschaftlichen und gesellschaftlichen Verhältnissen hervorgehen. Dieses Know-how bezeichnen wir als Urteilskraft (vgl. Kap. 7). Die politische Theoretikerin Hannah Arendt hebt hervor, dass Politik als „Handeln" ein spontanes Element in sich enthalten und Neues hervorbringen kann (Arendt, 1981, S. 166). Diese Verbindung von Politik und Kreativität entspricht unserem Alltagsverständnis. Wir betrachten Politik als die „Kunst des Möglichen". In der Politik gibt es etwas zu gestalten. Darum nehmen wir an, dass zum Homo politicus gehört, dass sein Handeln im Einzelnen immer etwas Unvorhersehbares an sich hat, denn er hat das Potenzial, Neues hervorzubringen. Weil Politik sowohl Gesetze und institutionelle Rahmenbedingungen der Wirtschaft und Gesellschaft wie auch Normen und Präferenzen verändern kann, stellt sie eine mögliche Quelle für gesellschaftlichen Wandel dar.

Zu 5: Sinn für Verantwortung: Obwohl der Homo politicus im Vorhinein nie alle Folgen seines Handelns wissen kann, steht er für diese Folgen ein. Das bedeutet, er legt Rechenschaft ab über die Motive seines Handelns, verschafft sich einen Überblick über alle Resultate seines Handelns, auch die nicht beabsichtigten, und teilt der Öffentlichkeit bereitwillig mit, was er erstrebte und was faktisch daraus geworden ist. Dabei ist er insbesondere auch bereit, für Fehler und Versäumnisse einzustehen (vgl. Kap. 6 zu *Verantwortung*).

Allgemein ist dabei zu beachten, dass das Handeln des Homo politicus nicht automatisch als gut oder nützlich für das Gemeinwohl anzusehen ist. Vor allem dann, wenn politischen Akteuren von den fünf genannten Eigenschaften des Homo politicus auch nur eine fehlt, kann ihr Tun problematisch oder sogar gefährlich werden. So können fehlende Urteilskraft, fehlender Sinn für Verantwortung oder ein eigensinniges, die Konsensfähigkeit im Rahmen der politischen Gemeinschaft vernachlässigendes Konzept von Gerechtigkeit dazu führen, dass Personen, die sich als Homines politici verstehen, ihrer Gesellschaft erheblichen Schaden zufügen.

5.4   Homo oeconomicus, Homo politicus und der liberale Rechtsstaat

Der Homo oeconomicus bedarf des freiheitlichen Rechtsstaates samt seiner Gebote und Verbote, um möglichst ungestört seinen privaten Bedürfnissen nachgehen zu können. Strafandrohungen hindern andere Menschen daran, ihm Schaden zuzufügen, und sie hindern ihn selbst daran, Wege der Nutzenmaximierung außerhalb des Raumes der Legalität zu wählen. Der Homo oeconomicus interessiert sich als solcher nicht für den Rechtsstaat, ist aber auf sein Bestehen und Funktionieren angewiesen.

Der Homo politicus begegnet immer wieder Gesetzen, Regelungen, Maßnahmen und Entscheidungen, die die Verwirklichung seiner Ziele verhindern. Auf dem Feld der Nachhaltigkeitspolitik kommt es durchaus vor, dass das geltende Recht klimaschädliche Technologien oder exzessiven Ressourcenverbrauch ermöglicht oder sogar fördert. Darum interessiert sich der Homo politicus für den Rechtsstaat in dem Sinne, dass es ihm darauf ankommt, bestimmte Gesetze und Regelungen zu ändern oder abzuschaffen, damit Besseres an ihre Stelle treten kann.

Zugleich aber weiß der Homo politicus, dass er nur in einem Zustand wirken kann, der durch Gesetze strukturiert ist, die das Zusammenleben der Menschen ordnen. Fehlen solche Gesetze oder haben sie keine Geltung, dann fehlt auch die Möglichkeit, öffentlich für die Gerechtigkeit einzutreten. In einem Zustand der Rechtlosigkeit dominieren staatliche Willkür und private Kriminalität, das eigentlich politische Handeln wird unmöglich. Daher ist es für den Homo politicus wesentlich, dass er in einem Rechtsstaat lebt, der bestimmte Freiheitsrechte für alle Bürger einrichtet und schützt. Für seinen Aktivitäten bedarf der Homo politicus des Forums der Öffentlichkeit, auf dem unterschiedliche und widersprechende Stimmen friedlich um die Res publica, die öffentliche Sache, streiten können.

> **Wichtig zu wissen: Die Bedeutung von Freiheit, Gleichheit und Rechtstaatlichkeit**
>
> Ein Homo politicus muss mit seinen Gegnern darin übereinstimmen, dass sie als Freie und Gleiche um eine bedeutsame Sache kämpfen; er muss sich gemeinsam mit ihnen dafür interessieren, dass sie und die Nachfolgenden weiterkämpfen können, sonst steht die Existenz des Homo politicus selbst auf dem Spiel. Daher bedarf der Homo politicus eines rechtlich geordneten Zustands, er bedarf der Verfassung, die die Freiheit der Überzeugung schützt und Spielregeln für alle Auseinandersetzungen vorgibt. Viele Menschen in liberalen Rechtsstaaten sehen nach Art des Homo oeconomicus rechtsstaatlich-demokratische Verfassungen mit ihren Gesetzen als einen sicheren Bestand an, der für alle Zeiten da ist. Der Homo politicus, dem es um Nachhaltigkeit geht, muss sich darum für den Erhalt des Rechtzustandes ebenso einsetzen – wie für die Ziele großer ökologischer Transformationen.

5.5 Der Homo politicus und das Widerstandsrecht – drei Bewegungen im Kampf für den Klimaschutz

Muss der Homo politicus sich unter allen Umständen an die geltenden Gesetze halten? Diese Frage beantworten drei Bewegungen, die sich dem Kampf gegen den Klimawandel verschrieben haben, auf unterschiedliche Weise.

Die Bewegung *Fridays for Future* fordert weltweit die Einhaltung des Pariser Klimaabkommens. Vielfach, gerade auch in Deutschland, werden die Ziele des Abkommens voraussichtlich nicht erreicht werden, insbesondere, weil sie mit massiven Einschnitten in die Wirtschaft verbunden sind (Energiewirtschaft, Industrie, Verkehr, Bauwirtschaft, Landwirtschaft etc.). Fridays for Future begründen ihre Forderungen mit den virulenten und krisenhaften Auswirkungen des Klimawandels (Dürren, Überschwemmungen etc.) und fordern gesamtgesellschaftlich einen ökologisch gemäßigten Lebensstil. Dabei kritisieren Fridays for Future den globalen Zustand der „Klima-Ungerechtigkeit". Die Staaten des Globalen Nordens, also die Industrieländer, seien die größten Verursacher des anthropogenen, also menschengemachten, Klimawandels, während die Länder des Globalen Südens, die sich entwickelnden Länder, von den Auswirkungen des Klimawandels am stärksten betroffen seien. Fridays for Future agiert mit Informationskampagnen und öffentlichen Protestaktionen weitgehend im Rahmen der geltenden Gesetze.

Die Bewegung *Extinction Rebellion* ist durch spektakuläre Aktionen zivilen Ungehorsams, wie etwa Verkehrsblockaden, kollektiven *Die-Ins,* bei denen sich die Demonstrierenden in der Öffentlichkeit wie tot zu Boden legen, medial präsent. Unter anderem hatten sich Mitglieder von Extinction Rebellion im Jahr 2019 mit Fahrradschlössern um den Hals an den Zaun des Kanzleramts in Berlin gekettet. Für großes Aufsehen sorgte 2018 der von Extinction Rebellion ausgerufene Rebellion Day. Der Verkehr auf einer Themse-Brücke wurde durch 6.000 Demonstrierende blockiert, 85 Menschen wurden wegen Verkehrsbehinderung festgenommen. Mit gezielten Übertretungen von geltenden Gesetzesvorschriften will Extinction Rebellion Politik und Gesellschaft auf ihre Verantwortung für das massenhafte Aussterben von Tieren und Pflanzen und den Klimawandel hinweisen.

Die Bewegung *Letzte Generation* fragt auf ihrer Homepage: „Was wirst du gegen die Klimakatastrophe tun?" Angesprochen sind mit dieser Frage offensichtlich nicht die Ingenieurinnen, die klimaneutrale Technologien erfinden, die Ministerialbeamten, die in zäher Kleinarbeit Verwaltungsvorschriften auf ihre Angemessenheit oder Unangemessenheit angesichts des Klimawandels überprüfen und juristisch wasserdichte Verbesserungsvorschläge erarbeiten, oder Konsumentinnen und Konsumenten, die versuchen, einen nachhaltigen Lebensstil zu praktizieren. Angesprochen sind vielmehr Menschen, für die angemessenes Handeln gegen die Klimakatastrophe in einem „friedlichen zivilen Widerstand gegen die Zerstörung unserer Lebensgrundlagen" besteht. Begründet wird dieser Widerstand mit folgender Aussage: „Doch für die notwendige Veränderung müssen wir den gesamten Tagesablauf und die verkrusteten fossilen Strukturen unseres Alltags unterbrechen. Aus unserer Liebe zu allen Mitmenschen und aus unserer Pflicht und unserer Verantwortung für das Wohlergehen der jetzigen und kommenden Generationen." Dabei ist zu beachten: „Eine längere Haftstrafe riskieren" gehört laut Auskunft der Homepage zu möglichen Konsequenzen dieses Widerstandes. Daraus lässt sich entnehmen, dass der „friedliche zivile Widerstand" als Mittel systematisch Verstöße gegen geltendes Recht einsetzt, um gesellschaftliche Aufmerksamkeit für seine Ziele zu bewirken.[3]

> **Wichtig zu wissen: Homines Politici in zivilgesellschaftlichen Bewegungen**
> Fridays for Future, Extinction Rebellion und Letzte Generation beziehen sich auf wissenschaftlich gesicherte Erkenntnisse bezüglich der anthropogen verursachten Erderwärmung. Einig sind sie sich darin, dass sie gesellschaftliche Einsicht und eine konsequente Politik fordern, welche die existenzielle Bedrohung für die Menschheit abwehrt. Alle drei Bewegungen agieren im Namen der Gerechtigkeit, alle zeigen Mut, alle wirken in die Öffentlichkeit hinein und setzen sich auch deren Kritik aus. In allen drei Bewegungen lassen sich Züge des Homo politicus erkennen. Die Frage aber, ob und inwieweit Verstöße gegen geltendes Recht den Zielen einer Nachhaltigkeitspolitik dienlich sind, wird von ihnen unterschiedlich beantwortet

---

[3] https://letztegeneration.de/mitmachen/, abgerufen am 05.05.2023.

Aus Sicht des Homo politicus ist einerseits zu bedenken, dass die Gesamtheit der Gesetze, die in demokratischen Verfahren verabschiedet worden sind, einen Rechtszustand darstellen. Dieser ist als ein sehr hohes Gut einzuschätzen. Wenn das Bewusstsein für den Wert dieses Gutes in der Öffentlichkeit schwindet, wenn viele Mitglieder einer Gesellschaft davon überzeugt sind, dass sie um ihrer Idee von Gerechtigkeit willen Recht und Gesetz missachten dürfen, dann besteht die Gefahr, dass „Macht vor Recht" geht. Stellen wir uns vor, dass nicht nur Klimaaktivisten, sondern mehr und mehr auch andere gesellschaftliche Gruppierungen um ihrer Ziele willen Rechtsbrüche auf ihre Agenda setzen würden. Zu erwarten wäre, dass sich langfristig das „Recht" des Stärkeren als siegreich erweisen würde. Das aber ist kein Recht, sondern Ausdruck von Dominanz und am Ende würde daraus ein Zustand allgemeiner Rechtlosigkeit hervorgehen. Sofern ein solcher nicht geradewegs im Chaos des „Krieges aller gegen aller" münden würde, der dem Philosophen Thomass Hobbes (1588–1679) als das größte Übel in einer politischen Gemeinschaft erschien, würden wohl die Herrschenden, Mächtigen und Reichen von einem solchen Zustand am meisten profitieren, während die Stimme der Andersdenkenden und Schwächeren, wenn sie von keinem Recht geschützt wird, zum Verstummen gebracht würde.

Andererseits erfüllen die bestehenden Gesetze eines Staates in ihrer Gesamtheit fast nie die Anforderungen der Gerechtigkeit, wie immer man diese definieren mag. Denn sie drücken Macht- und Mehrheitsverhältnisse aus, die zu dem Zeitpunkt galten, als sie beschlossen würden. Die Zustimmung, die sie einmal getragen haben mag, gehört der Vergangenheit an. So sieht der Homo politicus einen zuweilen massiven Änderungsbedarf. Das gilt heute vor allem für eine Fülle von immer noch geltenden Regelungen, die exzessiven Ressourcen- und Umweltverbrauch erlauben oder eventuell sogar fördern.

Was können Menschen in der Rolle des Homo politicus in einer solchen Lage tun? Könnten nicht gezielte Verletzungen des geltenden Rechtes bewirken, sodass durch zunehmende gesellschaftliche Sensibilisierung für die anstehenden Probleme notwendige Transformationsprozesse beschleunigt werden? Jeder Homo politicus, der Rechtsbrüche systematisch in sein Handeln mit einbezieht, muss allerdings davon ausgehen, dass sein Tun für Menschen mit gegenteiligen Ansichten, die sich als Homines politici verstehen, Vorbildcharakter annehmen könnte. Sie könnten sich ermutigt sehen, ihrerseits das Recht zu brechen. Außerdem ist es ein gewisser Widerspruch von den Organen des Staates zu erwarten, die für die Einhaltung eben desjenigen Rechtes verantwortlich sind, das man selbst nicht achtet. Schließlich stellt sich die Frage der Wirkmacht: Ist die Annahme realistisch, dass kalkulierte Rechtsbrüche gesamtgesellschaftlich die Zustimmung für eine weitreichende Nachhaltigkeitspolitik erhöhen werden?

Aus diesen Überlegungen folgt keineswegs, dass Widerstand, wie ihn Extinction Rebellion und die Letzte Generation praktizieren, aus Sicht des Homo politicus von vornherein stets abzulehnen ist. Allerdings folgt daraus, dass dieser Widerstand einer stärkeren und konsistenteren Begründung bedarf als der einfache Gesetzesgehorsam. Letzterer steht, selbst wenn er gedankenlos aus bloßer Trägheit praktiziert wird, kaum in der Gefahr, den Rechtzustand als ganzen zu gefährden.

> **Wichtig zu wissen: Bedingungen für ein Recht auf Widerstand**
> Ein behauptetes Recht auf Widerstand kann nur dann überzeugend begründet werden, wenn diejenigen, die es in Anspruch nehmen, plausibel machen können, dass mit ihrem Bruch des Rechtes
>
> - Ziele verfolgt werden, die für elementare Menschenrechte Einzelner oder für das Leben der Gesellschaft insgesamt essenziell sind,
> - der Rechtszustand als ganzer nicht gefährdet wird,
> - ein gesellschaftlicher Konsens über die anstehenden Veränderungen beschleunigt wird,
> - die Gesellschaft die im Namen der Gerechtigkeit formulierten Ziele deutlich schneller und wirksamer erreichen kann als ohne die Inanspruchnahme des Widerstandsrechtes und
> - bereit sind, juristische Konsequenzen ihres Gesetzesbruchs zu akzeptieren.

5.6 Zusammenfassung und Fazit

Dieses Kapitel befasst sich mit Menschenbildern. Das Menschenbild der herkömmlichen Wirtschaftswissenschaften, der Homo oeconomicus, wurde vorgestellt und kritisch gewürdigt. Mit der Annahme, dass Menschen als Homines oeconomici agieren, kann individuelles Verhalten in der Wirtschaft in Richtung auf einen nachhaltigen Konsum beeinflusst werden – etwa durch finanzielle Anreize oder monetäre Belastungen. Jedoch ist das Konzept nicht hinreichend, wenn es um öffentliche Angelegenheiten geht, die das langfristige Gemeinwohl betreffen. Hier kommt die politische Dimension des Menschseins zum Tragen, die mit dem Homo politicus konzipiert ist.

Im Gegensatz zum Homo oeconomicus ist der Homo politicus am Gemeinwohl und der Gerechtigkeit, und daher auch an der Nachhaltigkeit der Wirtschaftsweise seiner Gesellschaft interessiert. Die empirische Relevanz des Homo politicus wurde z. B. in verschiedenen Studien bezüglich des Verhaltens von Mitgliedern der Ministerialverwaltung und Umweltbehörden gezeigt (Petersen et al., 2000). Es konnte gezeigt werden, dass private Ambitionen und Interessen, obwohl sie durchaus vorhanden waren, nicht die einzigen Beweggründe der Befragten waren.

Sowohl der Homo oeconomicus als auch der Homo politicus gewinnen ihre Plausibilität aus dem Umstand, dass sie unserer Alltagserfahrung entsprechen. Es ist zum einen eine elementare Tatsache, dass Menschen ihrem Eigeninteresse folgen und ihren eigenen Vorteil in rationaler Weise suchen. Zugleich beobachten wir aber, dass Menschen als Homines politici sich langfristig für andere Menschen und Mitgeschöpfe und für das Gemeinwohl einsetzen. Zwar können Menschen als Homines politici, etwa aufgrund fehlender Urteilskraft, auch durchaus in einer dem Gemeinwohl abträglichen Weise handeln. Dennoch ist für eine weitreichende Nachhaltigkeitspolitik die Dimension des Homo politicus entscheidend. „Der Homo politicus als Repräsentant des Strebens nach Gerechtigkeit steht für die Hoffnung, dass eine entschiedene Haltung auf einem mit Augenmaß und Leidenschaft gewählten Weg mit vielen kleinen Schritten das Leben auf der Erde, soweit es von menschlichem Tun abhängt, für uns und für kommende Generationen erträglich machen könnte" (Manstetten, 2014, S. 31).

> **Zusammenfassung: Die Bedeutung von Menschenbildern für eine erfolgreiche Nachhaltigkeitspolitik**
>
> Bei der Konzeption einer praxistauglichen Nachhaltigkeitspolitik spielen Menschenbilder eine wesentliche Rolle. Homo oeconomicus und Homo politicus verweisen auf verschiedene Aspekte des Menschseins. Eine Person kann jeweils in unterschiedlichen Handlungsfeldern beide Aspekte verkörpern. Zum Verständnis von Abläufen in Wirtschaft und Gesellschaft unter dem Gesichtspunkt der Nachhaltigkeit, muss man sowohl das Menschenbild des Homo oeconomicus als das des Homo politicus heranziehen. Der Homo oeconomicus kann eine hilfreiche analytische Grundlage sein, wenn es gilt, das Verhalten der Menschen, etwa als Reaktion auf die Einführung von Abgaben und Gebühren für individuelle Umweltbelastungen, zutreffend einzuschätzen. Darüber hinaus muss es Menschen geben, die sich als Homines politici für öffentliche Angelegenheiten und für Gerechtigkeit einsetzen. Dieser Einsatz ist unverzichtbar für die Entwicklung und Verwirklichung von erfolgreichen, langfristigen Lösungsstrategien (z. B. Klimapolitik, Energiewende) in Richtung Nachhaltigkeit. Auch im öffentlichen Disput über die beste Strategie bedarf es der Homines politici, denen es um die langfristige Zustimmung und die Mitwirkung der Beteiligten geht, welche Wege zu einer gesellschaftlichen Lösung erst möglich machen.

Literatur[4]

Arendt, H. (1981). *Vita activa oder Vom tätigen Leben [1958]*. Pieper.
Becker, G. S., Pies, I. & Streissler, M. (1996). *Familie. Gesellschaft und Politik – die ökonomische Perspektive*. Mohr.

---

[4] Die Inhalte dieses Konzeptes basieren auf: Faber, M., Frick, M., Zahrnt, D. (2019) MINE Website, Homo Politicus, www.nature-economy.com.

Buchanan, J. M., & Tullock, G. (1962). *The Calculus of Consent.* Logical Foundations of Constitutional Democracy: The University of Michigan Press.

Krohn, P. (2023). *Ökoliberal: Warum Nachhaltigkeit die Freiheit braucht.* Frankfurter Allgemeine Buch.

Manstetten, R. (2000). *Das Menschenbild der Ökonomie: Der homo oeconomicus und die Anthropologie bei Adam Smith.* Karl Alber.

Manstetten, R. (2014). Nachhaltige Entwicklung in einer Welt von Dämonen? Max Webers Bild des Politikers und der Homo politicus. *Helmholz Zentrum für Umweltforschung, Discussion Papers 10/2014, Department of Economics.*

Müller, D. (1989). *Public Choice II.* Cambridge University Press: A revised Edition of Public Choice.

Petersen, T., Faber, M., & Schiller, J. (2000). Umweltpolitik in einer evolutionären Wirtschaft und die Bedeutung des Menschenbildes. In K. Bizer, B. Linscheidt, & A. Truger (Hrsg.), *Staatshandeln im Umweltschutz. Perspektiven einer institutionellen Umweltökonomie.* Duncker & Humblot.

Verantwortung: Wer ist zuständig und was bedeutet es, wenn wir Verantwortung für Umweltprobleme übernehmen?

6

Inhaltsverzeichnis

▶ **Worum geht's?**
Es geht um Verantwortung. Verantwortung ist für die Lösung von Umweltproblemen wesentlich. Dieses Kapitel stellt ein Konzept der Verantwortung vor, welches Verantwortung als ein Stellen von Fragen konzipiert, die erforderlich sind, um die Vielschichtigkeit von Umweltproblemen zu durchdringen und praktische Ansätze zur Lösung zu entwickeln.

Die drei zentralen Fragen lauten:
1. Wer ist verantwortlich für die Verursachung von Umweltproblemen?
2. Wer ist verantwortlich für das Ergreifen geeigneter Maßnahmen zur Lösung und Prävention von Umweltproblemen?
3. Wie kann diese Verantwortung begründet und ihre Übernahme eingefordert werden?

© Der/die Autor(en), exklusiv lizenziert an Springer-Verlag GmbH, DE, ein Teil von
Springer Nature 2023
M. Faber et al., *Nachhaltiges Handeln in Wirtschaft und Gesellschaft,*
SDG – Forschung, Konzepte, Lösungsansätze zur Nachhaltigkeit,
https://doi.org/10.1007/978-3-662-67889-3_6

6.1   Einführung in das Konzept

Bis in die 1970er Jahre wurde der Einfluss des Menschen auf die Natur in der Ethik nicht als zentrales Thema reflektiert. Insbesondere in den Ansätzen der klassischen Ethik wird die Natur in der Regel als etwas betrachtet, das außerhalb des Einflussbereiches des menschlichen Handelns liegt. Entsprechend wurden die Wechselwirkungen zwischen Mensch und Natur auch nicht ausdrücklich thematisiert. Es war Hans Jonas, der in seinem bahnbrechenden Buch *Das Prinzip der Verantwortung. Versuch einer Ethik für die technologische Zivilisation* (1979) die Grundlagen einer Umweltethik entwickelte, die sich mit der Tatsache befasst, dass menschliches Verhalten Auswirkungen auf die Umwelt hat. Aufgrund dieser Auswirkungen unseres Handelns fällt die Umwelt in den Bereich der menschlichen Verantwortung. Es müssen Regeln für menschliches Handeln entwickelt werden, die dieses Handeln im Hinblick auf seine Auswirkungen auf die Natur ethisch reflektieren und beurteilen (vgl. Faber & Frick, 2023). Um diese Reflektion und Beurteilung leisten zu können, müssen wir zunächst verstehen, wem *kausal* ein bestimmtes Umweltproblem zugeschrieben werden kann, d.h., wer dieses Problem durch seine oder ihre Handlung *verursacht* hat. Diese *kausale Zuschreibung* zu leisten, erscheint zunächst einfach, ist aber häufig schwierig und bildet in einem nächsten Schritt die Grundlage für die Frage, welche *moralische und rechtliche Verantwortung* die Handelnden für das trifft, was sie mit ihrer Handlung verursacht haben. Können sie beispielsweise *moralisch* oder *juristisch* dafür *verurteilt* werden?

Umweltprobleme sind oft so drängend, der mit ihnen verbundene Zustand und die Gefahren so untragbar, dass Menschen gefunden werden müssen, die für die Lösung des jeweiligen Problems Verantwortung übernehmen (müssen). Ansprechpartner für die Übernahme dieser Verantwortung scheinen zunächst einmal diejenigen zu sein, die das Problem durch ihre Handlung überhaupt erst *kausal verursacht* haben. Da Umweltprobleme aber häufig über sehr lange Zeiträume entstehen, muss die Verantwortung für ihre Beseitigung nicht selten unabhängig von den Verursachenden bestimmt werden. Eine direkte kausale Zuschreibung wird oft dadurch verhindert, dass die Verursacher gar nicht mehr klar identifiziert werden können, wenn der Schaden zu einem viel späteren Zeitpunkt eintritt. Manche der *kausal Verantwortlichen* sind dann möglicherweise auch gar nicht mehr am Leben. Zusätzlich kann zu ihrer Verteidigung vorgebracht werden, dass sie im Moment der Handlung häufig gar nicht wissen konnten, welche Konsequenzen diese Handlung mit sich bringt. Wir sind häufig über Teile der Folgen unserer Handlung unwissend (vgl. Kap. 12, Unwissen). So wurde zu Beginn der Industrialisierung nicht erkannt, dass die Einleitung von Industrieabwässern in die Flüsse langfristig zu einem Absterben des Fischbestandes in diesen führen würde. Und als diese Schäden erkannt wurden, war nicht mehr nachvollziehbar, wer wann und in welchen Mengen Abwässer eingeleitet hatte. Eine kausale Zuschreibung des Schadens zu einem Verursacher konnte also nicht mehr geleistet werden. Wie drängend und aktuell derartige Überlegungen sind, können wir sehr anschaulich anhand der aktuellen Debatte um das Klimaproblem erkennen. Die rein *kausale*

Zuschreibung von Verantwortung greift oft zu kurz, wenn es um die Lösung von Umweltproblemen geht. Es müssen daher weitere Dimensionen von Verantwortung entwickelt und beschrieben werden, was notwendig ist, um diese sinnvoll zur Anwendung zu bringen. Wir wollen das in den folgenden Abschnitten Schritt für Schritt tun.

6.2 Voraussetzung für und Dimensionen von Verantwortung

Verantwortung ist ein theoretisches Konzept, das in den Bereichen politischer Philosophie, Ethik und Recht eine Rolle spielt. Als Begriff ist Verantwortung allgegenwärtig; im praktischen Leben taucht er überall auf: jemand übernimmt Verantwortung oder steht unter der Forderung, Verantwortung zu übernehmen. Das gilt insbesondere im Umweltbereich, sei es, dass es um Abwässer, Abfälle oder Emissionen geht. Aus diesem Grund hat sich ein ganzer Bereich der *Ethik der Verantwortung* entwickelt. Die Grundlage dazu hat Hans Jonas mit seinem oben erwähnten Buch *Das Prinzip der Verantwortung* (1979) gelegt. Er hat mit seinem „Imperativ der Verantwortung" gezeigt, wie Menschen generell und insbesondere in Wirtschaft und Politik sich ethisch in Bezug auf die Umwelt verhalten sollen.

Der Begriff der Verantwortung verweist dabei auf drei prinzipielle Eigenschaften menschlichen Handelns:

> **Wichtig zu wissen: Voraussetzungen für die Wahrnehmung von Verantwortung**
> - **Erstens:** die Freiheit des menschlichen Handelns.
> - **Zweitens:** die Fähigkeit des Menschen, seine Wünsche und Absichten zu verwirklichen.
> - **Drittens:** die menschliche Fähigkeit, die Folgen des eigenen Handelns einzuschätzen oder sich Wissen über mögliche Handlungsfolgen anzueignen.

Dabei ist hervorzuheben, dass der Einfluss des Menschen auf die Umwelt, seine Macht über sie durch die Entwicklung der modernen Technologie in den letzten zwei Jahrhunderten sehr schnell und in dramatischem Ausmaß gewachsen ist. Dadurch steigt – besonders ab etwa der zweiten Hälfte des 20. Jahrhunderts – die Umweltzerstörung in entsprechender Weise stark an. Wie können unter diesen Umständen die natürlichen Grundlagen der menschlichen Existenz erhalten bleiben? Dies ist die zentrale Frage der Nachhaltigkeit (vgl. Kap. 4 zu *Nachhaltigkeit und Gerechtigkeit*), zu deren Beantwortung das Konzept der Verantwortung notwendig ist.

Ein freier Mensch kann seine Ziele selbstbestimmt wählen und diese im Rahmen seiner Möglichkeiten verwirklichen. Die entsprechenden Handlungen und ihre Konsequenzen können ihm *zugeschrieben* werden, und in diesem Sinne ist er verantwortlich für seine Handlungen und deren Konsequenzen. Folglich können wir in einem ersten Schritt eine *kausale Zuschreibung* einer Handlung und deren Konsequenzen zu einer Person vornehmen. So kann ein Minister sagen „Ich übernehme die Verantwortung für die Konsequenzen einer von mir angeordneten Maßnahme." Diese Redewendung haben wir in den Corona-Zeiten häufig gehört. Wir haben aber auch immer wieder erlebt, dass aus diesem ersten Schritt nicht notwendigerweise Konsequenzen für die *kausalen Verursacher* folgten; denn die bloße Zuschreibung heißt noch nicht, dass beispielsweise der Minister zurücktreten oder persönlich für die Beseitigung eines möglicherweise verursachten Schadens aufkommen muss.

Für unsere Fragestellung nach der Verantwortung ist dieser erste Schritt der Zuschreibung zwar unbedingt notwendig, aber keineswegs hinreichend. Wir brauchen über die Zuschreibung hinaus die Übernahme von Verantwortung im Sinne einer *rechtlichen und moralischen Verpflichtung*. Wir erkennen, dass diese rechtliche und moralische Verpflichtung nur erfolgen kann, wenn vorher die kausale Zuschreibung festgestellt worden ist und wir es bei den Handelnden mit freien Menschen zu tun haben. Wenn eine Person zu einer Handlung gezwungen wurde, können ihr die Folgen dieser Handlung zwar *kausal zugeschrieben* werden. Eine moralische oder rechtliche Verantwortung kann daraus aber nicht folgen, da diese entscheidend davon abhängt, dass die betroffene Person sich frei für oder gegen eine Handlung entscheiden kann. Wir erkennen, dass diese zweite, rechtliche und moralische Verpflichtung wesentlich stärkere Implikationen hat als die erste, die ja zunächst nur Zusammenhänge beschreibt und alleine zu keinen Konsequenzen führen muss. Wir ergänzen, dass für die rechtliche und moralische Verantwortung gilt, dass sie nicht losgelöst von anderen Menschen, der Gemeinschaft oder Gesellschaft gedacht werden kann. Verantwortung bedarf eines Gegenübers oder einer Autorität, die rechtliche oder moralische Verantwortung benennt und einfordert. Zum Beispiel sind wir als Mitglieder einer Gesellschaft gegenüber dieser verantwortlich, die geltenden gesetzlichen Regeln einzuhalten, ist ein Angestellter gegenüber seinen Vorgesetzten für die Erfüllung seiner Aufgaben verantwortlich, die Regierung ist gegenüber dem Parlament verantwortlich.

Gleichzeitig gibt es auch Grenzen der individuellen Verantwortung. Wenn wir an Naturkatastrophen wie zum Beispiel die Flutkatastrophe im Ahrtal 2021 denken, so zeigt sich, dass es Situationen gibt, in denen die Verantwortung des Individuums von Unwissen (vgl. Kap. 12) oder von nicht kontrollierbaren Umständen wie einer extremen Wetterlage, einem Erdbeben, oder der unglücklichen Verkettung von Umständen begrenzt wird, sodass der Staat Verantwortung übernehmen muss.

Wichtig zu wissen: Grenzen der individuellen Verantwortung
Die Übernahme von Verantwortung durch Individuen stößt dort an ihre Grenzen, wo

- Menschen nicht frei über ihre Handlung entscheiden können.
- Menschen mit Unwissen über die Folgen ihrer Handlung konfrontiert werden, das sie nicht durch eigene Bemühungen reduzieren können.

Diese Notwendigkeit macht es erforderlich, dass Politiker *politische Verantwortung* übernehmen, die über den durch Unwissen und fehlende Kontrolle begrenzten Raum der individuellen Verantwortung hinausgeht. Wie kann ein Politiker aber mit diesem Unwissen oder der unglücklichen Verkettung von Umständen umgehen? Zunächst verfügen Politiker über einen anderen Zugang zu Wissen und über Unterstützung bei der Suche nach Lösungen für komplexe Probleme und Zusammenhänge. Sie können Wissenschaftler befragen, Gutachten in Auftrag geben oder Forschungsprojekte für spezifische Fragestellungen finanzieren. Trotzdem ist es häufig nicht einfach festzustellen oder gar vorauszusehen, welche Konsequenzen und Schäden bestimmte Handlungen hervorrufen, welche Entscheidung also mit Blick auf den politischen Verantwortungsbereich getroffen werden sollte.

Bei der Beantwortung dieser Frage öffnen sich zwei umfangreiche philosophische Felder: Die bereits formulierte Herausforderung des *Unwissens* und die Kategorie der *Urteilskraft*. Hier wollen wir uns darauf beschränken, dass es insbesondere für die Politik eine zentrale Aufgabe ist, mit Unwissen umzugehen. Eine Art des Umgangs mit dieser Herausforderung ist die Anwendung von *Urteilskraft*. Was ist damit gemeint? Urteilskraft ermöglicht es, trotz vorherrschendem Unwissen und damit auf der Grundlage unvollständiger Informationen eine *gute Entscheidung* im Sinne der Sache zu treffen, für die man Verantwortung trägt. Die Schwierigkeit besteht jedoch darin, dass Urteilskraft nicht gelehrt werden, sondern nur durch Erfahrung gewonnen werden kann (vgl. Kap. 7 zu *Urteilskraft*).

Wichtig zu wissen: Drei Dimensionen von Verantwortung
Wenn von Verantwortung die Rede ist, gilt es die unterschiedlichen Dimensionen zu unterscheiden:

- **Kausale Verantwortung:** Beschreibt die Verknüpfung konkreter individueller Handlungen mit den Folgen, die durch diese Handlung *verursacht* werden. Es handelt sich hier zunächst um eine *Zuschreibung*, mit der noch keine moralische oder rechtliche *Beurteilung* einhergeht.
- **Moralische und rechtliche Verantwortung:** Lassen sich Handlungen kausal mit bestimmten Handlungsfolgen verknüpfen, kann die Entscheidung für diese Handlung und die entsprechenden Handlungsfolgen mithilfe moralischer oder rechtlicher Standards *bewertet* und *beurteilt* und dem Verursacher *moralische oder rechtliche Verantwortung* zugeschrieben werden. Diese Beurteilung kann mit Konsequenzen einhergehen.
- **Politische Verantwortung:** Individuelle Verantwortung stößt an ihre Grenzen, wo Menschen nicht frei über ihre Handlungen entscheiden können oder auf für sie nicht reduzierbares Unwissen mit Blick auf die Folgen ihrer Handlungen treffen. Wenn Individuen aufgrund dieser Grenzen keine Verantwortung zugeschrieben werden kann, greift die politische Verantwortung. Politische

Akteure verfügen qua Amt über einen größeren Einfluss und bessere Zugänge zum Wissen, weshalb der Bereich ihrer Verantwortung weiter gefasst wird. Um trotz hoher Komplexität und Unwissen gute Entscheidungen treffen zu können, bedürfen Politikerinnen und Politiker zur Übernahme politischer Verantwortung der Urteilskraft.

6.3   Das Zusammenspiel unterschiedlicher Ebenen von Verantwortung

Wie hilft uns das Konzept der *Verantwortung* nun, einen Zugang zu konkreten Umweltproblemen zu finden, diese zu verstehen und Lösungsansätze zu entwickeln? Wir wollen diese Frage im Folgenden anhand des Beispiels der Verschmutzung und späteren Renaturierung des Flusses Emscher über mehr als 200 Jahre beantworten.[1] Die historischen Zusammenhänge und Prozesse werden mithilfe des Konzeptes *Verantwortung* strukturiert, das hier in einem engen Zusammenspiel mit den Konzepten *Zeit* (Kap. 8), *Kuppelproduktion* (Kap. 13), *Unwissen* (Kap. 12) und *Urteilskraft* (Kap. 7) auftritt.

Zunächst einmal gilt es jedoch zu verstehen, warum der Fluss Emscher ein aussagekräftiges Beispiel ist: Die Emscher durchquert von ihrer Quelle bei Dortmund bis zur ihrer Mündung in den Rhein bei Dinslaken weite Teile des Ruhrgebietes. Auf ihrem Weg führt sie an Städten wie Gelsenkirchen, Bottrop, Oberhausen und Duisburg vorbei – alle bekannt für den Bergbau sowie die Eisen- und Stahlherstellung. Die Emscher durchfließt mit ihren ca. 100 km Länge ein Gebiet, das gewissermaßen die Keimzelle der deutschen Industriegeschichte bildet. In ihrem Einzugsgebiet von 865 Quadratkilometern leben ca. 2,3 Mio. Menschen – ein Ballungsraum, entstanden und geprägt im Kontext einer industrialisierten Moderne.

Entsprechend sind die ökologischen Probleme, die am Beispiel der Emscher sichtbar werden, typisch für das, was sich an Standorten der Schwerindustrie rund um den Globus ereignete und auch heute noch ereignet. War die Emscher noch 1800 ein natürlicher Wasserlauf, weitestgehend unberührt von menschlichen Einflüssen, so wurde sie in der Folge durch Landwirtschaft und schließlich die Industrialisierung zunehmend genutzt, verschmutzt und umgebaut. Sie gelangte zu trauriger Berühmtheit als „Deutschlands schmutzigster Fluss" (FAZ 2015)[2] und

---

[1] Das Beispiel der Emscher haben wir erstmals in einem Diskussionspapier zur Illustration von komplexen Zusammenhängen in Umweltfragen genutzt (Faber et al., 2021)

[2] Andreas Rossmann im Artikel „Renaturierung der Emscher. Das ist Köttelbecke" vom 30.07.2015 (https://www.faz.net/aktuell/feuilleton/deutschlands-schmutzigster-fluss-emscher-wird-renaturiert-13725603.html). Zuletzt abgerufen am 18.06.2023.

wurde schließlich bis 2020 über mehr als zwei Jahrzehnte in einem ebenso teuren wie aufwendigen Verfahren gereinigt und renaturiert.

6.3.1 Eigenschaften von Umweltproblemen: Lange Zeiträume und Kuppelproduktion

Um die Zusammenhänge zu verstehen, sind zunächst zwei Konzepte aus MINE zu nennen, deren Berücksichtigung entscheidend für einen strukturierten Zugang zum Problem und die später folgende Zuordnung von *Verantwortung* sind: Die Konzepte *Zeit* und *Kuppelproduktion*.

Die Verschmutzung der Emscher wird verursacht von Kuppelprodukten des menschlichen (Zusammen-) Lebens und Wirtschaftens, die über einen sehr langen *Zeitraum* miteinander wechselwirken und deren Beseitigung wiederum sehr lange dauert: Mit der Erschließung des Ruhrgebiets als Bergbau- und Industrieregion ab 1850 wurden nicht nur riesige Produktionsanlagen gebaut, unterirdische Kohlegruben angelegt und Transportwege erschlossen, sondern es mussten auch hunderttausende Arbeiter und ihre Familien angesiedelt und versorgt werden. In den Flüssen der Region mischten sich entsprechend die Industrieabfälle und Rückstände des Bergbaus mit menschlichem Unrat und Fäkalien. Alles ungewollte Nebenprodukte des menschlichen Lebens und Tätigseins, die im Gegensatz zu den intendierten Produkten wie Eisen- und Stahl nicht im Fokus der Menschen standen (vgl. Kap. 13 *Kuppelproduktion*), die in den Flüssen aber die Tier- und Pflanzenwelt zerstörten und bei Hochwasser verursachten, dass sich Infektionskrankheiten wie Typhus und Cholera in den angrenzenden Siedlungen verbreiten konnten.

6.3.2 Unwissen als Grenze für Verantwortung

Die beschriebenen Missstände sind Konsequenzen menschlichen Handelns, die sich über einen längeren Zeitraum aus dem Zusammenwirken unterschiedlicher Kuppelprodukte ergaben und denen lange wenig Aufmerksamkeit geschenkt wurde oder über die Unwissen (vgl. Kap. 12) herrschte, bis sie in Form von negativen Folgen für die Menschen erkennbar wurden. Nicht zuletzt dieses Unwissen über das komplexe und gefährliche Zusammenspiel von Kuppelprodukten führt dazu, dass die Frage nach der Verantwortung für die ökologischen Folgen und deren Beseitigung erst sehr spät konkret gestellt wurde.

1899, knapp 50 Jahre nach der Erschließung der ersten Bergwerke, waren neben der Emscher auch die anderen Flüsse des Ruhrgebiets eher offene Kloaken. Und auch wenn die Bürgerinnen und Bürger, Firmen, Städte und Gemeinden unter dem Zustand litten, übernahm viele Jahre niemand die Verantwortung für die Verbesserung der Situation.

Dies ist nicht besonders überraschend, berücksichtigt man die Bedingungen für die Übernahme von Verantwortung:

- Zunächst müssen die kausalen Zusammenhänge korrekt zugeordnet, also geklärt werden, wessen Handlung für spezifische Konsequenzen ursächlich ist.
- Gelingt dies, muss die Frage gestellt werden, ob der Verursacher tatsächlich moralisch oder juristisch verantwortlich gemacht werden, also zur Übernahme von Verantwortung für sein Handeln und die entsprechenden Konsequenzen verpflichtet werden kann.

Dass diese Bedingungen erfüllt werden können, ist im Fall von komplexen Umweltproblemen eher ungewöhnlich. Vielmehr ist schon die kausale Zuordnung aufgrund der langen Zeiträume, die es dauert, bis Umweltprobleme als solche erkennbar werden und aufgrund der Wechselwirkung unterschiedlicher Kuppelprodukte miteinander schwer leistbar. Darüber hinaus ist für die Übernahme von moralischer und juristischer Verantwortung wichtig zu berücksichtigen, dass Menschen nur für diejenigen Konsequenzen ihres Handelns verantwortlich gemacht werden können, von denen sie wissen können oder mit denen sie rechnen müssen.

Wenn im Vorhinein völliges Unwissen über spezifische Folgen und Auswirkungen von Handlungen herrscht, stößt die Zuschreibung von individueller Verantwortung an ihre Grenzen. Das Beispiel der Emscher zeigt, wie präsent Unwissen mit Blick auf das Verständnis und den Umgang mit Veränderungen in der Umwelt im 19. Jahrhundert war. Auf die Übernahme von Verantwortung von Individuen oder einzelnen Firmen zu hoffen, ist daher weder aus pragmatischen noch aus verantwortungstheoretischen Gesichtspunkten vielversprechend.

6.3.3 Institutionen als Träger politischer Verantwortung

Deshalb wurde 1899 die sogenannte Emschergenossenschaft gegründet, der die betroffenen Städte und Kommunen zwangsweise beitreten mussten. Mit der Emschergenossenschaft sehen wir eine Instanz, die jenseits privater und privatwirtschaftlicher Interessen die Verantwortung für die Beseitigung eine sowohl sozial als auch ökologisch drängenden Problems übernimmt. Nicht einzelne Individuen oder die kausal für den Missstand verantwortlichen Industriebetriebe greifen ein, sondern eine übergeordnete *politische Institution* übernimmt die *politische Verantwortung*.

Die Emschergenossenschaft wurde mit der Aufgabe betraut, ein Konzept zum Abwassermanagement zu entwickeln. Es wurde beschlossen, die Emscher als eigenständigen Flusslauf zu opfern und sie zum zentralen Entwässerungskanal des Ruhrgebiets zu machen. Die Flüsse Ruhr und Lippe wurden dagegen für die Frischwasserzufuhr genutzt. Die Emscher wurde daher kanalisiert und von ursprünglich 109 Kilometern auf einen Flusslauf von 83 Kilometer verkürzt, die Fließgeschwindigkeit wurde massiv gesteigert, um die Abwässer, die aufgrund der vielen aktiven Bergwerke nicht unterirdisch geleitet werden konnten, schnell abzuführen.

Technisch funktionierte diese Strategie über das gesamte 20. Jahrhundert gut, doch ökologisch und hygienisch stellte sie ein Desaster dar. Eine stinkende, hochgiftige Kloake zog sich fortan durch das Ruhrgebiet. Die Tier- und Pflanzenwelt am Fluss starb und für die Menschen ergaben sich neben der Geruchsbelastung erhebliche Gesundheitsgefahren. Die hohe Konzentration von Schwermetallen kann bei Menschen, die in Kontakt mit dem Wasser kommen, Beschwerden wie Schlafstörungen, Atemwegserkrankungen, Hauterkrankungen, Darmerkrankungen und ähnliches hervorrufen. Bei Heranwachsenden können Schwermetalle wie Blei oder Chrom den Kreislauf und das zentrale Nervensystem schädigen sowie zu massiven Lernschwierigkeiten führen.

Diese Gesundheitsrisiken waren es dann auch, die 1991 – fast 200 Jahre nach dem Beginn der menschlichen Eingriffe in das Flusssystem Emscher und knapp 92 Jahre nach Gründung der Emschergenossenschaft – dazu führten, dass auch die Reinigung und Renaturierung der Emscher in Angriff genommen wurden. Ausgangspunkt war die sogenannte *Europäische Wasserrahmenrichtlinie* der Europäischen Union, ein verbindlicher Rahmen für nationale Gesetzgebungen, der nach und nach scharfe Grenzwerte für die Belastung von Gewässern einführte. Der Zustand der Emscher, wäre er unverändert geblieben, hätte spätestens 2015 von Brüssel als eklatanter Verstoß gegen die Grenzwerte der Wasserrahmenrichtlinie bewertet und gegebenenfalls mit hohen Geldbußen bestraft werden müssen. Die Übernahme politischer Verantwortung vor Ort hat das verhindert.

6.3.4 Urteilskraft – Wie verantwortungsvolles Handeln trotz Unwissen gelingen kann

Da umweltpolitische Entscheidungen aufgrund des unüberwindbaren Unwissens nahezu nie auf Grundlage einer lückenlosen Faktenbasis getroffen werden, ist eine Entscheidung für die „perfekte Lösung" normalerweise nicht möglich. Hier kommt das Konzept der *Urteilskraft* (vgl. Kap. 7) zum Tragen, die praktische Fähigkeit, angemessen auf die jeweils situationsspezifischen Herausforderungen zu reagieren und unter den gegebenen Umständen entscheidungsfähig zu bleiben. Urteilskraft bedeutet, *das unter gegebenen Umständen mit gegebenem Wissen Beste zu tun.*

So haben die Akteure der Emschergenossenschaft Urteilskraft bewiesen, auch wenn aus heutiger Sicht die Entscheidung, einen lebendigen Fluss zum toten Abwasserkanal zu machen, erschreckend erscheinen mag. Doch unter Berücksichtigung des 1900 verfügbaren Wissens und der damaligen Interessenlagen und Machtkonstellationen ist nicht ausgeschlossen, dass sie unter den gegebenen Umständen die bestmögliche Entscheidung getroffen haben.

Urteilskraft kann man aber insbesondere den Urhebern der Europäischen Wasserrahmenrichtlinie bescheinigen, die ein ökologisch sinnvolles Flussgebietsmanagement explizit in das Zentrum ihrer Zielsetzung rückten und diese ambitionierte Zielsetzung mit den notwendigen langen Zeithorizonten ausstatteten.

Für die notwendigen Veränderungen vor Ort wurde bereits 1991 durch die frühzeitige Bekanntmachung des Stichjahres 2015 über 20 Jahre Zeit gegeben. Die entsprechenden Maßnahmen zu ergreifen, blieb zwar eine anspruchsvolle Aufgabe, aber auch eine Aufgabe, die zumindest für die Emscher gelöst werden konnte.

2011, also 211 Jahre nach den ersten Eingriffen in ihren Flusslauf und 111 Jahre nachdem die Emscher offiziell zum Abwasserkanal des Ruhrgebietes erklärt worden war, wurde in ihrem Oberlauf in der Nähe von Dortmund das erste Mal seit vielen Jahren wieder ein Fisch gesichtet. An den Ufern der Emscher verläuft heute ein beliebter Radweg, der Naherholung im Grünen mit einem Ausflug in die deutsche Industriegeschichte kombiniert.

Literatur[3]

Faber, M., & Frick, M. (2023). Environmental Ethics. In B.M. Haddat & B.D. Solomon (Hrsg.), *Dictionary of Ecological Economics. Terms for the New Millennium* (S. 197–198). Edward Elgar Publishing.

Faber, M., Frick, M., & Manstetten, R. (2021). Die Online-Plattform MINE-eine Brücke zwischen Umwelt und Wirtschaft. *AWI Discussion Paper Series, 701.*

Jonas, H. (1979). *Das Prinzip Verantwortung-Versuch einer Ethik für die technologische Zivilisation.* Suhrkamp.

---

[3] Die Inhalte dieses Konzeptes basieren auf: Faber, M., Frick, M., Zahrnt, D. (2019) MINE Website, Responsibility, www.nature-economy.com.

Urteilskraft: Wie geht weiter, wenn wir an Grenzen unseres Wissens gelangen? Vom Wissen zum Können

7

Inhaltsverzeichnis

> ▶ **Worum geht's?**
> Es geht um Wissen und um die Frage, was wir wissen können. Für die Erreichung von Nachhaltigkeitszielen braucht eine Gesellschaft nicht nur den festen Willen sowie zuverlässiges Wissen. Sie muss auch die Fähigkeit besitzen, Wissen in angemessenes Handeln zu übersetzen.
>
> Wissenschaftliches Wissen, auch wenn es eine korrekte Beschreibung und Analyse der Tatsachen liefert, reicht nicht aus für wirksames Handeln in Richtung Nachhaltigkeit. Wirksames Handeln

© Der/die Autor(en), exklusiv lizenziert an Springer-Verlag GmbH, DE, ein Teil von
Springer Nature 2023
M. Faber et al., *Nachhaltiges Handeln in Wirtschaft und Gesellschaft*,
SDG – Forschung, Konzepte, Lösungsansätze zur Nachhaltigkeit,
https://doi.org/10.1007/978-3-662-67889-3_7

erfordert *Praxiswissen,* das Know-how der Akteure in Politik, Wirtschaft und Gesellschaft. Für die Verbindung von wissenschaftlichem Wissen mit dem Praxiswissen ist eine Kompetenz gefordert, die in diesem Kapitel mit dem Begriff der *Urteilskraft* vorgestellt wird.

7.1   Einführung in das Konzept

Umfassende Lösungen in Bereichen wie Klima, Abfallvermeidung, Schutz von Biodiversität oder Nutzung von natürlichen Ressourcen könnten, wie es scheint, zügig und entschieden vorangetrieben werden, wenn man nur den Empfehlungen der Wissenschaften folgen würde. Für das Klimaproblem scheint sich der folgende Lösungsweg anzubieten: Naturwissenschaftlerinnen liefern zuverlässige Informationen über die Quellen von Treibhausgasen und ihre Wirkungen in der Atmosphäre, Ingenieure konzipieren Technologien für klimafreundliche Produktionsprozesse. Ökonominnen, Sozialwissenschaftler und Juristinnen erarbeiten Vorschläge für Gebote und Verbote oder marktkonforme Abgaben und Zertifikate und die Politik führt aus, was die Experten aus den Wissenschaften fordern: Sollte das alles nicht in der Summe dazu führen, dass Klimaneutralität innerhalb vergleichsweise kurzer Zeit erreicht wird?

Bei genauerem Hinsehen drängt sich jedoch ein ganz anderer Eindruck auf: Auch, wenn über die Problembeschreibung seitens der Naturwissenschaften weitgehende Einigkeit besteht, werden die Debatten über Lösungen kontrovers geführt, die Prozesse der Entscheidungsfindung in Politik und Gesellschaft ziehen sich in die Länge und die erzielten Ergebnisse erweisen sich als anfechtbare Kompromisse zwischen Umweltschutz und Lobbyinteressen. Pessimisten nehmen daher an, dass die Menschheit zwar das Wissen hätte, um ihre Lebensgrundlagen zu bewahren, dass aber versäumt wird, Wissen in Handeln umzusetzen.

Aber auch dieser Eindruck trifft nicht zu, jedenfalls nicht immer. Die Umweltpolitik der letzten fünfzig Jahre in Deutschland hat vor allem in den Bereichen Abwasser und Abfall durchaus bedeutsame Änderungen erreicht, der Ausstieg aus der Atomkraft ist – wenn es auch lange gedauert hat – auf den Weg gebracht worden, und auch die bevorstehende Beendigung des Abbaus von Braunkohle erscheint irreversibel. Beispiele wie das weltweite Verbot von FCKWs – durch deren Gebrauch nachweislich die Ozonschicht geschädigt wurde –, oder die Implementierung der Europäischen Wasserrahmenrichtlinie zeigen darüber hinaus, dass auch für komplexe, internationale Probleme wirkungsvolle Lösungsansätze gefunden werden können. Umweltprobleme können also durchaus mit Aussicht auf Erfolg angegangen werden. Zwar ist der Weg von der ersten Problemfeststellung bis zu einer politischen Lösung oft mühsam, zwar ist die Wegstrecke meist sehr viel länger, als man anfänglich dachte, aber im Prinzip hat sich gezeigt, dass erfolgreiches umweltpolitisches Handeln möglich ist.

Im Folgenden geht es um den Übergang zwischen Wissen und Handeln. An der Schnittstelle steht die Fähigkeit der *Urteilskraft.* Diese vermittelt zwischen den Informationen und Modellen der theoretischen Wissenschaften und den besonderen Anforderungen, die sich aus der Handlungssituation, ihren politischen, wirtschaftlichen und gesellschaftlichen Umständen ergeben.

> **Wichtig zu wissen: Der Unterschied zwischen Know-that und Know-how**
> Wissenschaftliches Wissen enthält Informationen über die Realität, die in Modelle und Theorien integriert werden. Dieses Wissen ist ein *Know-that*. Wenn Experten aus den verschiedenen Wissenschaften von den Entscheidungsträgerinnen als Berater zu bestimmten Problemen herangezogen werden, können die Akteure das Know that der Fachwissenschaften jedoch nicht eins zu eins in die Realität umsetzen. Zur Umsetzung und eventuellen Adaption benötigen sie vielmehr ein besonderes *Know-how,* ein Wissen, *wie man es macht,* damit aus den richtigen Theorien in den jeweiligen politischen, wirtschaftlichen und gesellschaftlichen Umständen gute Ergebnisse für die Praxis hervorgehen.

7.2   Urteilskraft als *Know-how*[1]

Das Know-that der einzelnen wissenschaftlichen Disziplinen lässt sich begrifflich formulieren und in zusammenhängenden Argumentationen transparent darstellen. Wissen, das für die Praxis tauglich ist, hat einen anderen Charakter. Eine erfolgreiche Fußballtrainerin muss (in unserer Zeit) über sehr viel theoretisches Wissen verfügen, aber für die Aufstellung ihrer Mannschaft und für ihre taktischen Anordnungen im Hinblick auf das jeweils bevorstehende Spiel benötigt sie Fähigkeiten, die sie aus keinem Fachbuch der Sportwissenschaft lernen kann: Die Qualität einer Trainerin bemisst sich an ihrem praktischen Wissen, ihrem *Know-how* (Klauer et al., 2013, S. 161).

Urteilskraft ist Know-how, praktisches Wissen, in Verbindung mit dem für eine Entscheidungssituation erforderlichen theoretischen Wissen.[2] Aber Know-how ist nur in seltenen Fällen einfach die schematische Anwendung von theoretischem Wissen. Denn in komplexen Entscheidungssituationen vermag selbst eine noch so gründliche theoretische Analyse im Voraus nicht mit Sicherheit anzugeben, welche Option zu dem gewünschten Ergebnis führen wird. Was eine *richtige* Wahl ist, lässt sich mit wissenschaftlicher Genauigkeit nicht vor Eintritt und Analyse der Handlungsfolgen sagen. Menschen, denen es in solchen Entscheidungssituationen

---

[1] Die folgenden Überlegungen verdanken wir von Bernd Klauer, Reiner Manstetten, Thomas Petersen und Johannes Schiller (2013, Kapitel 7, 2016).

[2] Die folgenden Ausführungen beziehen sich auf Kants Lehre von der Urteilskraft. Allerdings hat der Begriff der Urteilskraft in Kants Werk eine Fülle von Implikationen, die in unserer stark vereinfachenden Darstellung nicht berücksichtigt werden können. Vgl. hierzu Wieland (1998).

gelingt, eine zielführende Handlungsweise zu wählen, lässt sich *Urteilskraft* zusprechen. Sie treffen eine Wahl, die rückblickend als *angemessene* Wahl erkennbar wird, auch wenn es im Vorhinein Gründe für andere Optionen gegeben hätte. Wer Urteilskraft hat, verfügt über das notwendige theoretische Wissen hinaus über *ein glückliches Händchen.* Aber obwohl das Gelingen von Handlungen, die von Urteilskraft geleitet werden, in der Tat auch davon abhängt, dass die Akteure nicht geradezu vom Pech verfolgt werden, ist das Glück, das man für den Erfolg benötigt, das Glück der Tüchtigen. *Urteilskraft ist Können.*

7.2.1 Was Urteilskraft leistet – Immanuel Kants Beispiel der medizinischen Kompetenz

Was Urteilskraft ist und was sie leistet, macht Kant an Beispielen klar: „Ein Arzt daher, ein Richter, oder ein Staatskundiger kann viel schöne pathologische, juristische oder politische Regeln im Kopfe haben, und wird dennoch in der Anwendung derselben leicht verstoßen, entweder, weil es ihm an natürlicher Urteilskraft mangelt, und er zwar das Allgemeine *in abstracto* einsehen, aber ob ein Fall *in concreto* darunter gehöre, nicht unterscheiden kann, oder auch darum, weil er nicht genug durch Beyspiele und wirkliche Geschäfte zu diesem Urtheile abgerichtet worden" (Kant, 1977, S. 173).

Am Beispiel der ärztlichen Kompetenz lässt sich deutlich machen, dass es bei der Urteilskraft auf zwei Eigenschaften ankommt:

1. Unverzichtbar ist die Kenntnis des medizinischen Fachwissens, des Knowthat der schulmäßigen Medizin sowie ernstzunehmender Alternativangebote. Solches Wissen wird in Lehrbüchern, Vorlesungen und Fachtagungen vermittelt.
2. Ebenso bedeutsam ist die Fähigkeit, einen Blick für die jeweiligen Patienten zu entwickeln, ihre körperliche Gesamtverfassung, ihre Lebenssituation, ihr familiäres Umfeld, ihre berufliche Belastung, etc.

Eine Ärztin muss also den besonderen Fall mit ihrem theoretischen Wissen in Verbindung bringen. In manchen Fällen wird sie urteilen, dass die konkreten Symptome des untersuchten Individuums mit der allgemeinen Beschreibung eines bestimmten Krankheitsbildes übereinstimmen. Dann kann sie eine schulmäßige Therapie verordnen. Manchmal jedoch führt ihr Blick für den Patienten dazu, dass sie sich für eine Behandlung entscheidet, die dem, was in den Büchern steht, zu widersprechen scheint. Das spricht nicht gegen die Bücher, in denen Regeln der Diagnose und Therapie nur allgemein und abstrakt formuliert werden können. In jedem konkreten Fall und seinen spezifischen Umständen kommen jedoch zusätzliche Gesichtspunkte ins Spiel – manchmal mehr, manchmal weniger relevant. Die Berücksichtigung und angemessene Gewichtung dieser besonderen Gesichtspunkte in Kombination mit einem fachwissenschaftlichen Know-that auf der Höhe des verfügbaren Sachwissens: Das ist es, was die Urteilskraft im Bereich der Medizin ausmacht.

Ausgehend von diesem Beispiel kann Urteilskraft beschrieben werden als ein Blick für die Anforderungen der jeweils besonderen Umstände, der alles verfügbare wissenschaftliche Wissen mit einschließt, aber nicht dabei stehen bleibt. Dementsprechend formuliert Kant: „Urteilskraft [ist] das Vermögen, unter Regeln zu subsumieren, d.i. zu unterscheiden, ob etwas unter einer gegebenen Regel stehe, oder nicht" (Kant, 1983 [1781] S. 184, zitiert aus Klauer et al., 2013).

Unter *Regeln* versteht Kant sämtliches abstraktes Wissen und sämtliche ethische Orientierungen, die für Akteure in einem bestimmten Fall relevant sein könnten. Dann aber stellt sich die Frage, welche dieser Regeln in einer spezifischen Situation zu beachten sind und welche zusätzlichen Gesichtspunkte dieser Situation von keiner Regel abgedeckt sind. Es „besteht zwischen unserem Wissen und seiner Anwendung im Einzelfall eine Kluft, die sich auch durch eine immer weitergehende Spezifizierung dieses Wissens nicht schließen lässt. Anwendung und Interpretation von wissenschaftlichem Wissen verlangt eine Art von Wissen, das wir *praktisches Wissen* nennen können" (Klauer et al., 2013, S. 176).

> **Wichtig zu wissen: Wann Urteilskraft gebraucht wird**
> Urteilskraft brauchen wir immer dann, wenn wir entscheiden müssen, ob und inwieweit sich unser wissenschaftliches Wissen (Know-that) auf einen bestimmten Fall in der Praxis anwenden lässt. Und wir brauchen weiterhin Urteilskraft um zu entscheiden, wie diese praktische Anwendung konkret auszusehen hat (Know-how).

7.2.2 Unwissen, Komplexität und Handlungsfähigkeit

Urteilskraft auf den Feldern der Umwelt- und Nachhaltigkeitspolitik erfordert einen besonderen Umgang mit dem relevanten theoretischen Wissen. Denn dieses Wissen ist lückenhaft. Bei Umweltproblemen geht ein großer Teil eines solchen Unwissens auf die Tatsache zurück, dass das Zusammenspiel natürlicher und menschlicher Systeme in die Problembeschreibung eingehen müsste, was nie vollständig möglich ist. Vor allem bei der Frage nach mittel- und langfristigen Wechselwirkungen zwischen Prozessen in Politik, Wirtschaft und Gesellschaft einerseits und natürlichen Prozessen in Ökosystemen andererseits stoßen Bemühungen um umfassendes und konsistentes Wissen schnell an Grenzen (vgl. Kap. 12 zu *Unwissen* und in Kap. 13 zu *Kuppelproduktion*).

Wir haben es mit einer ganzen Reihe unterschiedlicher Wissensbereiche und Wissensformen zu tun: Chemische, biologische, ökologische und physikalische Erkenntnisse sind dann genauso relevant, wie das Wissen um Verhaltenspsychologie, juristische Mechanismen, ökonomische Anreizsysteme und politik-wissenschaftliches Wissen um demokratische Prozesse zur Verabschiedung bestimmter Regeln. Die verschiedenen wissenschaftlichen Erkenntnisse lassen sich in der Regel nicht zu einem Ganzen zusammenfügen, das zur wissenschaft-lichen Grundlage von Handlungsoptionen taugen würde. Alles das gilt bereits für die *Diagnose* von Umweltproblemen in ihren natürlichen und sozialen Dimensionen. Wenn es aber um die *Therapie* geht, die Beseitigung und künftige Vermeidung eines Umweltproblems, tritt zu den Fragen des wissenschaftlichen Wissens noch eine weitere Aufgabe hinzu: Die Frage, wie angemessene Hand-lungen aussehen können und die Frage, wie solche Handlungen angestoßen werden können. Wenn die Patientin die ganze Gesellschaft ist, verbirgt sich hinter dem Ausdruck Therapie ein ganzer Komplex von politischen, juristischen, wirtschaftlichen, und sozialen Zusammenhängen, die zu berücksichtigen sind. Wenn schon die Behandlung einer einzelnen Person die Mediziner gelegent-lich vor große Probleme stellt, dann ist es unendlich viel schwieriger eine ganze Gesellschaft auf einen umweltpolitisch „richtigen Pfad" zu bringen. Die Komplexität von Umweltproblemen in einer komplexen sozialen Welt macht es unmöglich, mit wissenschaftlicher Genauigkeit Entscheidungen zu fällen. Zu viele Wissensbereiche und systemische Zusammenhänge sind zu berücksichtigen, als dass sich eindeutige Ursache-Wirkungs-Zusammenhänge zwischen den ver-schiedenen konkreten Handlungsoptionen und den jeweils daraus resultierenden Ergebnissen formulieren lassen würden.

In solchen Entscheidungssituationen bedarf es der Urteilskraft. Hier genügt allerdings nicht das, was sonst die Urteilskraft auszeichnet: die sinnvolle Ver-bindung von theoretischem Wissen mit den Anforderungen der Praxis. Denn hier müssen darüber hinaus der Status sowie die Reichweite des theoretischen Wissens bedacht werden. Die Urteilskraft muss sich im Umgang mit Unwissen bewähren. Um handlungsfähig zu bleiben, bedürfen die Akteure im Vorhinein des Mutes und des Vertrauens, bei allem Unwissen doch ins Unbekannt-Offene hinein konkret handeln zu können, und im Nachhinein der Selbstkritik, d.h. der Bereitschaft, Fehler zu erkennen und einzugestehen und Fehlentscheidungen zu korrigieren.

Wichtig zu wissen: Unwissen und die Unmöglichkeit einer *perfekten Lösung*
Da umweltpolitische Entscheidungen aufgrund des unüberwindbaren Unwissens nur selten auf einer lückenlosen Faktenbasis getroffen werden, ist eine Entscheidung für die „perfekte Lösung" normalerweise nicht mög-lich. Hier kommt die *Urteilskraft* zum Tragen, die praktische Fähigkeit, angemessen auf die jeweils situationsspezifischen Herausforderungen zu reagieren und unter den gegebenen Umständen, dem Kontext, ent-scheidungsfähig zu bleiben. Urteilskraft bedeutet, das – unter gegebenen Umständen mit gegebenem Wissen – Angemessene und Sachgerechte zu tun.

7.3   Urteilskraft und Transformation – Die Notwendigkeit eines umfassenden Blicks und das Erkennen des richtigen Zeitpunktes

Die Urteilskraft seitens der jeweiligen Akteure ist allerdings nicht hinreichend, wenn es um umfassende und tiefgreifende Transformationen geht. Seitens der Gesellschaft, in der diese Transformationsprozesse stattfinden, bedarf es ebenfalls der Urteilskraft. Eine gewisse kritische Distanz zur Tagespolitik muss, wenn es um umfassende Veränderungen geht, getragen werden von einem prinzipiellen Vertrauen in die Handlungsweise der zuständigen Akteure. Es kann bereits problematisch sein, wenn, etwa aufgrund der Berichterstattung in den Medien, die Meinung aufkommt, die Entscheidungsträger hätten nicht genügend Wissen und Erfahrung für die anstehenden Aufgaben. Geradezu gefährlich wird es, wenn man Politikerinnen und Politikern in Bausch und Bogen unterstellt, sie agierten ausschließlich aufgrund privater Eigeninteressen oder als Agenten undurchschaubarer Mächte. Werden derartige Meinungen dominant, so wird damit die Handlungsfähigkeit einer Gesellschaft insgesamt aufs Spiel gesetzt.[3]

Urteilskraft in Fragen der Transformation bedeutet zum einen die Fähigkeit, Probleme umfassend zu sehen. Zum anderen aber gehört zur Urteilskraft ein Gespür dafür, wann die Zeit reif ist, etwas zu tun, wann die Zeit zum Handeln gekommen ist und wann nicht. Ein Sinn für Zeit ist hier von größter Wichtigkeit (vgl. Kap. 8 zu *Zeit*). Der Blick für den *kairos* – der richtige Augenblick, das Zeitfenster, die Zeit, die anders ist, weil in ihr möglich wird, was normalerweise unmöglich erscheint – ist eine Fähigkeit, die in keinem Lehrbuch als allgemeingültiges Wissen vermittelt werden kann, sondern vielmehr auf Erfahrung, Achtsamkeit und Intuition beruht. Oder kurz: Wer in der Lage ist, den richtigen Zeitpunkt, die günstige Stunde, zu erkennen und zu handeln, beweist Urteilskraft. Von der Urteilskraft aus gesehen ist dabei zu berücksichtigen, dass sich die Zukunft nie kontrollieren lässt. Wir sprechen das im Kap. 12 unter dem Begriff *Unwissen* an: Die Zukunft ist offen. Was immer wir beabsichtigen und zu erreichen suchen, wir sollten anerkennen, dass wir nie wissen, was alles kommen kann – es kommt eben oft anders, als man denkt. Urteilskraft ist hier die Fähigkeit, stets offen zu sein für Neuheit, sodass man mit Überraschungen kreativ umgehen kann.

Urteilskraft bedarf der Erfahrung in der Realität und der konkreten Beispiele. Denn Transformationen sind keine Utopien, die bei Null anfangen. Vielmehr sind wir schon jetzt mitten in einem Prozess von großen Transformationen mit Erfolgen und Rückschlägen. Es folgen nun Beispiele für beides, denn aus beidem können wir lernen.

---

[3] Im letzten Abschnitt dieses Kapitels werden wir am Beispiel der Bürgerräte Klima zeigen, wie die Bildung von Urteilskraft in einem gesellschaftlichen Prozess ermöglicht werden kann.

7.3.1 Ein Beispiel für Probleme mit der Urteilkraft: Ex ante und ex post im Mobilitätssektor

Unter dem zunehmenden Druck von Umweltverbänden, mehr noch aber aufgrund des in den siebziger Jahren des 20. Jahrhunderts stark gestiegenen Ölpreises hat sich die Automobilindustrie erfolgreich um die Entwicklung und Nutzung von sparsameren Motoren bemüht. Aus umweltpolitischer Sicht erschien die Perspektive, den Treibstoffbedarf der Kraftfahrzeuge substanziell zu verringern, durchaus wünschenswert. Jedoch zeigt sich in der rückblickenden Betrachtung, dass die massive Effizienzsteigerung bei Verbrennungsmotoren keineswegs zu einem Rückgang der Menge des absoluten Treibstoffbedarfs im Mobilitätssektor geführt hat. Zwar legte das Wissen (Know-that) um die technologischen Zusammenhänge im Vorhinein nahe, dass die Nutzung sparsamerer Autos den Öldurst der Gesellschaft insgesamt verringern würde. Rückblickend können wir jedoch feststellen, dass die technologische Entwicklung zu einer Veränderung des Verhaltens der Menschen geführt hat – und zwar in einer keineswegs erwünschten Weise. Die erzielten Einsparungen bewirkten, dass insgesamt mehr Autos (Stichwort: Zweitwagen) und auch größere und leistungsstärkere Autos nachgefragt wurden. Diese Entwicklung dauert bis heute an. Denn der Unterhalt der Autos ist günstiger als früher, da sie weit weniger Treibstoff verbrauchen. Durch einen sogenannten *Rebound-Effekt* ist die Effizienzsteigerung und Treibstoffeinsparung im einzelnen Auto überkompensiert; worden; sie führte daher in der Summe nicht zu einer Senkung, sondern zu einer Steigerung des Treibstoffverbrauchs. Einmal beobachtet und beschrieben, lassen sich die Erkenntnisse über die komplexen Wechselwirkungen von technologischen Entwicklungen und Verhaltensänderungen für die Urteilskraft in der Entscheidungsfindung berücksichtigen. Das Wissen darüber, wann diese Art von Wechselwirkungen auftritt oder nicht, bleibt jedoch aufgrund der Komplexität der Zusammenhänge weniger eindeutig als klar formulierte Kausalketten. An diesem Beispiel zeigt sich, dass die Anwendung von Urteilskraft einem ständigen Lernprozess unterliegen muss.

7.3.2 Ein Beispiel für Umweltschutz ohne Urteilskraft – der Clean Water Act von 1972 in den USA[4]

Im Jahre 1972 erließ der amerikanische Kongress ein sehr ehrgeiziges Wassergesetz, den *Clean Water Act* (im Folgenden abgekürzt als CWA). Die damals noch junge Umweltschutzbewegung hatte entscheidenden Einfluss auf seine Ausarbeitung (Roberts, 1974, S. 18–21). Das im CWA formulierte Ziel war es, bis zum Jahre

---

[4] Die Ausführungen in diesem und im folgenden Abschnitt sind entnommen aus dem Aufsatz von Binswanger, Faber und Manstetten (1990).

1985 jegliche Einleitung von Schadstoffen in die Gewässer der USA zu ver-
bieten. Das Vorgehen dieses Wassergesetzes wurde damals von einem Kritiker wie
folgt charakterisiert: „Das bestehende US-System zur Kontrolle der Wasserverschmutzung wird in zweierlei Hinsicht von einem Ansatz beherrscht, der einseitig
auf Verbote und Strafandrohung setzt. Erstens betont es als Ziel das totale Verbot
von Einleitungen von Abwässern in öffentliche Gewässer, anstatt Kosten-Nutzen-
Prinzipien anzuwenden (…). Zweitens stützt sich das US-System in hohem Maße
auf die Androhung von Strafen, d.h. Geld- und/oder Gefängnisstrafen, und nicht
auf wirtschaftliche Anreize, um Industrien, Gemeinden und andere Abfallver-
ursacher zu veranlassen, ihre Schadstoffeinleitungen in öffentliche Gewässer zu
verringern" (Brown & Johnson, 1984, S. 952). Der CWA wurde im US-Senat
einstimmig verabschiedet. Allerdings gab es keinen entsprechenden Konsens
zwischen den Parteien, Verbänden, Gewerkschaften, Verwaltungen und Vertretern
der verschiedenen Branchen. Es fehlte damit die Voraussetzung für eine breite
soziale Akzeptanz. Eine solche war allerdings auch kaum zu erwarten angesichts
der Konsequenzen, zu denen die Verwirklichung der im CWA angestrebten Ideallösung geführt hätte. Denn der Realisierung des Verbots jeglicher Einleitung
von Schadstoffen in die Gewässer der USA hätte zu einer nahezu krisenhaften
Umstrukturierung der amerikanischen Wirtschaft geführt. Daraus hätten sich unter
anderem Konkurse zahlreicher Wirtschaftszweige, insbesondere der chemischen
Industrie, ergeben, Massenarbeitslosigkeit und Verelendung breiter Bevölkerungsschichten wären die Folgen gewesen. So stellte sich heraus, dass es unmöglich
war, den CWA auch nur ansatzweise durchzusetzen.

Gemessen an den im CWA von 1972 formulierten Zielen erwies sich die
Wassergesetzgebung in den USA in den siebziger Jahren als ein Fehlschlag
(OECD, 1987, S. 54). Der scheinbare vollständige Erfolg der Umweltverbände
war, was das eigentliche Ziel angeht, ein Pyrrhussieg: statt einer Null-Wasserver-
schmutzung blieb alles, wie es war. Dies waren die Folgen einer Ideallösung, bei
deren Ausarbeitung und Durchsetzung die Urteilskraft kaum eine Rolle spielte.

7.3.3   Ein Beispiel für Umweltschutz mit Urteilskraft – die Wassergesetzgebung der BRD von 1976

Ein Gegenbeispiel zum CWA ist die Wassergesetzgebung in der Bundesrepublik
Deutschland Mitte der siebziger Jahre, bei der die Herstellung eines Konsenses
entscheidend für den relativen Erfolg war. Die ersten Vorschläge für eine Gesetzgebung zur Bekämpfung der Wasserverschmutzung sahen vor, dass nach dem *Verursacherprinzip*[5] Gebühren direkt von den Einleitern von Abfällen in Gewässer

---

[5] Das Verursacherprinzip ist ein grundlegendes Konzept in der Umweltpolitik, das besagt, dass
diejenigen, die für Umweltbelastungen und -verschmutzung verantwortlich sind, auch die
damit verbundenen Kosten tragen sollen. Mit anderen Worten, wer Schaden an der Umwelt verursacht, kommt für die Beseitigung oder Reparatur dieses Schadens auf. Durch diese Heran-

erhoben werden sollten. Einige Bundesländer, insbesondere Bayern und Baden-Württemberg, lehnten diese Neuerungen jedoch als zu radikal ab. Stattdessen empfahlen sie ein moderateres Gebührensystem, das mit dem traditionellen Normen- und Regulierungssystem einhergehen sollte. Bis 1976 hatte sich schließlich die Idee eines kombinierten Systems aus Vorschriften und Gebühren durchgesetzt. Dieses System sollte Gebühren erheben, die hoch genug waren, um Anreize zur Verringerung der Umweltverschmutzung zu schaffen, und gleichzeitig ein Verwaltungssystem zur Kontrolle der Umweltverschmutzung beibehalten. Die Industrie lehnte die Idee eines Abwassergebührensystems zunächst ab. Als die politische Unterstützung für das System jedoch an Fahrt gewann, verlagerte sich der Widerstand auf Umsetzungsfragen, wie die Kriterien für die Festlegung der Gebühren, die Höhe der Gebühren und die Termine, zu denen das System in Kraft treten sollte (Brown & Johnson, 1984, S. 931–932). Alle derartigen Fragen wurden pragmatisch gelöst. So wurden z.B. die Gebühren zunächst gering gehalten und erst später im Laufe von Jahren schrittweise erhöht. Die Erhöhung wurde von Anfang an angekündigt, sodass die betroffenen Unternehmen, Kommunen und Wasserverbände sich darauf rechtzeitig einstellen konnten. Dieses Vorgehen sorgte für eine weitgehende Akzeptanz der Maßnahmen, worin sich die Urteilskraft der Entscheidungsträger zeigte.

Diese Art von Gesetz war nicht nur im Vergleich zu den USA erfolgreich, sondern auch absolut, da die Bundesrepublik Deutschland Ende der achtziger Jahre neben Dänemark und Schweden von allen Ländern den höchsten Prozentsatz an Kläranlagen auf biologischer oder chemischer Basis aufwies (OECD, 1987, S. 53–54). Weniger die einzelnen Aspekte des Gesetzes als das Zusammenwirken von Wirtschaft und Politik, waren für die Wirksamkeit der damaligen Umweltmaßnahmen von Bedeutung. Der relative Erfolg der deutschen Wassergesetzgebung im Vergleich zur amerikanischen war das Ergebnis eines Konsenses, der nach jahrelangen Kontroversen und Diskussionen zwischen vielen gesellschaftlichen Gruppen, z.B. Wissenschaft, Industrie, Gewerkschaften, Verbänden, Verwaltung und Vertretern aus Politik und Parlamenten, erreicht wurde. Solche Debatten sind notwendig, um Probleme, vernachlässigte Aspekte und Nachteile zu erkennen, sodass nach einem solchen Klärungsprozess eine gemeinsame Handlungsgrundlage erreicht werden kann. Erst wenn ein Konsens zwischen solchen Gruppen gefunden ist, kann man auf die Akzeptanz solcher wichtigen Gesetze durch die Mehrheit der Bevölkerung hoffen.

---

gehensweise wird ein Anreiz geschaffen, umweltschädliches Verhalten zu reduzieren oder ganz einzustellen, da die Verursacher direkte finanzielle Verantwortung übernehmen müssen.

7.3.4 Die Urteilskraft der Zivilgesellschaft aktivieren – der Bürgerrat Klima

Wichtig zu wissen: Wann Urteilskraft wirksam werden kann
Urteilskraft kann in einer Gesellschaft nur wirksam werden, wenn

- Die Akteure im Sinne des *Homo politicus* (vgl. Kap. 5) handeln und
- Die Gesellschaft den Akteuren das *Vertrauen* entgegenbringt, dass sie im Sinne des Homo politicus handeln.

Wo beides gegeben ist, ergänzt sich politisches Handeln mit der gesellschaftlichen Akzeptanz, auf die es angewiesen ist.

Immanuel Kant und Hannah Arendt haben die Bedeutung eines gemeinschaftlichen Sinnes für die Bildung und Ausübung von Urteilskraft hervorgehoben. Man kann das als einen Prozess auffassen: Wo Urteilskraft ausgeübt wird, streben die Akteure als Homines politici nach Zustimmung durch die Zivilgesellschaft, andererseits kann die Einbeziehung der Zivilgesellschaft in Entscheidungsprozesse von vornherein für eine gewisse soziale Akzeptanz sorgen. Wir wollen abschließend einen konkreten Versuch vorstellen, der darauf zielt, die Kompetenzen der Bürger für den Umgang mit dem Klimawandel fruchtbar zu machen. Es handelt sich um den *Bürgerrat Klima*.[6]

Der Bürgerrat Klima wurde im Dezember 2020 gemeinsam vom Verein *BürgerBegehren Klimaschutz* (BBK) und den *Scientists for Future* initiiert. Bundespräsident a. D. Horst Köhler als Schirmherr des Bürgerrats Klima erklärte zu seiner Zielsetzung: „Schaffen wir es, die Lebensbedingungen auf unserem Planeten langfristig und für alle Menschen verträglich zu erhalten, indem wir verändern, wie wir produzieren, konsumieren, leben? Wenn Deutschland die Ziele erreichen will, zu denen es sich 2015 im Klimaabkommen von Paris verpflichtet hat, ist eine große gesellschaftliche Veränderungsbereitschaft vonnöten. Darum ist es so wichtig, dass Bürgerinnen und Bürger an der Suche nach Lösungen beteiligt werden – und dass die Politik ihre Vorschläge ernst nimmt." Zur Bildung des Bürgerrates wurden in einem gestaffelten Losverfahren zunächst einige tausend Bürgerinnen und Bürger mit zufällig ausgewählten Telefonnummern kontaktiert. Aus dieser Menge wurden dann – in mehreren Schritten und nach vorgegebenen demografischen Merkmalen – die 160 Teilnehmenden so ausgewählt, dass sie die deutsche Gesellschaft möglichst gut abbildeten. Wissenschaftlich beraten wurde der Bürgerrat von einem Beirat von Wissenschaftlerinnen und Wissenschaftlern verschiedenster Disziplinen sowie von Expertinnen und Experten aus

---

[6]Die folgenden Ausführungen stellen, mit wenigen Modifikationen, im Wortlaut der (stark gekürzten) Pressemitteilung des Bürgerrat Klima dar: https://buergerrat-klima.de/presse/presse-mitteilung-1 (abgerufen am 18.04.2023). Wir haben darauf verzichtet, die Kürzungen eigens zu kennzeichnen.

den unterschiedlichen Themenbereichen des Bürgerrats. Dieser Beirat des Bürger-rats Klima bestand aus ausgewählten Vertreterinnen und Vertretern aus Wirtschaft, Sozial- und Umweltverbänden, Zivilgesellschaft, Religionsgemeinschaften sowie anderen Interessensverbänden. Diese sollten die Zivilgesellschaft repräsentieren, den Prozess beobachten und auf inhaltliche Ausgewogenheit achten.

Im Frühjahr 2021 wurde der inhaltliche Rahmen erarbeitet, in dem der Bürgerrat seine Empfehlungen ausarbeiten sollte. Als Basis dienten Vorschläge von Wissenschaftlern, Politikern und Organisationen sowie eine bundesweite Meinungsumfrage. Die Mitglieder des Bürgerrats konnten auch noch während der Beratungen Themen vorschlagen. Sie nahmen zwischen dem 26. April und 23. Juni an zwölf Sitzungen teil. Zukunftsbilder und Leitsätze waren das vorläufige Ergebnis der ersten drei Sitzungen. Über die Empfehlungen aus den Arbeits-gruppen wurde abschließend im Plenum abgestimmt und eine endgültige Fassung der Zukunftsbilder und Leitsätze formuliert. Das Vorgehen und die Ergebnisse wurden nach der letzten Sitzung in dem Gutachten *Unsere Empfehlungen für die deutsche Klimapolitik* zusammengeführt, das im Herbst 2021 allen im Bundestag vertretenen Parteien übergeben wurde.

Nach Abschluss der Durchführungsphase hoben Teilnehmer des Bürgerrates Lerneffekte und die Kompromisssuche hervor. Gute Information sei wichtig für ihre Entscheidungen gewesen. Der Erdsystemwissenschaftler Wolfgang Lucht wies darauf hin, dass die Ergebnisse des Rates nicht die Ansichten einer Interessengruppe widerspiegeln, sondern Resultat eines freien Aushandlungs-prozesses seien. Die Politikwissenschaftlerin Ulrike Zeigermann und die Gesund-heitswissenschaftlerin Stefanie Ettelt untersuchten auch anhand des Bürgerrats Klima, wie solche öffentlich zustandegekommenen Ansätze zur Lösung komplexer Probleme beitragen können. Die komplexen Fragen rund um Klimawandel und Klimapolitik seien in Handlungsfeldern auf ein handhabbares Maß reduziert worden. Trotzdem seien die Teilnehmer teilweise von der Komplexität überwältigt gewesen. Sie resümierten, dass in dem praktische Umgang von Bürgern mit dem Klimawandel ein Beitrag zu legitimen politischen Lösungen liege. Jedoch blieben solche deliberativen und ressourcenintensiven Initiativen relativ untergeordnet, mit begrenzter Sichtbarkeit und begrenztem Einfluss auf die Politik.

7.4　　Abschließende Bemerkungen

Diskurse, welche die ganze Gesellschaft betreffen, können aus völlig unterschied-lichen Gründen in die Irre führen. An dieser Stelle möchten wir zwei Aspekte hervorheben. Der eine ist die Wissenschaftsgläubigkeit; die Wissenschaft wird als Heilmittel gesehen für alles, was nicht gut läuft. Die andere vielleicht noch größere Gefahr ist die Wissenschaftsfeindlichkeit: Misstrauen erweckt in diesem Fall bereits die Tatsache, dass eine Mehrheit von Wissenschaftlern bestimmte Thesen unterstützt. Die Feinde der Wissenschaft setzen auf Eingebungen, Intuitionen oder das bloße Bauchgefühl, wenn sie nicht geradewegs ihr Wissen aus manipulativen Quellen der Filterblasen des Internets beziehen. Urteilskraft ist die Mitte der beiden Extreme und vermeidet deren Gefahren.

Ohne einen Anteil an Bauchgefühl ist Urteilskraft nicht denkbar, aber das Entscheidende ist nicht das Bauchgefühl, sondern die richtige Mischung aus wissenschaftlichem Wissen, Intuition, Kontext und Bereitschaft zur Selbstkorrektur. Dazu kommt die Offenheit für die Position der Anderen, die zu den anstehenden Fragen etwas zu sagen haben. Angesichts all dieser Anforderungen könnte man sich fragen, gibt es überhaupt einen Menschen, der genügend Urteilskraft hat? Diese Frage ist zu bejahen, wenn man bedenkt, dass sie nie etwas Fertiges und Perfektes ist, sondern eine Eigenschaft, die sich in in langen *trial and error*-Prozessen mehr und mehr herausbilden kann. Urteilskraft hat man nicht ein für alle Male, sondern man hat sie in gewissem Maße und man kann dazulernen. Erfahrung ist dabei der beste Ratgeber. Beachtet man, dass Urteilskraft mehr Prozess ist als Ergebnis, dann ist sie bei weitem nicht so selten, wie man denken könnte. Jeder Mensch, der sein Unwissen einsieht und dennoch Interesse hat, an den anstehenden Veränderungen mitzuwirken, bedarf der Urteilskraft und weiß, dass er ihrer bedarf. Und das Wissen um diesen Bedarf an Urteilskraft ist eine gute Basis für alle Menschen, die im Bereich der Umwelt und Nachhaltigkeit engagiert sind.

Angesichts der heutigen Diskussionslage kann man sagen, es ist schon viel gewonnen, wenn alle Beteiligten in politischen Prozessen wissen, dass der Faktor Urteilskraft unentbehrlich ist.

Zusammenfassung: Einige Regeln der Urteilskraft

- Auf einen Konsens (im Sinne einer breiten gesellschaftlichen Akzeptanz) hinwirken.
- Selbst Vertrauen entwickeln und bewahren, mit dem eigenen Vertrauen andere anstecken und damit die Vertrauensbasis in der Gesellschaft in Richtung auf einen Konsens verbreitern.
- Prinzipien stets an die Umstände anpassen, aber nie aus den Augen verlieren (weder Prinzipienreiterei noch Opportunismus).
- Große Transformationen sind Prozesse, die gleichzeitig Geduld und Zähigkeit erfordern.
- Attraktiv erscheinende Lösungswege in Betracht ziehen, aber sich nie davon verführen lassen. Nach gelassener Betrachtung weiß man oft zwar nicht, was geht, aber man weiß ziemlich sicher, was *nicht* geht. Das Erkennen und Ausschließen von Irrwegen sind wichtigee Elemente eines Entscheidungsprozesses.
- Kompromisse, auch schmerzliche sind nötig, aber man muss erkennen, wann ein Kompromiss die Erreichung eines Ziels nicht nur *verzögert*

(Verzögerung ist Teil des politischen Geschäftes und unvermeidlich), sondern auf Dauer *verhindert*.

- Stets selbstkritisch bleiben – sich für die Kritik der Anderen interessieren und sie ernstnehmen – und sich dennoch nicht irritieren lassen.
- Es geht nicht um die optimale, sondern – bestenfalls – um die gute und – schlimmstenfalls – um die halbwegs erträgliche Lösung. Letztere zu erreichen kann zuweilen ein großer Erfolg sein. Aber wenn die halbwegs erträgliche Lösung als die optimale verkauft wird, ist jede Transformation korrumpiert.

Literatur[7]

Binswanger, H.-C., Faber, M. & Manstetten, R. (1990). The dilemma of modern man and nature: An exploration of the Faustian imperative. *Ecological Economics, 2*(3), 197–223.

Brown, G. M., & Johnson, R. W. (1984). Pollution control by effluent charges: It works in the federal republic of Germany, why not in the US. *Natural Resources Journal, 24*(4), 929–966.

Kant, I. (1977). *Kritik der praktischen Vernunft. Grundlegung zur Metaphysik der Sitten: Bd. VII* (W. Weischedel, Hrsg.; 2 Auflage).

Klauer, B., Manstetten, R., Petersen, T., & Schiller, J. (2013). *Die Kunst langfristig zu denken: Wege zur Nachhaltigkeit*. Nomos.

OECD. (1987). *OECD Environmental data, Compendium 1987*. (Bd. 42).

Roberts, M. J. (1974). *The political economy of the Clean Water Act of 1972: Why no one listened to the economists*. Prepared for the OECD.

Wieland, W. (1998). Kants Rechtsphilosophie der Urteilskraft. *Zeitschrift für philosophische Forschung, H., 1*, 1–22.

Leseempfehlungen zur weiterführenden Lektüre zu Teil 2 „Der Mensch und sein Handeln"

Baumgärtner, S., Petersen, T., & Schiller, J. (2018). The concept of responsibility: Norms, actions and their consequences. *Social Science Research Network*. [Verantwortung]

Gigerenzer, G. (2015). *Bauchentscheidungen: Die Intelligenz des Unbewussten und die Macht der Intuition*. C. Bertelsmann Verlag. [Urteilskraft]

Gintis, H. (2000). Beyond Homo economicus: Evidence from experimental economics. *Ecological economics, 35*(3), 311–322. [Menschenbilder]

Göpel, M. (2016). *The great mindshift: How a new economic paradigm and sustainability transformations go hand in hand*. Springer Nature. [Menschenbilder]

Jonas, H. (1979). *Das Prinzip Verantwortung. Versuch einer Ethik für die technologische Zivilisation*. Suhrkamp. [Verantwortung]

---

[7] Die Inhalte dieses Konzeptes basieren auf: Faber, M., Frick, M., Zahrnt, D. (2019) MINE Website, Power of Judgment, www.nature-economy.com.

Lange, P., Driessen, P. P., Sauer, A., Bornemann, B., & Burger, P. (2013). Governing towards sustainability—Conceptualizing modes of governance. *Journal of environmental policy & planning, 15*(3), 403–425. [Nachhaligkeit und Gerechtigkeit/Menschenbilder]

Posner, E. A., & Weisbach, D. (2010). *Climate change justice.* Princeton University Press. [Nachhaltigkeit und Gerechtigkeit]

Rockström, J., Gupta, J., Qin, D., Lade, S. J., Abrams, J. F., Andersen, L. S., Armstrong McKay, D. I., Bai, X., Bala, G., Bunn, S. E., Ciobanu, D., DeClerck, F., Ebi, K., Gifford, L., Gordon, C., Hasan, S., Kanie, N., Lenton, T. M., Loriani, S., & Zhang, X. (2023). Safe and just Earth system boundaries. *Nature, 1–10.* https://doi.org/10.1038/s41586-023-06083-8. [Nachhaltigk eitundGerechtigkeit]

Schneidewind, U. (2018). *Die große Transformation: Eine Einführung in die Kunst gesellschaftlichen Wandels.* S. Fischer Verlag. [Nachhaltigkeit und Gerechtigkeit]

Torkler, R. (2016). *Philosophische Bildung und politische Urteilskraft: Hannah Arendts Kant-Rezeption und ihre didaktische Bedeutung.* Verlag Karl Alber. [Urteilskraft]

Young, O. R. (2021). *Grand challenges of planetary governance: Global order in turbulent times.* Edward Elgar Publishing. [Nachhaltigkeit und Gerechtigkeit]

Teil III
Zeit und Natur

Drei Begriffe von Zeit: Wieso uns eine Uhr nicht alles über die Zeit verrät und wieso man die Zeit verpassen kann

8

Inhaltsverzeichnis

▶   **Worum geht's?**

Es geht um Zeit. Genauer gesagt geht es um verschiedene Dimensionen der Zeit und warum diese für den Umgang mit Umweltproblemen besonders wichtig sind. Wir unterscheiden drei Zeitdimensionen:

1) die alltägliche *lineare* Zeit (Chronos), z. B. die Uhrzeit,
2) die *inhärente Zeit* von Prozessen, z. B. naturgegebene Regenerationszeiten, und
3) den *richtigen Zeitpunkt* in der Zeit *(Kairos)*, z. B. die günstige Gelegenheit.

   Am Beispiel von Wasserverschmutzung zeigen wir auf, dass erfolgreiche Umweltpolitik eine adäquate Einschätzung dieser drei Dimensionen der Zeit erfordert.

© Der/die Autor(en), exklusiv lizenziert an Springer-Verlag GmbH, DE, ein Teil von
Springer Nature 2023
M. Faber et al., *Nachhaltiges Handeln in Wirtschaft und Gesellschaft,*
SDG – Forschung, Konzepte, Lösungsansätze zur Nachhaltigkeit,
https://doi.org/10.1007/978-3-662-67889-3_8

8.1   Einführung in das Konzept

In der Menschheitsgeschichte wurden schon viele Bücher über Zeit geschrieben und viele weitere werden noch zu dieser Sammlung dazukommen. Trotz zahlreicher Veröffentlichungen über Zeit, die so allgegenwärtig ist im Leben der Menschen, ist es nicht einfach zu sagen, was Zeit ist. Sie ist eine ständige Begleiterin, sie ist immer da, sogar vor und nach unserem Leben, sogar vor oder nach der Existenz der Menschheit. Zeit ist auf der einen Seite intuitiv, wir alle haben irgendein Gefühl für Zeit, auf der anderen Seite ist sie so komplex, dass es schwerfällt, Zeit greifbar zu machen, darüber zu reden oder zu schreiben. Schon der römische Bischof Augustinus von Hippo (354 – 430 n Chr.) drückte seine Schwierigkeiten im Umgang mit dem Begriff der Zeit aus:

> *„Was ist also die Zeit? Wenn mich niemand darüber fragt, so weiß ich es; will ich es aber einem Fragenden erklären, so weiß ich es nicht"* (Augustinus, 1980, S. 629).

Auch wir werden die Zeit in ihrer Gesamtheit in diesem Kapitel nicht greifbar machen können. Allerdings ist es im Umgang mit Umweltproblemen erforderlich, über Zeit nachzudenken bzw. ein Gefühl für Zeit zu entwickeln. Jedes unserer Klimaziele bezieht sich auf Zeit, die Ausarbeitung von (Umwelt-) Gesetzen nimmt eine gewisse Zeit in Anspruch, der häufig geforderte industrielle, gesellschaftliche und politische Wandel geschieht nicht von heute auf morgen und auch der Erfolg oder Misserfolg von Bewegungen wie Fridays for Future oder der Letzten Generation ist – zumindest in Teilen – abhängig vom Zeitpunkt des Protests.

Wir führen im Folgenden drei Dimensionen der Zeit ein, die es im Umgang mit Umweltproblemen besonders zu beachten gilt. Diese sind

1. der *Chronos,*
2. die *inhärente Zeit* und
3. der *Kairos.*

Zu 1. Der *Chronos* ist die linear verlaufende Zeit, also die Form von Zeit, welche uns in unserem alltäglichen Leben meist als am allgegenwärtigsten erscheint. Es ist die homogen ablaufende Zeit, die wir auf einer Uhr ablesen können. Unser Tagesablauf ist in der Regel durch sie strukturiert und wir planen unser Leben auf diesem linear verlaufenden Zeitstrahl, in Form von Wochen- und Feiertagen, Monaten und Jahren. Nicht nur unser Leben, sondern auch Umweltprobleme, von ihrer Entstehung, über ihre Entdeckung, ihrer Wirkung auf Mensch und Natur, bis hin zu ihrer eventuellen Auflösung, lassen sich durch die lineare Zeit datieren. Es mag trivial erscheinen, aber erst die Einordnung von Umweltproblemen im Chronos, also auf einer homogenen Zeitskala, ermöglicht ein Verständnis der Länge der Zeiträume, über die sich Umweltprobleme erstrecken, und ist damit eine

Grundvoraussetzung für die Erarbeitung angemessener Lösungsstrategien. Wenn wir zum Beispiel erkennen, dass der Klimawandel nicht ein Problem der letzten 20 oder 30 Jahre ist, sondern seine Anfänge in der industriellen Revolution vor über 200 Jahren hat und damit tief in unserer Produktions- und Lebensweise verwurzelt ist, dann erweitert das unser Verständnis für die Komplexität des Problems und die damit einhergehenden Schwierigkeiten der Menschheit, das Klimaproblem zu lösen.

Zu 2. Jeder Prozess, sei es in der Natur oder in einer Gesellschaft, hat eine ihm innewohnende Zeit. *Inhärente Zeiten* von natürlichen Prozessen sind zum Beispiel die ungefähre Dauer einer Schwangerschaft, die Monate von der Saat bis zur Ernte oder die Halbwertszeit eines radioaktiven Stoffes. Aber auch unsere gesellschaftlichen Prozesse unterliegen inhärenten Zeiten, etwa die Dauer einer Legislaturperiode, die benötigte Zeit zur Umstellung auf eine klimafreundlichere Stahlerzeugung oder die Jahre, welche für die Ausarbeitung eines neuen (Umwelt-) Gesetzes ins Land gehen.

Inhärente Zeiten sind, anders als der *Chronos*, abhängig von den subjektiven Eigenschaften der jeweiligen Prozesse. So unterscheiden sich Legislaturperioden je nach Gesetzeslage, ein deutsches Stahlwerk kann erst klimaneutral produzieren, wenn alle dafür notwendigen Technologien und Rohstoffe, beispielsweise grüner Wasserstoff, ausreichend verfügbar sind, und die Dauer der Ausarbeitung eines Gesetzes ist unter anderem stark vom politischen Willen, dem Umfang des Gesetzes und der juristischen Expertise der Beteiligten abhängig. Auch der Prozess, als Land, oder sogar als Menschheit die Verbrennung fossiler Rohstoffe zu unterlassen, unterliegt inhärenten Zeiten. Diese werden beeinflusst von den Faktoren, die einen solchen Wandel antreiben, wie zum Beispiel der Erkenntnis der Notwendigkeit einer Transformation, der Bereitschaft von Politik und Gesellschaft zur Transformation und der sich daraus ergebenden Klimagesetzgebung.

Zu 3. Unter den vielen Göttern des alten Griechenlands gab es auch den *Kairos,* den Gott für den günstigen Zeitpunkt einer Entscheidung. Die Griechen erkannten, dass es im Gegensatz zum linearen *Chronos* noch eine qualitative Dimension der Zeit gibt, nämlich singuläre Punkte oder Zeiträume auf der chronologisch verlaufenden Zeitachse, die besonders günstig für gewisse Entscheidungen sind; diese bezeichneten sie als *Kairos*. Der *Kairos* begegnet uns im alltäglichen Leben immer wieder, auch im Zusammenhang mit Umweltproblemen. Er steht immer im Bezug zum Handeln. So traf beispielsweise Greta Thunberg im Sommer 2018 einen Kairos, als sie mit ihrem Schulstreik weltweit Aufsehen erregte und eine globale Klimabewegung lostrat. Die Voraussetzungen für ihren Erfolg waren gegeben – auch, obwohl sie es womöglich vorher gar nicht wusste. Ein gesteigertes Umweltbewusstsein, Kommunikationsformate, die ihren außergewöhnlichen Protest in der ganzen Welt bekannt machten, sowie die sich häufenden Anzeichen eines sich global auswirkenden Klimawandels, die ihrem Protest Dringlichkeit verliehen, und vieles Weitere begünstigte den Zeitpunkt ihres Protests. Wir können es zwar nicht wissen, aber es ist gut möglich, dass ein ähnlicher Streik zehn Jahre zuvor zu gar nichts geführt hätte außer der Aufforderung, doch bitte schnellstmöglich wieder in die Schule zu gehen.

Wir fassen zusammen: Wir brauchen ein Verständnis von Zeit, wenn wir Umweltprobleme verstehen und auch lösen wollen. Die Einordnung von Umweltproblemen entlang des Chronos (der linear verlaufenden Zeit) ist zwar wichtig, muss aber von einem Verständnis der den relevanten Prozessen innewohnenden Zeitabschnitten (inhärente Zeit) sowie von der Einschätzung der richtigen Zeit zum Handeln ergänzt werden (Kairos).

Wichtig zu wissen: Die drei Dimensionen der Zeit

1. **Chronos:** Das lineare, homogene Verständnis von Zeit, welches uns in unserem täglichen Leben begleitet. Der Chronos ist die Basis unserer Wissenschaften, da er einheitliche Momente und Zeitspannen beinhaltet. So ist eine Stunde heute das Gleiche wie eine Stunde morgen.
2. **Inhärente Zeit:** Die jedem beliebigen Prozess innewohnende Zeit, beispielsweise die Halbwertszeit eines radioaktiven Stoffes oder die benötigte Zeit zur Ausarbeitung eines Gesetzes. Anders als der Chronos ist die inhärente Zeit eines Prozesses abhängig von verschiedenen, den Prozess beeinflussenden Faktoren und daher im Vorhinein oft schwierig einzuschätzen. So können etwa für einen Gesetzgebungsprozess Jahre oder sogar Jahrzehnte vergehen, abhängig vom fachlichen und gesellschaftlichen Kontext.
3. **Kairos:** Der richtige Zeitpunkt zum Handeln. Der Kairos unterscheidet sich fundamental vom Chronos, da er weder kontinuierlich ist noch in homogene Einheiten unterteilt werden kann. Verschiedene Zeiten und Momente unterscheiden sich in dieser Betrachtungsweise qualitativ, ein Klimagesetz kann heute etwa eher verabschiedet werden als vor 30 Jahren. Der richtige Zeitpunkt, bzw. die richtige Zeitspanne zu handeln kann mit dem Chronos verknüpft werden, indem man ihn auf einer Zeitskala datiert.

8.2   Zeit als entscheidende Variable für die Komplexität und Lösung von Umweltproblemen

Dass Umweltprobleme nicht statisch sind, sondern immer über Zeiträume entstehen, sich auswirken und gelöst werden, ist schon in obigen Ausführungen deutlich geworden. Um angemessen mit Umweltproblemen umzugehen, d.h., sie aufzulösen oder besser gar nicht entstehen zu lassen, sollten Entscheidungsträgerinnen in der Gesellschaft alle drei Dimensionen der Zeit – Chronos, inhärente Zeit und Kairos – in Betracht ziehen. Wenn dies geschieht und die Dimensionen der Zeit gut eingeschätzt werden, kann das erheblich zur Lösung

von Umweltproblemen beitragen, wie wir am Fall der deutschen Abwassergesetzgebung der 1970er Jahre erläutern werden. Im gegenteiligen Fall, wenn die Zeitdimensionen von Prozessen oder Problemen schlecht eingeschätzt werden, kann
dies sogar zum Scheitern von ansonsten gut gedachten Lösungsansätzen führen,
wie die Abwassergesetzgebung der USA zeigt, die im gleichen Jahrzehnt verabschiedet wurde.

8.2.1   Abwassergesetzgebung in den USA[1]

Im Jahr 1972 trat in den USA der *Clean Water Act* in Kraft. Die zu großen Teilen
von industriellen Anlagen verursachten Verschmutzungen der Oberflächen-
gewässer sollten mit dem ambitionierten Gesetz innerhalb von 13 Jahren weitgehend von Verschmutzungen befreit werden. Dass die Implementierung des
Gesetzes letztlich nicht von Erfolg gekrönt wurde, hatte vor allem zwei Gründe.
Zum einen gab es starken Widerstand gegen die Abwasserregulierungen vonseiten
mächtiger industrieller Interessensgruppen. Wenngleich dieser Widerstand wohl
noch hätte gelöst werden können, bewirkte vor allem der zweite, zeitliche Grund
das Scheitern des Gesetzes. Die Umsetzung der Regulierungen, also eine vollständige Schonung der Gewässer durch die Reinigung, Reduktion und Vermeidung
der Abwässer, war für die Unternehmen innerhalb der engen Fristen nicht möglich, da die dafür notwendigen Technologien noch nicht zur Verfügung standen.[2]

8.2.2   Abwassergesetzgebung in Deutschland

Weniger ambitioniert (in zeitlicher Hinsicht und mit Blick auf die Reduzierung
der Menge und Grad der Abwasserverschmutzung) als die amerikanische Wassergesetzgebung war das einige Jahre später (1976) in Deutschland verabschiedete
Wasserhaushaltsgesetz, in dessen Rahmen auch das Abwasserabgabengesetz
angenommen wurde. Das Gesetz beinhaltete eine monetäre Abgabe von Unternehmen, welche verschmutzende Abwässer in Gewässer einleiteten. Allerdings
wurde diese Abgabe erst fünf Jahre nach Verabschiedung des Gesetzes fällig und
war zunächst relativ gering, sollte aber im Laufe der Zeit graduell angehoben
werden. Für die – vor allem im Vergleich zu den USA – relativ geringen und zeit-
lich verzögerten Abgaben auf Abwässer wurde das Gesetz von Wirtschaftsver-
bänden, Umweltverbänden und auch von Umweltökonomen aus unterschiedlichen

---

[1] Folgende Ausführungen basieren auf Klauer et al., (2013, S. 194–198).

[2] Zusätzlich zum kurzen Zeitraum von 13 Jahren, war die Zielsetzung, alle Abwässer vollständig
zu vermeiden, problematisch, da sich diese nicht umsetzen lassen. Aus thermodynamischen
Gründen ist die absolute Absenkung aller Abwässer auf Null nur möglich bei Einstellung aller
Produktion und Konsum (vgl. Kap. 9 zu *Thermodynamik*).

Gründen stark kritisiert. Der Wirtschaft schien die Kostenbelastung ruinös und Umweltinteressierte kritisierten, die Emittenten von Abwässern zahlten nicht die realen Kosten der Verunreinigungen. Die Abwasserabgabe sei anfänglich viel zu gering und greife zu spät. Außerdem sollten die anfallenden Abgaben auch gezahlt werden, und nicht stattdessen durch Investitionen in Kläranlagen ausgeglichen werden können.

Entgegen den Erwartungen der Wirtschaft bzw. der Umweltökonominnen und Umweltverbänden entwickelte sich das vermeintlich verheerend wirkende bzw. zu wenig ambitionierte Gesetz zum Erfolg. Die Wasserverschmutzung wurde stärker als vorgesehen reduziert. In Baden-Württemberg zum Beispiel gelang der Industrie eine Emissionsreduzierung von 40% zwischen 1975 und 1979, sogar 2 Jahre vor der Einführung der Wasserabgabe (Faber et al., 1989, S. 56). Realisiert wurde dieser Erfolg durch große Anstrengungen der Behörden und der Industrie, die hohe Summen in den Bau von Abwasserkläranlagen investierten, um im Stichjahr 1981 so wenig Abgaben wie möglich zahlen zu müssen. Von vielen anderen Ländern wurden das deutsche Gesetz in der Folge in angepasster Form übernommen.

8.2.3   Erfolg und Misserfolg durch unterschiedliche Einschätzungen der Zeit

Warum scheiterte das „ambitionierte" Gesetz in den USA und warum führte das eher lasche Abwassergesetz in Deutschland zum Erfolg? Ein entscheidender Grund liegt darin, dass die Gesetzgebenden beider Länder die inhärenten Zeiten der betroffenen Prozesse unterschiedlich einschätzten.

Das Ziel beider Gesetze war es, die industriellen Abwässer deutlich zu reduzieren und zu reinigen, um saubere Gewässer zu gewährleisten. Um dieses Ziel zu erreichen, war ein industrieller Umwandlungsprozess notwendig, in dessen Rahmen Kläranlagen und Abwassersysteme gebaut sowie schmutzige Technologien effizienter gemacht oder durch sauberere Technologien ersetzt werden mussten. Auch weil einige der benötigten Technologien erst noch entwickelt werden mussten, nahm dieser Prozess – wie auch ähnliche Prozesse zur heutigen Zeit – einen Zeitraum in Anspruch, dessen Länge im Vorhinein aufgrund der vielen Ungewissheiten nicht exakt zu bestimmen war (vgl. Kap. 12 zu *Unwissen*).

Das Abwassergesetz der USA räumte den verschmutzenden Industrien 13 Jahre ein, um den notwendigen Umwandlungsprozess abzuschließen. Ein Zeitraum, der unter den gegebenen Umständen weder in den USA noch in Deutschland ausgereicht hätte, um die Verschmutzungen auf das ambitionierte anvisierte Niveau abzusenken, welches das Schwimmen und Fischen in den Gewässern ermöglicht hätte. Die Konsequenz in den USA war, dass die Unternehmen gar keine oder nur wenige Anstrengungen unternahmen, ihre Abwässer zu reduzieren und das Gesetz einige Jahre später grundlegend umgeschrieben werden musste. Dadurch gingen wichtige Jahre für den Umweltschutz verloren.

In Deutschland wurde die inhärente Zeit des Umwandlungsprozesses länger eingeschätzt, was zum guten Ergebnis des Gesetzes beitrug. Erst nach 5 Jahren wurde die erste, relativ geringe Abgabe auf Abwässer fällig, die anschließend Schritt für Schritt anstieg. Die Wirtschaft sah sich, im Gegensatz zum Fall in den USA, nicht vor unlösbare Probleme gestellt, sondern bekam genug Zeit, entschieden zu handeln und sich zu transformieren – und das letztendlich sogar schneller als erwartet. Wäre das deutsche Gesetz schärfer und mit kürzeren Zeiträumen formuliert gewesen – also eine Unterschätzung der inhärenten Zeit –, dann wäre es möglicherweise zu ähnlichen Problemen gekommen wie in den USA.

Wir sehen an diesem Beispiel, wie entscheidend die Einschätzung der inhärenten Zeiten von Transformationsprozessen ist. Zu kurz eingeschätzte Zeiträume können dazu führen, dass Versuche etwas zu ändern angesichts der Aussichtslosigkeit gar nicht erst unternommen werden. Dies bedeutet im Umkehrschluss allerdings nicht, dass Zeiträume beliebig lang gewählt werden können. Zu lange Zeiträume könnten dazu führen, dass lange Zeit nichts passiert, nach dem Motto „es ist ja noch genug Zeit etwas zu tun" und dass bestehende Umweltprobleme weiterhin existieren oder sich verschlimmern, obwohl sie dringend gelöst werden sollten.

8.3 Drei Fragen nach der Zeit: Grundlagen der Problemlösung

Zeit spielt bei allen Umweltproblemen eine entscheidende Rolle. Egal um welches Thema es sich handelt, die Zeit ist immer da, sie begleitet alle Umweltprobleme und beeinflusst diese und besonders mögliche Lösungsansätze entscheidend. Problematisch ist es, dass die Ursachen und die Folgen von Umweltproblemen in politischen und gesellschaftlichen Debatten oft so viel Raum einnehmen, dass die zeitlichen Aspekte in den Hintergrund rücken und teils wenig beachtet, teils schlicht ignoriert werden. Dann können die aus den Debatten hervorgehenden Lösungsansätze zwar im Grunde gut gemeint sein, aber nicht zum Ziel führen, wenn sie etwa in den angedachten Zeiträumen nicht machbar sind, kein guter Zeitpunkt für ihre Implementierung gewählt wird oder sie schlicht zu langsam umgesetzt werden.

Eine Einschätzung der drei Dimensionen der Zeit ist eine Maßnahme, die sich für alle Menschen lohnt, die sich mit Umweltproblemen beschäftigen. Das bedeutet, es ist nie verlorener Aufwand, wenn wir uns beim Umgang mit Umweltproblemen grundsätzlich fragen:

- Was ist der chronologische Zeitverlauf des Problems? *(Chronos)*
- Wie sind die inhärenten Zeiten der für das Problem relevanten Prozesse? *(Inhärente Zeiten)*
- Gibt es Zeitpunkte, die besonders günstig sind für die Lösung des Problems? *(Kairos)*

Diese drei Fragen stellen eine Checkliste dar, auf die im Verlaufe des Lösungsprozesses eines Umweltproblems immer wieder zurückgegriffen werden kann, um
den zeitlichen Hintergrund des Problems einzuordnen.

Allerdings ist es nicht so, dass diese Fragen anfangs einmal beantwortet werden
können und diese Antworten dann dauerhaft Gültigkeit besitzen. Gerade zeitlichen
Überlegungen gehen mit viel *Unwissen* einher, welches teilweise nicht reduzierbar ist (vgl. Kap. 12 zu *Unwissen*). So können wir etwa den genauen Chronos
der Zukunft nicht wissen und selbst der Chronos der Vergangenheit bereitet
Historikern häufig Probleme. Die inhärenten Zeiten von vielen Prozessen lassen
sich zwar einschätzen, aber neue Entwicklungen, zum Beispiel technologischer
Art, können die anfänglichen Einschätzungen zunichtemachen. Auch die verschiedenen günstigen Zeitpunkte im Zeitverlauf lassen sich nur schwer oder gar
nicht im Vorhinein bestimmen.

Wir sind daher bei der Beantwortung der Checkliste auf unsere *Urteilskraft*
angewiesen (vgl. Kap. 7). Es gilt zum einen, vorhandenes Wissen mit Erfahrung
zu vereinen, um gute Antworten zu geben. Die Anwendung von Urteilskraft
schließt andererseits auch ein, dass wir erkennen, wann wir einen Teil der Checkliste (noch) nicht beantworten können und vielleicht auch noch nicht beantworten
müssen. Damit verhindern wir, dass wir „unsere Zeit unnötigerweise mit Nachdenken über die Zeit verschwenden". Die Checkliste ist daher ein iteratives Tool,
das heißt, wir gehen im Laufe des Lösungsprozesses immer wieder zu ihr zurück,
orientieren uns an vorherigen Antworten, passen diese gegebenenfalls an unser
fortgeschrittenes Wissen an und ergänzen Antworten dort, wo wir vorher keine
geben konnten. Damit wird die Checkliste zu einer zeitlichen Orientierungshilfe
bei Umweltproblemen, die jeder Mensch immer im Hinterkopf behalten kann,
um besser mit der Vielzahl von Umweltproblemen, mit denen wir tagtäglich
konfrontiert werden, umzugehen.

8.4   Zeit als „Endgegner" des Wunschdenkens

Bei der Entwicklung von Lösungsansätzen für ein Umweltproblem ist nicht nur
der theoretisch mögliche Effekt eines Lösungsansatzes von Bedeutung, sondern
vor allem, ob der Lösungsansatz umgesetzt werden kann, bzw. in welchem Zeitrahmen und zu welchem Zeitpunkt er umgesetzt werden kann. So wäre es beispielsweise aus Umwelt- und energiepolitischer Perspektive in Deutschland
wünschenswert, wenn schon ab November 2022 ein Großteil der zuvor mit Erdgas beheizten Gebäude auf elektrische Wärmepumpen umgerüstet worden wäre,
und zudem der von diesen Wärmepumpen benötigte Strom erneuerbar erzeugt
würde. Diese „Lösung" hätte Deutschland sowohl seinen Klimazielen näher-
gebracht, als auch unabhängiger von Gasimporten aus Russland und anderen, aus
politischer Sicht problematischen, Energieexportländern gemacht. So wünschenswert diese schnelle Umsetzung dieser Lösungsstrategie auch sein mag, sie ist
innerhalb weniger Monate nicht realisierbar. Ein Umstellungsprozess derartigen
Ausmaßes, in dessen Rahmen Millionen neue Heizungsanlagen in bestehende und

neue Gebäude eingebaut, die Stromerzeugungskapazitäten durch Wind und Solar massiv ausgebaut und zusätzlich Energiespeichermöglichkeiten für die Überbrückung von Dunkelflauten geschaffen werden müssen, nimmt Jahre, möglicherweise sogar Jahrzehnte in Anspruch.

Zwar spielt für die Länge dieses Zeitraums auch der politische und gesellschaftliche Wille eine entscheidende Rolle, aber selbst mit einem entschiedenen Willen zur Transformation kann der Zeitraum nicht beliebig verkürzt werden. Neben gigantischen Mengen an Materialien, die für den Bau von Wärmepumpen und Energieerzeugungs- und Speicheranlagen benötigt werden und die kurzfristig nur schwer verfügbar sind, müssen die neuen Anlagen gefertigt und – vielleicht noch entscheidender –, anschließend installiert werden. Dafür bedarf es einer großen Zahl an geschulten Arbeitskräften, die über Jahre erst noch ausgebildet werden müssen (vgl. Kap. 15 *Bestände*). Langfristig ist all das möglich und nach derzeitigem Kenntnisstand auch sinnvoll, kurzfristig kann dieser wünschenswerte, übergeordnete Zielzustand allerdings weder das Klimaproblem noch die deutsche Abhängigkeit von Erdgas- und Erdöl exportierenden Ländern verringern und muss daher durch kurzfristigere, weniger ambitionierte Lösungsansätze ergänzt werden.

An diesem Beispiel ist erkennbar, dass ein Nachdenken über die Zeit dabei hilft, Lösungsstrategien, insbesondere deren Implementierung, besser einzuschätzen. Wenn wir über die inhärente Zeit nachdenken, erkennen wir zum Beispiel, warum Robert Habeck – ein der grünen Partei angehöriger Wirtschafts- und Klimaminister – sich im Herbst 2022 gezwungen saht, nach Katar zu reisen und über die Lieferung von klimaschädlichem Flüssiggas (LNG) zu verhandeln, obwohl er und sein Ministerium sich bewusst waren, dass dies weder für das Klimaproblem noch für das Problem der deutschen Energieimportabhängigkeit eine optimale Lösung sein konnte.

Bleiben wir bei diesem Beispiel, sehen wir auch, welche Bedeutung der Kairos für die Umsetzung von Lösungsansätzen hat. Trotz aller negativen Auswirkungen der Energiekrise in Europa im Jahr 2022, ausgelöst durch den russischen Angriffskrieg in der Ukraine, könnte die Krise einen *Kairos* für die Energiewende bedeuten. So machen stark steigende Preise für Erdgas den strombasierten Einsatz von Wärmepumpen wirtschaftlich kompetitiver gegenüber dem nun deutlich teureren Heizen mit Erdgas, wodurch der Ausbau der klimaschonenden Technologie beschleunigt werden kann. Weiterhin konnte die energiepolitische Notwendigkeit, sich unabhängiger von russischem Gas zu machen, als Treiber für einen beschleunigten Ausbau der erneuerbaren Energien wirken, da die Gesellschaft die Notwendigkeit für den Ausbau erkannte und eher bereit war, höhere Kosten und andere Einschränkungen in Kauf zu nehmen als vor der Krise. Politiker, Wirtschaftsvertreterinnen und Wissenschaftler, welche die Krise trotz all der Probleme als Kairos für eine Energietransformation erkennen, konnten dazu beitragen, die richtigen Weichen für eine beschleunigte und damit auch klimafreundlichere Energiewende zu stellen.

Neben der Einschätzung der Länge von Transformationsprozessen und der dafür günstigen Zeitpunkte gibt uns das Nachdenken über die Zeit auch

Orientierung darin, wie lange diese Transformationsprozesse höchstens dauern sollten. Denn nicht nur Lösungsansätze sind von der Zeit bestimmt, sondern auch die fortschreitende Umweltzerstörung, die zu Problemen wie dem Klimawandel, des Artensterbens, der Verschmutzung der Meere und anderem führt. Die davon betroffenen natürlichen Kreisläufe werden mit fortschreitender Umweltzerstörung teilweise irreversibel aus dem Gleichgewicht gebracht (siehe Kap. 10 zu *Irreversibilität*). Wir können uns daher weder mit der deutschen noch mit der weltweiten Energiewende unbegrenzt Zeit lassen. Denn auch wenn die wissenschaftlichen Prognosen uns keine vollkommen exakten Zeiträume liefern, so können wir doch auf ihrer Grundlage erkennen, dass eine zu langsam umgesetzte Transformation hin zu umwelt- und klimafreundlichen Handlungs- und Produktionsweisen zu irreversiblen Veränderungen mit verehrenden Konsequenzen für unser Leben auf der Erde führen wird.

Die inhärenten Zeiten werden somit zu einem weiteren Filter für zielführende Lösungsstrategien. Ausgedrückt am Beispiel der Energiewende bzw. des Klimawandels: Wir können es uns als Menschheit nicht mehr leisten, weitere 30 Jahre auf eine „vermeintlich rettende" Technologie wie die Kernfusion zu warten, da wir vorher die inhärenten Zeiträume der Natur überschreiten und unsere natürlichen Lebensgrundlagen nachhaltig so massiv schädigen würden, dass menschliches Leben auf der Erde, so wie wir es heute kennen, nur noch stark eingeschränkt möglich wäre.

Zusammenfassung: Die Bedeutung der Zeit für Lösungsstrategien in Umweltfragen

Bei der Suche nach geeigneten Lösungsstrategien spielt die Zeit eine entscheidende Rolle. Es gilt die Zeit sowohl in direktem Bezug auf die Lösungsstrategie als auch in Bezug auf die natürlichen Charakteristiken des Umweltproblems an sich einzuschätzen. Dafür ist es hilfreich zu fragen:

- Wieviel Zeit nimmt die Umsetzung einer gewissen Lösung in Anspruch, und gibt es bestimmte günstige Zeitpunkte für die Umsetzung der Strategie? (Strategiespezifisch)
- Was sind die zeitlichen Rahmenbedingungen des Umweltproblems? Z.B. Kipppunkte beim Klimawandel, inhärente Zeit der Erholung eines Ökosystems etc. (Naturspezifisch)

Zeitliche Überlegungen in diesen beiden Hinsichten können Orientierung geben, welche Lösungsstrategien zu welcher Zeit infrage kommen und welche nicht.

Literatur³

Augustinus, A. (1980). *Confessiones (Bekenntnisse). Eingeleitet, übersetzt und erläutert von Bernhart J.* (4. Aufl.). Kösel Verlag.

Faber, M., Stephan, G., & Michaelis, P. (1989). *Umdenken in der Abfallwirtschaft: Vermeiden, verwerten, beseitigen.* Springer-Verlag.

Klauer, B., Manstetten, R., Petersen, T., & Schiller, J. (2013). *Die Kunst langfristig zu denken: Wege zur Nachhaltigkeit.* Nomos.

---

³ Die Inhalte dieses Konzeptes basieren auf: Klauer et al. (2013) Kap. 8 und Faber, M., Frick, M., Zahrnt, D. (2019) MINE Website, Time, www.nature-economy.com.

Thermodynamik: Fundamentales zum Wesen von Umweltproblemen

9

Inhaltsverzeichnis

▶ **Worum geht's?**
Es geht um Energie. Für jede wirtschaftliche Tätigkeit wird Energie benötigt. Der Einsatz von Energie bedeutet immer, dass Energie umgewandelt wird. Diese Umwandlung folgt physikalischen Gesetzen, die mit den beiden Hauptsätzen der Thermodynamik formuliert sind. Um zu verstehen, warum aus unserer industriellen Wirtschaftsweise

---

Das Kapitel wurde in leicht angepasster Form zuerst als Diskussionspapier veröffentlicht: Faber, M., Rudolf, M., Frick, M. & Becker, M.-Y. (2023). Thermodynamik – *grundlegende Einsichten für ein Verständnis von Umweltproblemen*, AWI Discussion Paper Series No. 725, Heidelberg.

M. Faber et al., *Nachhaltiges Handeln in Wirtschaft und Gesellschaft,*
SDG – Forschung, Konzepte, Lösungsansätze zur Nachhaltigkeit,
https://doi.org/10.1007/978-3-662-67889-3_9

notwendigerweise Umweltprobleme hervorgehen, müssen wir uns mit Thermodynamik befassen, also mit dem Bereich der Physik, der die Gesetze der Energie betrachtet.

Es werden in diesem Kapitel zunächst die grundlegenden Begriffe und Gesetze der Thermodynamik vermittelt. Anschließend zeigen wir, wie die Thermodynamik zu einem besseren Verständnis sowohl von der Entstehung als auch von der Beseitigung von Umweltproblemen beiträgt.

9.1   Einführung in das Konzept der Thermodynamik

Die Überlegungen dieses Kapitels nehmen ihren Ausgangspunkt in dem Anliegen, einen naturwissenschaftlichen Umgang mit Umweltproblemen zu finden, die aus dem menschlichen Wirken, insbesondere aus dem Wirtschaften entstehen.

Dafür ist es wichtig, zunächst grundsätzlich die Frage zu klären, warum wirtschaftliche Aktivitäten überhaupt zu Umweltproblemen führen. Diese Frage erhält gegenwärtig nicht die Aufmerksamkeit, die es braucht. Entweder wird der kausale Zusammenhang von wirtschaftlicher Tätigkeit und deren negativen Auswirkungen auf die uns umgebende Umwelt hingenommen und nicht weiter hinterfragt, oder die Analyse konzentriert sich recht schnell darauf, die spezifischen Prozesse zu analysieren, die im Einzelfall – beispielsweise bei der Verschmutzung eines Flusses – am Werk sind.

Wir wollen im Folgenden einen anderen Weg aufzeigen, der es uns erlaubt, grundsätzliche Aussagen darüber zu treffen, in welcher Weise wirtschaftliches Handeln aufgrund naturwissenschaftlicher Zusammenhänge notwendigerweise Auswirkungen auf die Umwelt nach sich zieht, und diese häufig umweltschädliche Folgen haben. Dies gilt ganz besonders für menschliches Handeln in der industrialisierten Wirtschaft.[1] Wir wollen einen Weg aufzeigen, der es uns ermöglicht, auf einfache Weise zu erkennen, wann wirtschaftliches Handeln umweltschädlich ist.

Um den notwendigen Zusammenhang zwischen menschlichem Handeln und seinen Auswirkungen auf die Umwelt systematisch verstehen zu können, wollen wir überlegen, ob es nicht möglich ist, einen Einfluss zu finden, der nicht nur bei allen wirtschaftlichen Handlungen, sondern sogar bei allen natürlichen Prozessen von Bedeutung ist. Könnte es vielleicht sein, dass ein solcher Einfluss existiert und zudem eine wesentliche Ursache für die Entstehung von Umweltproblemen ist?

Tatsächlich gibt es einen solchen Einfluss, nämlich die Energie. Es ist leicht einsehbar, dass es ohne Verwendung von Energie nicht möglich ist, irgendetwas zu bewirken, geschweige denn eine nützliche wirtschaftliche Handlung durchzuführen.

---

[1] Auch in der Antike wurde schon vom Philosophen Plato über den Raubbau an Holz in den mediterranen Wäldern für den Bau von Flotten geklagt. Allerdings wissen wir anhand der Schriften zur Ethik aus dem antiken Griechenland, dass Einflüsse des Menschen auf die Natur weitestgehend unbekannt waren und deshalb ethisch kaum reflektiert wurden.

Die grundlegende Betrachtung des Einflusses der Energie auf menschliche Tätigkeiten wird uns helfen, ökologische und ökonomische Grundlagen zu finden, die eine umfassende Sicht auf Umwelt und Wirtschaft ermöglichen. Sie erlaubt es uns, unter Einbezug der folgenden Überlegungen, angemessene Lösungen für Umweltprobleme zu finden.

9.2 Unterschiedliche Energieformen und der Begriff der Thermodynamik

Im ersten Schritt der naturwissenschaftlichen Betrachtung der Energie stellen wir fest, dass es unterschiedliche Energieformen gibt. Besonders wichtige sind:

- kinetische Energie (besitzt ein Körper aufgrund seiner Geschwindigkeit),
- potenzielle Energie[2] (Energie der Lage; darauf beruhen Wasserkraftwerke, die mit dem Wasser von Staudämmen angetrieben werden),
- elektrische Energie,
- chemische Energie,
- Kernenergie,
- Strahlungsenergie (elektromagnetischer Wellen, Sonnenenergie) und
- Wärmeenergie.

Von all den genannten Energieformen hat die Wärmeenergie eine besondere Bedeutung, denn jede andere Energieform kann nie isoliert erscheinen, sondern nur gemeinsam mit Wärmeenergie. Beispielsweise tritt chemische Energie als Feuer auf, Bewegungsenergie wiederum ist mit Reibung verbunden, die zu Wärme führt. Aus diesem Grund wird das Teilgebiet der Physik, das sich vornehmlich mit Energie beschäftigt, *Thermodynamik* genannt; das altgriechische Wort *thermós* bedeutet ‚warm‘ und das altgriechische Wort *dýnamis* bedeutet ‚Kraft‘. Im Deutschen wird die Thermodynamik daher auch als Wärmelehre bezeichnet. Allerdings geht es in der Thermodynamik nicht nur um Wärme, sondern auch um anderes, z.B. die Mischung von Stoffen.

> **Wichtig zu wissen: Bedeutung der Thermodynamik für Umweltprobleme**
> Die Thermodynamik bildet das Verbindungsstück zwischen unserem Handeln und seinen Umweltauswirkungen. Sofern wir die Grundeinsichten der Thermodynamik verstanden haben, haben wir auch einen Zugang zu der Frage, wie Umweltprobleme entstehen. Gleichzeitig – und das ist für uns noch wichtiger – erhalten wir damit eine Orientierung, um die Entstehung

---

[2] In der Physik werden kinetische und potenzielle Energie unter dem Begriff der mechanischen Energie zusammengefasst.

von Umweltproblemen antizipieren zu können: nämlich dort, wo Energie verwendet wird. Mit diesem Wissen lassen sich Umweltschäden zwar nicht immer vermeiden, aber doch drastisch verringern.

Nun ist die Thermodynamik kein einfaches Gebiet der Physik. Einer der einflussreichsten Thermodynamiker des 20. Jahrhunderts, Arnold Sommerfeld (1861–1951), beschrieb die Thermodynamik mit folgenden Worten: „Thermodynamik ist ein komisches Fach. Das erste Mal, wenn man sich damit befasst, versteht man nichts davon. Beim zweiten Durcharbeiten denkt man, man hätte nun alles verstanden, mit Ausnahme von ein oder zwei kleinen Details. Das dritte Mal, wenn man den Stoff durcharbeitet, bemerkt man, dass man fast gar nichts davon versteht, aber man hat sich inzwischen so daran gewöhnt, dass es einen nicht mehr stört" (Lauth & Kowalczyk, 2015).

Wir entwickeln daher im Folgenden eine anschauliche Darstellungsweise und gehen dabei nur so weit in die Tiefe, wie es für den systematischen Blick auf Umweltprobleme erforderlich ist. Allerdings gibt es auch Grenzen für die Einfachheit einer guten Darstellung. Das hat Albert Einstein (1879 – 1955) treffend formuliert: „Man soll die Dinge so einfach wie möglich machen, aber nicht einfacher." Der Grund für seine Einschränkung ist, dass es bei einer zu starken Vereinfachung zu einer falschen Darstellung kommt. Das ist gerade bei der Thermodynamik häufig geschehen. Daher werden wir uns im Folgenden an Einsteins Ratschlag halten und versuchen, die gute Mitte zwischen Einfachheit und Komplexität zu treffen.

Wir erläutern zunächst den Begriff der Wärmeenergie und klären den Zusammenhang von Wärme und mechanischer Arbeit. Damit erhalten wir die notwendigen Grundkenntnisse, um die so genannten ersten beiden Hauptsätze der Thermodynamik zu verstehen.[3] Danach wenden wir uns dem Unterschied zwischen freier und nicht mehr nutzbarer Energie zu, wodurch wir einen Zugang zu dem vielen Menschen wenig vertrauten, in der Thermodynamik zentralem Begriff der *Entropie* schaffen.

9.2.1 Wärmeenergie[4]

Wärme ist uns allen geläufig. Mal ist es zu warm, mal zu kalt, mal ist die Temperatur gerade recht. Diese alltägliche Beobachtung führt uns zu einer der drei

---

[3] Manche berühmte Physiker, wie Arthur S. Eddington (1882–1944), hielten den 2. Hauptsatz der Thermodynamik sogar für das wichtigste Naturgesetz überhaupt.

[4] Vgl. zu Folgendem Hüfner & Löhken (2010, S. 253–294).

wesentlichen Eigenschaften der Wärmeenergie, nämlich der Temperatur. Wärme ist bestimmt durch

- die Temperatur,
- die Menge der Wärme, (sie wird durch ihren Energieinhalt bestimmt, z.B. der Menge an verbrannter Kohle in einem Ofen)
- und die oben erwähnte Entropie, auf die wir weiter unten ausführlicher eingehen werden.

Aus diesen wesentlichen Eigenschaften der Wärme folgt jedoch noch nicht, was Wärme überhaupt ist. Es hat lange gedauert, bis herausgefunden wurde, dass Wärme Bewegungsenergie von Teilchen ist. Was bedeutet das und wie kam man darauf? Manche kennen noch die altmodischen Quecksilberthermometer. Je höher die Temperatur, desto mehr dehnte sich das Quecksilber in dem Glasröhrchen des Thermometers aus. Am Höhenstand des Quecksilbers konnte dann die Temperatur abgelesen werden. Diese Beobachtung gilt nicht nur für Quecksilber, sondern – wenn auch in unterschiedlichen Maßen – für viele Materien, die sich mit steigender Temperatur ausdehnen.[5] Der Grund dafür ist, dass jedes Molekül, ja jedes Atom, ständig in Bewegung ist. Wird Wärme zugeführt, dann nimmt die Wärmeenergie des Systems zu; denn die einzelnen Atome oder Moleküle, aus denen das System besteht, bewegen sich schneller, d.h. deren kinetische Energie nimmt zu. Je größer die Wärmeenergie der Teilchen, desto schneller die Bewegung. Erst beim absoluten Nullpunkt, also bei minus 273 Grad Celsius kommt die Bewegung der Teilchen zum Stillstand.

9.2.2 Wärme und physikalische Arbeit

Welcher Zusammenhang besteht zwischen Wärme und physikalischer Arbeit?[6] Anschaulich kann dieser Zusammenhang am Beispiel von Dampflokomotiven, die man heute nur noch aus Filmen kennt, erläutert werden. Häufig wurde dort ein Heizer eingesetzt, der mit Kohle den Dampfkessel aufheizte. Der durch Kohleverbrennung – also mit Hitze – erzeugte Wasserdampf (im Dampfkessel) treibt durch den erzeugten Druck eine Kolbenmaschine an; diese bewirkt durch ihre Bewegungsenergie, dass der Zug in Bewegung kommt; physikalisch gesehen wird also Arbeit (Kraft mal Weg) geleistet.

An folgendem Beispiel wird deutlich, wie konzentriert die Energie in Form von Wärmeenergie ist: Betrachten wir einen Topf mit Wasser und erwärmen wir

---

[5] Es gibt Ausnahmen. So schwimmt Eis auf Wasser, d.h. Eis ist ausgedehnter als Wasser.

[6] Physikalische Arbeit = Kraft (F) mal Weg oder Strecke (s) = $F \cdot s$. Die Kraft F wirkt auf einen Körper, der in Richtung dieser Kraft die Strecke s zurücklegt.

das Wasser um 1 Grad Celsius. Nun können wir uns fragen, wie viele Meter der Topf hochgehoben werden könnte, wenn die gleiche Menge an Energie, die zum Erhitzen notwendig war, in Form von Arbeit verwendet würde? Selbst manche Physikerinnen wären überrascht, dass die Antwort darauf heißt: 430 m! (Hüfner & Löhken, 2010, S. 266).

Gleiche Mengen an Energie sind, wirtschaftlich betrachtet, aber unterschiedlich viel wert: So ist der Preis von 1 kWh elektrischer Energie deutlich teurer als 1 kWh in Form von Wärme, die z.B. durch Erdgas hergestellt worden ist. Die Herstellungskosten von elektrischer Energie sind etwa 2- bis 3-mal so hoch wie die von Wärmeenergie bei gleichem Heizmaterial. Auf den ersten Blick ist das erstaunlich; denn beide Energiemengen bewirken beim Heizen das Gleiche. Warum unterscheiden sich diese beiden Formen dennoch wirtschaftlich so sehr? Ein erster Anhaltspunkt ist, dass elektrische Energie, wie alle anderen Energieformen, fast ohne Verluste in Wärme verwandelt werden kann. Im Gegensatz dazu kann Wärme nie vollständig in elektrische Energie, und auch nicht in alle anderen Energieformen umgewandelt werden. Die Wärmeenergie unterscheidet sich also grundsätzlich von allen anderen Energieformen. Sie ist nur unter großen Energieverlusten zu transportieren oder in andere Energieformen umwandelbar. Sie ist somit für menschliche Zwecke nur bedingt nutzbar. Das bringt eine Reihe von Konsequenzen für Wirtschaft und Umwelt mit sich.

Der Grund für die bedingte Nutzbarkeit der Wärmeenergie ergibt sich aus den beiden Hauptsätzen der Thermodynamik.

9.3   Die zwei Hauptsätze der Thermodynamik: Energieerhaltung und Entropiesatz

9.3.1   Der 1. Hauptsatz

Um den 1. Hauptsatz zu verstehen, ist es notwendig, den Begriff des *Systems* zu erläutern. Thermodynamische Systeme sind räumlich abgegrenzt und unterscheiden sich durch drei Eigenschaften:

1. *Isolierte Systeme* tauschen weder Energie noch Materie mit ihrer Umgebung aus. – Beispiel: Eine abgeschlossene Kühlbox (in guter Näherung).
2. *Geschlossene Systeme* tauschen Energie, aber keine Materie, mit ihrer Umgebung aus. – Beispiel: Erde (abgesehen von Kometen und Raketen etc.). Wärmeaustausch mit dem Universum geschieht in Form von Strahlenenergie der Sonne.
3. *Offene Systeme tauschen* sowohl Energie als auch Materie mit ihrer Umgebung aus. – Beispiel: der Mensch. Wir nehmen Materie durch Essen und Trinken auf und geben Materie in Form von Exkrementen ab und tauschen Wärmeenergie mit der Umwelt aus.

Abb. 9.1 Schematische
Darstellung eines
thermodynamischen Systems
und dessen Umgebung
(Quelle: Eigene Darstellung)

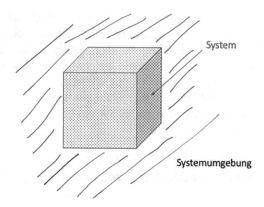

Ob es überhaupt natürliche Systeme gibt, die diesen Unterscheidungen genau entsprechen, ist allerdings eine offene Frage. Reale Systeme auf der Erde tauschen –
wenigstens in kleinen Mengen – immer Energie und Materie mit ihrer Umgebung
aus.[7]

Das, was sich außerhalb eines Systems befindet, nennen wir seine
„Umgebung". Wann immer wir im Folgenden das Wort „System" verwenden,
meinen wir diese thermodynamische Definition: das Verhältnis eines abgegrenzten
„Innen" zu einem umgebenden „Außen". Dabei sind die Grenzen eines Systems
immer davon bestimmt, worauf sich das Interesse richtet, und umfasst also die
Interaktionen der mit dem System umfassten Systemelemente (Innen). Eine
Dampflok können wir als System verstehen, wenn wir uns für die Prozesse und
Interaktionen einer Dampflok mit ihrer Umgebung, dem Außen, (z.B. Emissionen
in die Atmosphäre) interessieren. Bezieht sich unser Interesse aber auf die
Prozesse und Interaktion der Elemente im Dampfkessel (z.B. das Verhalten der
Wassermoleküle bei Wärmezufuhr), dann ist die Systemgrenze so zu wählen, dass
der Dampfkessel als System definiert ist, wodurch die übrige Dampflok und die
weitere Umgebung als „Außen" definiert werden. Vereinfacht kann ein System wie
in Abb. 9.1 dargestellt werden.

Nun können wir den 1. Hauptsatz der Thermodynamik formulieren. Er lautet:

In einem isolierten System sind die gesamte Energie und die gesamte Masse stets
konstant.

Diese Aussage mag auf den ersten Blick überraschen. Wie kann es sein, dass
die Energie, die in einer Kerze enthalten ist, nachdem sie ganz aufgebrannt und

---

[7] Ist der betrachtete Zeitraum jedoch nicht groß, dann können wir diesen Austausch aufgrund der
kleinen Menge vernachlässigen.

erloschen ist, dennoch erhalten geblieben ist? Nehmen wir an, sie habe sich in einem isolierten System befunden. Dann ist die chemische Energie der Kerze beim Verbrennen in Wärme übergegangen, entsprechend hat sich die Wärme in dem isolierten System um die gleiche Menge erhöht. Folglich ist die Gesamtenergie, die gleich der Summe aus chemischer Energie und Wärmeenergie besteht, entsprechend dem 1. Hauptsatz die gleiche geblieben. Dennoch ist, physikalisch gesehen, viel in unserem System geschehen; was passiert ist, darüber gibt der *2. Hauptsatz* Auskunft.

9.3.2   Der 2. Hauptsatz und der Begriff der Entropie

Der 2. Hauptsatz sagt etwas darüber aus, wie sich die Energie bei einer Energie-umwandlung *qualitativ* verändert. Er drückt aus, in welche Richtung Energie-umwandlung möglich ist. So ist es beispielsweise möglich, mechanische, elektrische oder chemische Energie vollständig in *Wärmeenergie* umzuwandeln. Wärmeenergie dagegen lässt sich, wie oben erwähnt, nur teilweise in die vorgenannten Energien umwandeln.

Wie kann man also die Möglichkeiten für die qualitative Veränderung der Wärmeenergie ermitteln? Jede Veränderung einer Energieform bestimmt sich aus dem Produkt einer intensiven Variablen mit einer extensiven Variablen. Wie unterscheiden sich diese beiden Begriffe? Bei einer Extension handelt es sich um eine Ausdehnung. Intensiv wird dagegen mit „durchdringend" in Bezug auf die Sinneseindrücke bezeichnet. An Beispielen wollen wir das erläutern. Betrachten wir zwei Körper, der eine mit einem Gewicht von 60 kg, der andere von 40 kg. Die Gewichte sind dann die extensive Variablen. Nehmen wir an, beide bewegen sich mit einer Geschwindigkeit von 200 Stundenkilometer. Die Geschwindigkeit ist dann die intensive Variable. Nehmen wir weiter an, beide Körper vereinigen sich in der Bewegung. Dann ist die extensive Variable des vereinigten Körpers die Summe der beiden extensiven Variablen, also 100 kg, die intensive Variable bleibt jedoch mit 200 Stundenkilometer konstant. Ähnliches gilt, wenn wir die beiden Körper betrachten und dieses Mal auf eine Temperatur von 30 Grad Celsius erhitzen. Die intensive Variable jedes der beiden Körper ist deren Temperatur. Vereinigen wir sie wieder, dann erhöht sich wiederum die extensive Variable, das Gewicht, auf 100 kg, die intensive Variable bleibt dagegen mit 30 Grad konstant.

Betrachten wir nun verschiedene Energieformen. So ergibt sich z.B. die Arbeit aus der Multiplikation der intensiven Variable *Kraft* mit der extensiven Variable Weg. Bei der elektrischen Energie hingegen ist die intensive Variable die Spannung und die extensive Variable die Stromstärke. Beim Gasdruck ist die intensive Variable der Druck und die extensive Variable das Volumen. Wenden wir uns nun der Wärmeenergie zu. Offensichtlich ist die Temperatur die intensive Variable. Was aber könnte die extensive Variable sein? Während bei allen anderen Energieformen die extensive Variable in der Realität leicht zu beobachten ist, konnte jedoch für die extensive Variable der Wärmeenergie keine beobachtbare Größe gefunden werden, obwohl sich zahlreiche Naturwissenschaftlerinnen lange Zeit mit diesem Thema beschäftigten. Schließlich hatte der Physiker Rudolph Clausius (1822–1888) den genialen Einfall, eine nicht beobachtbare extensive Variable einzuführen, um die Veränderung der Wärmeenergie beschreiben zu können; er nannte sie *Entropie*. Dieses Wort stammt ab von dem altgriechischen Begriff der entropía, zu Deutsch 'Wendung'. Eine Änderung der Wärmeenergie ergibt sich somit als Produkt der intensiven Variablen, der Temperatur, mit der extensiven Variablen, der Änderung der Entropie (Abb. 9.2).

Aus der Abb. 9.2 ergibt sich zudem, dass bei einem Prozess die Änderung der Entropie von der Temperatur beeinflusst wird (Abb. 9.3).

Jede Änderung der Wärmemenge bewirkt also eine Änderung der Entropie. Jedoch ist die Höhe der Änderung der Entropie kleiner, je höher die Temperatur und größer, je geringer die Temperatur des gesamten Prozesses ist.

An dieser Stelle wird bereits deutlich, dass Entropie keine leicht verständliche Größe ist. Der Physiker Max Planck (1857–1947) sagte einmal: „Entropie ist etwas, was man nicht versteht, aber man gewöhnt sich daran" (Hüfner & Löhken, 2010, S. 272). Es ist schwierig, sich etwas Konkretes darunter vorzustellen. Nachdem wir uns jetzt ein wenig an Entropie gewöhnt haben, können wir den 2. Hauptsatz der Thermodynamik angeben. Er lautet in der Formulierung von Rudolf Clausius (1822–1888) aus dem Jahr 1865:

In einem isolierten System kann die Entropie nicht abnehmen.

Es handelt sich demnach bei der Entstehung von Entropie immer nur um eine Änderung in eine Richtung. Entropie kann von selbst nur entstehen, nicht aber vernichtet werden.

Aus dem 2. Hauptsatz der Thermodynamik ergeben sich weitreichende Konsequenzen. Aus dem Schulunterricht erinnern sich vielleicht manche noch an folgende Schlussfolgerung aus dem 2. Hauptsatz: Ein Perpetuum Mobile ist nicht

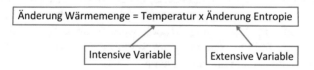

Abb. 9.2 Änderung der Wärmeenergie als Produkt der intensiven Variablen „Temperatur" mit der extensiven Variablen, der „Änderung der Entropie"

| Änderung der Entropie = Änderung der Wärmemenge / Temperatur |

Abb. 9.3 Änderung der Entropie wird von der Temperatur beeinflusst (nach dem Physiker Rudolph Clausius, 1822–1888)

möglich, denn durch die Bewegung wird Energie aufgebraucht. So wird zum Beispiel selbst ein Pendel irgendwann zum Stehen kommen, da unvermeidlicherweise Bewegungsenergie durch Reibung mit der Luft in Wärmeenergie umgewandelt wird.[8] Hat die Entropie in einem isolierten System ihr Maximum erreicht, dann ist das System in einem stabilen Gleichgewichtszustand: alle Veränderungsprozesse, z.B. Temperaturänderungen, sind beendet.

Diese Einsicht zeigt: Bestimmte Prozesse sind irreversibel. Das bedeutet, Prozesse sind nicht umkehrbar, wie z. B. das Verbrennen einer Kerze (vgl. Kap. 10 *Irreversibilität*). Selbst wenn die Kerze in einem isolierten System verbrennen würde und damit die gesamte Energie in Wärmeenergie umgewandelt wird und ohne Verluste erhalten bleibt, ist es nicht möglich, die Kerze wiederherzustellen. Das liegt daran, dass beim Verbrennungsprozess Entropie entsteht. Ein weiteres Beispiel für die Irreversibilität ist eine Eisenstange, die an einem Ende heiß und am anderen kalt ist. Nach einiger Zeit wird die Eisenstange an allen Stellen die gleiche Temperatur aufweisen. Es wird jedoch nie geschehen, dass ein Ende von selbst wieder heiß und das andere wieder kalt wird. Diese Unumkehrbarkeit ist für Umweltprobleme so wichtig, dass wir sie in unterschiedlichen wissenschaftlichen Publikationen und im Rahmen unseres Projektes *MINE – Mapping the Interplay between Nature and Economy* (www.nature-economy.com) in einem eigenen Konzept *Irreversibilität* ausführlich behandeln (Faber et al., 1996, S. 103–112, 1998, S. 74–82).

9.3.3 Freie Energie und Entropie

Der zweite Hauptsatz erlaubt es zu ermitteln, wie viel von einer Energieart sich in physikalische Arbeit umwandeln lässt. Dazu wurde in der Physik der Begriff „freie Energie" eingeführt. Die Definitionsgleichung für die freie Energie F ist

$F = U - T \times S$,

worin U die Gesamtenergie des Systems, S seine Entropie und T die (absolute[9]) Temperatur sind, T x S ist das Produkt aus Temperatur und Entropie. Die freie Energie ist der Anteil der Gesamtenergie, der in Arbeit verwandelt werden kann. Das Produkt aus Temperatur und Entropie (T x S) ist der Anteil der Gesamtenergie, der nicht in Arbeit umgewandelt werden kann. Der zweite Hauptsatz sagt uns, dass die freie Energie in einem System nicht zunehmen, sondern durch Energieumwandlungen nur abnehmen kann.

---

[8] Für einen ausführlichen Beweis siehe Faber, Niemes & Stephan (1983, S. 81–83).

[9] Auf der Temperaturskala von Kelvin, beginnend beim absoluten Nullpunkt von -273° Celsius.

> **Wichtig zu wissen: Die beiden Hauptsätze Der Thermodynamik**
> - **Der erste Hauptsatz lautet:** *In einem isolierten System sind die gesamte Energie und die gesamte Masse stets konstant.* Er besagt also etwas über die Erhaltung von Masse und Energie.
> - **Der zweite Hauptsatz lautet:** *In einem isolierten System kann die Entropie nicht abnehmen.* Er besagt etwas darüber, wie Formen von Energie sich verändern. Dies ist mit dem Begriff der Entropie möglich. Wie dieser veranschaulicht werden kann, wird im Folgenden gezeigt.

9.3.4 Ordnungsgrad als Veranschaulichung der Entropie

Wie oben schon einmal erwähnt, es ist nicht möglich sich unter Entropie etwas Konkretes vorzustellen. Es ist allerdings möglich, sich eine zur Entropie in direkter Korrelation stehende Größe vorzustellen; das hat der Physiker von Boltzmann (1844–1906) gezeigt: Je höher die Entropie eines Systems ist, desto größer ist die Unordnung in dem System. So hat beispielsweise Eis eine geordnete Struktur von Eiskristallen; schmilzt es aufgrund von Energiezufuhr in Form von Wärme, dann werden daraus Wassermoleküle, die offensichtlich aufgrund ihrer Bewegung viel ungeordneter sind: Die Entropie des Systems, der Grad der Unordnung hat sich erhöht.

> **Wichtig zu wissen: Veranschaulichung der Entropie**
> - Erhöht sich die Entropie, dann verringert sich der Ordnungsgrad, das bedeutet: Die (molekulare) Unordnung nimmt zu.
> - Dieser Umstand führt dazu, dass in vielen Fällen die Erhöhung der Entropie für Menschen etwas Negatives ist, da Systeme mit niedrigerer Ordnung weniger freie Energie – also nutzbare Energie – enthalten.

Thermodynamische Zusammenhänge haben viele wirtschaftliche Konsequenzen. Diese Einsicht wurde insbesondere im Rahmen der Ökologischen Ökonomik unter dem Begriff der *Kuppelproduktion* formuliert (Baumgärtner et al., 2006). Kuppelprodukte sind thermodynamisch notwendigerweise auftretende Nebenprodukte von Produktionsprozessen, die in der Regel unerwünscht sind und in vielen Fällen zu Umweltschäden führen. Prominente Beispiele für Umweltschäden, die durch Kuppelprodukte hervorgerufen wurden, sind insbesondere das Klimaproblem, der Verlust an Biodiversität und das globale Wasserproblem.

Aufgrund der Schwierigkeit der Thermodynamik, insbesondere der Entropie, empfehlen wir den 12-minütigen Video-Beitrag von Martin Buchholz zum Finale der Deutschen Meisterschaft im Science Slam. Am Beispiel von Kühltürmen schafft es Buchholz, eine gut verständliche, anschauliche und sogar humorvolle Einführung in die Thermodynamik und den Begriff der Entropie zu geben. Der Beitrag ist auf der Plattform YouTube unter den Suchbegriffen *Kühltürme* und *Science Slam* oder direkt über den in der Fußnote angegebenen Link erreichbar.[10]

9.4   Die Berücksichtigung der Thermodynamik in den Wirtschaftswissenschaften

In der ersten Hälfte des 19. Jahrhunderts erlebte die Physik mit der Entwicklung des Gebiets der Thermodynamik eine Revolution. Erscheinungen, die mit Energie zusammenhängen, wurden theoretisch und praktisch erforscht. Die Motivation hinter dieser Forschung war wirtschaftlich bedingt, denn man wollte den Wirkungsgrad der Wattschen Dampfmaschine verbessern.

In die Untersuchungen der Wirtschaftswissenschaften fanden thermodynamische Überlegungen allerdings erst im letzten Viertel des 20. Jahrhunderts Einzug. Als erster Wirtschaftswissenschaftler legte der Rumäne Nicholas Georgescu-Roegen (1906–1994), in seinem bahnbrechenden Werk *The Entropy Law and the Economic Process* (1971) den Schwerpunkt seiner Untersuchung der Wirtschaft auf energetische Überlegungen. Er konnte damit zeigen, wie eng Wirtschaft und Umwelt aufgrund thermodynamischer Zusammenhänge verflochten sind.

Es ist eigentlich merkwürdig, dass einer der wichtigsten, vielleicht sogar der wichtigste Produktionsfaktor der Wirtschaft, nämlich die Energie, in den herkömmlichen Wirtschaftswissenschaften, deren Grundlagen im letzten Viertel des 19. Jahrhunderts gelegt wurden, keine herausragende Bedeutung hatte. Obwohl Energie einer der wichtigsten wirtschaftlichen Produktionsfaktoren ist, spielt die Thermodynamik auch gegenwärtig in weiten Teilen der Wirtschaftswissenschaften keine herausgehobene Rolle. Energie ist jedoch für jeden Produktionsprozess notwendig und ihre Nutzung hat Auswirkungen auf die Natur. Sie führt zu einer irreversiblen Umwandlung der fossilen Brennstoffe Kohle, Öl und Gas in Wärme, CO_2 und andere Treibhausgase sowie Schadstoffe (z.B. Feinstaub) und damit zum Klimaproblem und vielfältigen weiteren Umweltproblemen. Insbesondere zeigte Georgescu-Roegen die negative Seite der industriellen Produktion. Zum einen kann ein energetischer Rohstoff, wie Kohle, Öl oder Gas

---

[10] https://www.youtube.com/watch?v=z64PJwXy--8.

nach seiner Verwendung nicht ein weiteres Mal energetisch genutzt werden. Dieser Vorgang ist folglich irreversibel (siehe Kap. 10 *Irreversibilität*). Vielleicht noch wichtiger ist aber, dass industriell immer mehr hergestellt wird, als eigentlich beabsichtigt und benötigt wird – Kuppelproduktion und oftmals umweltschädliche Kuppelprodukte (siehe Kap. 13 *Kuppelproduktion*) sind unausweichlich (Baumgärtner et al., 2006, Kap. 3).

Diese Tatsache ist leicht zu vermitteln und schärft das Bewusstsein für die Risiken unserer Produktionsweise. Ein Beispiel ist die Herstellung von Stahl mit Hilfe von Koks und Eisenerz. Dabei entsteht nicht nur Stahl, sondern auch die Rückstände des Herstellungsprozesses, wie CO_2, Abwasser, Staub usw. Diese auf der Grundlage von thermodynamischen Zusammenhängen gewonnenen Erkenntnisse sind für das Verständnis von Umweltproblemen zentral.

9.5 Der Übergang von der Klassischen Mechanik zur Thermodynamik im Zuge der Industrialisierung

Die klassische Mechanik befasst sich mit Systemen mit wenigen Elementen, z. B. den Körpern eines Planetensystems. Sie sind übersichtlich und können daher leicht beschrieben werden. Eine wesentliche Eigenschaft ist, dass ihre Vorgänge in der Zeit umkehrbar sind; so könnte ein Planetensystem sich auch in umgekehrter Richtung bewegen. Das bedeutet, dass Prozesse in klassischen-mechanischen Systemen in der Zeit umkehrbar sind, also reversibel. Auch erkennen wir, dass dabei Temperatur, Wärme und daher auch Entropie keine Rolle spielen.

Ganz anders verhält es sich mit komplexen Systemen, z.B. einem See, der aus vielen Wassertropfen und noch viel mehr Wassermolekülen besteht. Die Komplexität ergibt sich allerdings nicht nur aus der großen Zahl der Elemente in einem solchen System, sondern auch dadurch, dass diese Elemente, hier die Wassertropfen, miteinander interagieren. Wird beispielsweise ein See an einer Seite durch Sonnenstrahlen erwärmt, dann breitet sich diese Wärme im ganzen See aus. Wie ist es möglich, mit solchen komplexen Sachverhalten umzugehen? Hinzukommt, dass im Gegensatz zu klassisch-mechanischen Systemen die Vorgänge in komplexen Systemen irreversibel, also nicht umkehrbar sind: eine Folge des 2. Hauptsatzes der Thermodynamik.

Anfang des 19. Jahrhunderts begannen Praktikerinnen, Ingenieure und Wissenschaftlerinnen wie James Watt (1736–1819), Sadi Carnot (1796–1832), James Prescott Joule (1818–1889), Rudolph Clausius (1822–1888) und William Thompson (der spätere Lord Kelvin, 1824–1907) in ihrem Bestreben, Dampfmaschinen zu verbessern, damit, solche komplexen Systeme zu untersuchen. Die vereinfachte Sichtweise der klassischen Mechanik reichte für ihre Forschung nicht aus, daher war ihr Bestreben von Anfang an, das Zusammenspiel natürlicher Systeme mit technischen Systemen – die ja durch zielgerichtetes menschliches Handeln geschaffen und verwaltet werden – in ihrer Komplexität zu begreifen. Das war damals ein in einer traditionellen Wissenschaft wie der Physik ganz ungewöhnliches Vorgehen.

9.6   Die Grenzen des thermodynamischen Wirkungsgrads

Wie können Ingenieure, Technikerinnen, oder Unternehmer, damals und auch heute, ihr thermodynamisches Wissen praktisch nutzen? Eine wesentliche Anwendung ist die Berechnung des thermodynamischen Wirkungsgrades einer Maschine. Bei jeder Verwendung von Energie entsteht aufgrund des 2. Hauptsatzes Wärmeenergie, die nicht mehr eingesetzt werden kann.

> **Wichtig zu wissen: Thermodynamischer Wirkungsgrad**
> Der Wirkungsgrad gibt an, wieviel von der in ein System eingesetzten Energie in die gewünschte Wirkung umgewandelt wird.

Betrachten wir zwei Autos, das eine wird mit einem Verbrennungsmotor, das andere mit einem Elektromotor betrieben. Der Verbrennungsmotor setzt bei durchschnittlicher Fahrweise in Deutschland ca. 20% der im Benzin enthaltenen Energie in Bewegung des Autos um (20% Wirkungsgrad), bei dem elektrisch betriebenen Fahrzeug liegt der Wirkungsgrad hingegen bei rund 80%. Werden Verluste miteinbezogen, die durch das Laden der Batterie und der Strombereitstellung anfallen, liegt der Wirkungsgrad mit 64% noch immer deutlich über dem des Verbrennungsmotors (BMVU, 2021).

Auch bei Kraftwerken spielt der Wirkungsgrad eine entscheidende Rolle. Kohlekraftwerke haben einen Wirkungsgrad bis maximal 45 %. Wie unterschiedlich die Wirkungsgrade von Kraftwerken sind, erkennt man z.B. daran, dass das Gas-und-Dampf-Kombikraftwerk (GuD) Haveli, das 2018 in Pakistan hergestellt worden ist, mit 62,4 % den damals weltweit höchsten Wirkungsgrad aller mit fossilen Brennstoffen betriebenen Kraftwerke hatte (Tractebel Engie, 2018).

Dass der thermodynamische Wirkungsgrad durch technischen Fortschritt stark verbessert werden kann, zeigt schon dessen erste Anwendung am Beispiel der Dampfmaschine (Hüfner & Löhken, 2010, S. 270). Bei den ersten von James Watt entwickelten Dampfmaschinen lag dieser bei nur 1 Prozent; 99 % der eingesetzten Energie blieben folglich ungenutzt. Es dauerte lange, bis der Wirkungsgrad auf heute übliche 30 bis 50 % erhöht werden konnte. Allerdings gibt es kein Entkommen vor dem 2. Hauptsatz. Da aufgrund technischer Umstände Entropie und damit auch Wärmeenergie entsteht, die nicht mehr verwendet werden kann, ist der theoretisch maximale Wirkungsgrad nicht nur kleiner als 1, sondern häufig beträchtlich kleiner als 1.

9.7   Der Bedeutungsgewinn der Thermodynamik für Wirtschaft und Umwelt

Wir beschäftigen uns so ausführlich mit Thermodynamik, da sie die Grundlage aller Vorgänge in der Natur und damit auch der Wirtschaft ist. Georgescu-Roegen erkannte, dass sowohl biologische als auch wirtschaftliche System offene Systeme sind, also Materie und Energie verwenden, diese von ihrer Umgebung aufnehmen und nach Gebrauch wieder an sie abgeben. So entnimmt die Wirtschaft Rohstoffe, seien sie pflanzlich, tierisch oder rohstoffartig; nach deren Gebrauch werden sie wieder in die Umwelt abgegeben, im industriellen Zeitalter, also seit Mitte des 18. Jahrhunderts, geschieht dies regelmäßig in schädlicher Weise. Georgescu-Roegen entwickelte damit die Grundlagen für eine bioökonomische Theorie, indem er die Thermodynamik umfassend auf Zusammenhänge zwischen Umwelt und Wirtschaft anwendete. Wie der Titel seines Buches *The Entropy Law and the Economic Process* (Georgescu-Roegen, 1971) zeigt, spielt dabei der Begriff der Entropie die entscheidende Rolle. Er führte den Begriff der Entropie in die Wirtschaftswissenschaften ein, welcher – wenn berücksichtigt – zu einer neuen Sicht auf wirtschaftliche Vorgänge führt. Aus seinen Überlegungen folgt, dass die steigende Ressourcennutzung zu einer Erschöpfung der Erdkapazitäten führt, sowohl bezüglich der Rohstoffe als auch bezüglich der Kapazitäten der Umwelt, Schadstoffe aufzunehmen und diese zu beseitigen: „Die für den Ökonomen bedeutsame Tatsache ist, dass die neue Wissenschaft der Thermodynamik als eine Physik des ökonomischen Wertes begann und im Grunde immer noch als solche betrachtet werden kann. Das Entropiegesetz [d.h. der Zweite Hauptsatz der Thermodynamik; d. Verf.] selbst erweist sich als das ökonomischste aller Naturgesetze" (Georgescu-Roegen, 1971, S. 280, unsere Übersetzung). Diese Einsicht veranlasste ihn, einen radikalen Neubeginn der begrifflichen Grundlagen der Wirtschaftswissenschaften zu fordern. Dies führte 1989 zur Gründung der Ökologischen Ökonomie: Im Laufe der Zeit entwickelten sich verschiedene Richtungen wie die Barcelona School of Ecological Economics, die Heidelberger Schule der Ökologischen Ökonomie, die Degrowth Bewegung und viele mehr.

9.8   Zusammenfassung: Thermodynamische Grundlagen für Umweltpolitik

Wie lassen sich zentrale Erkenntnisse für die Grundlagen der Umweltpolitik zusammenfassen? Georgescu-Roegen zeigte allgemein, welche Folgen es für die Umwelt hat, dass seit der industriellen Revolution im 18. Jahrhundert zunehmende Mengen hochkonzentrierter (mit niedriger Entropie) – und damit leicht verfügbarer – Ressourcen in der Wirtschaft verwendet werden. So dient beispielsweise Erdöl, das in der Erde in hoher Konzentration (niedrige Entropie) vorhanden ist, als Energiequelle, um mit anderen Materialien, die mit niedriger Konzentration (hoher Entropie) gefördert worden waren, hochwertige Materialien, z.B. Aluminium (niedrige Entropie), herzustellen. Bei der Produktion entstehen Abwässer, Abwärme, CO_2, Schlacke, Feinstaub usw. (mit hoher Entropie). Auch die erzeugten Güter (niedrige Entropie) werden nach ihrem Gebrauch im Laufe der Zeit zu Abfällen (hohe Entropie), die wiederum in die Umwelt abgegeben werden. Aufgrund dieser Entwicklung vergrößert sich die dabei insgesamt entstehende Gesamtentropie auf der Erde. Dies ist eine Folgerung des 2. Hauptsatzes der Thermodynamik.

Den Umstand, dass in der Neuzeit Energie und Materie in Wirtschaftsprozessen aus einem Zustand leichter Verfügbarkeit letztlich in Abfälle umgewandelt werden, beschrieb Georgescu-Roegen zugespitzt wie folgt: „Der Wirtschaftsprozess ist entropisch, er schafft oder verbraucht weder Materie noch Energie, sondern verwandelt nur niedrige in hohe Entropie" (Georgescu-Roegen, 1971, S. 281). Er kritisierte, dass die herkömmlichen Ökonomen das Entropiegesetz nicht berücksichtigen, obwohl es den wichtigsten Produktionsfaktor, die verfügbare (Nutz)Energie betrifft. Er hält daher, wie oben erwähnt, das Entropiegesetz für „das ökonomischste aller physikalischen Gesetze" (Georgescu-Roegen, 1971, S. 280). Wie hoch er die Bedeutung der Entropie für die Wirtschaft einschätzt, zeigt auch seine Aussage: „Geringe Entropie ist eine notwendige Bedingung für Nützlichkeit" (Georgescu-Roegen, 1979, S. 1042, unsere Übersetzung).

Thermodynamisch betrachtet, können wir diese Vorgänge wie folgt beschreiben: Die menschliche Wirtschaft ist ein offenes Teilsystem, das in das größere System der natürlichen Umwelt, der Erde, eingebettet ist. Die Erde ist als geschlossenes System zu betrachten, da sie zwar (fast) keine Materie mit ihrer Umgebung austauscht, wohl aber Energie, die in Form von Sonneneinstrahlung eintritt. Unsere Wirtschaft entnimmt noch heute größtenteils Materialien mit niedriger Entropie (Öl, Kohle, Erdgas, Uran, etc.) aus der Umwelt zur Produktion großer Mengen an Investitions- und Konsumgütern. Die Produktionsmittel und letztlich auch die Konsumgüter werden zumeist nach ihrem Gebrauch in Form von hoher Entropie, also niedrigem Ordnungszustand, an die Umwelt abgegeben. Da die Mengen an Produktionsmitteln im Laufe der Industrialisierung zugenommen haben, sind die Verarbeitungskapazitäten der Umwelt nicht mehr groß genug, schädliche Kuppelprodukte zu verarbeiten und in die natürlichen Prozesse wieder einzugliedern, sondern zerstören die Umwelt, wie z.B. das Artensterben zeigt. Die Aufgabe von Umweltpolitik ist es daher, diese Entwicklung aufzuhalten und umzukehren. Das kann grundsätzlich auf zwei Wegen geschehen, die miteinander kombinierbar sind:

1. Wir können weniger produzieren und konsumieren, wodurch der Durchfluss an Energie und Materialien durch unsere Wirtschaft verringert wird und damit gleichzeitig auch die Menge an Schadstoffen, die aus der Wirtschaft an die Umwelt abgegeben werden.
2. Wir können unsere Wirtschaft insbesondere durch einen Technologiewandel bis zu einem gewissen Grad so umstellen, dass durch die Nutzung erneuerbarer Energien und die Transformation zu einer Kreislaufwirtschaft weniger Schadstoffe entstehen. Die Nutzung erneuerbarer Energien kann bewirken, dass die durch unser Wirtschaften entstehende Entropie deutlich verringert wird; sie ist die Basis für die Transformation zu einer Kreislaufwirtschaft. Verbleibende Mengen an Schadstoffen müssen so gering sein, dass sie umweltfreundlich entsorgt werden können.

Diese Wege haben unterschiedliche Chancen auf Umsetzbarkeit. So steht ersterem entgegen, dass viele Menschen noch heute unter einem Konsumniveau leben, welches ihre grundlegenden Bedürfnisse erfüllt und folglich angehoben werden muss. Zudem sträuben sich auch viele Menschen mit hohem materiellem Wohlstandsniveau gegen dessen Senkung. Hinzukommt, dass wir noch mit einem großen Zuwachs an Menschen rechnen müssen. Der zweite Weg wird derzeit in gewissen Grade in Teilen der Welt angegangen, die Entwicklungen sind allerdings noch weit von einem akzeptablen Ergebnis entfernt, wie das zunehmende Artensterben, und immer noch hohe Mengen an Treibhausgasemissionen pro Kopf zeigen.

Zudem zeigt uns die thermodynamische Perspektive die noch unbewältigten Herausforderungen in der Entwicklung einer Kreislaufwirtschaft auf. Denn jenseits des Aufbaus eines Versorgungsystems mit erneuerbarer Energien (das seinerseits mit Entropie einhergeht), ist eine Durchdringung von Recyclingprozessen für insbesondere komplex verbundene Materialien, wie Metalle, seltene Erden etc. (deren Abbau sowie Recycling mit Entropie einhergehen) derzeit nicht absehbar. Das verdeutlicht uns, wie die thermodynamische Perspektive uns die Wichtigkeit des ersten Wegs, des weniger Produzierens und Konsumierens, aufzeigen kann.

> **Wichtig zu wissen: Bedeutung der Thermodynamik für Forschung und Lehre**
> Da die Thermodynamik entscheidend ist für alle Wechselwirkungen zwischen Wirtschaft und Umwelt, sollte das Verständnis derselben Grundlage ökologisch-ökonomischer Umweltmaßnamen sein. Dazu ist es erforderlich, dass zentrale thermodynamische Erkenntnisse in Lehre und Forschung sowie Umwelt- und Wirtschaftspolitik integriert werden.

Literatur[11]

Baumgärtner, S., Faber, M., & Schiller, J. (2006). *Joint Production and Responsibility in Ecological Economics: On the Foundations of Environmental Policy*. Edward Elgar Publishing.

BMVU. (2021). *Effizienz und Kosten: Lohnt sich der Betrieb eines Elektroautos?* https://www.bmuv.de/themen/luft-laerm-mobilitaet/verkehr/elektromobilitaet/effizienz-und-kosten

Faber, M., Manstetten, R., & Proops, J. (1996). *Ecological economics: Concepts and methods*. Edward Elgar Publishing.

Faber, M., Niemes, H., & Stephan, G. (1983). *Entropie, . Umweltschutz und Rohstoffverbrauch: Eine naturwissenschaftlich ökonomische Untersuchung*. Springer-Verlag.

Faber, M., Proops, J. L. R., & Baumgärtner, S. (1998). All production is joint production: A thermodynamic analysis. In S. Faucheux, J. Gowdy, & I. Nicolai (Hrsg.), *Sustainability and firms, technological change and the regulatory environment, Edward Elgar, Cheltenham* (S. 131–158). Edward Elgar Publishing.

Georgescu-Roegen, N. (1971). *The entropy law and the economic process*. Harvard University Press.

---

[11] Die Inhalte dieses Konzeptes basieren auf: Faber, M., Frick, M., Zahrnt, D. (2019) MINE Website, Thermodynamics, www.nature-economy.com.

Georgescu-Roegen, N. (1979). Energy analysis and economic valuation. *Southern Economic Journal,* Bd. 45, 1023–1058.

Hüfner, J., & Löhken, R. (2010). *Physik ohne Ende… Eine geführte Tour von Kopernikus bis Hawking.* Wiley-VCH Verlag.

Lauth, J. G., & Kowalczyk, J. (2015). *Thermodynamik.* Springer.

Tractebel Engie. (2018, Mai 18). *Rekordwirkungsgrad – 62,4% für ein Gas- und Dampf-Kombikraftwerk.* https://tractebel-engie.de/de/nachrichten/2018/rekordwirkungsgrad-fuer-ein-gud-kraftwerk.

Irreversibilität: Warum aus einem Spiegelei nie ein Ei werden kann und was das mit Artensterben zu tun hat

10

Inhaltsverzeichnis

▶ **Worum geht's?**

Es geht um Unumkehrbarkeit bzw. um Irreversibilität. Wenn wir es mit Umweltproblemen zu tun haben, dann gilt es zu beachten, dass bestimmte Entwicklungen sich nicht oder nur mit enormem Aufwand rückgängig machen lassen. So wie uns intuitiv klar ist, dass wir die Zeit nicht zurückdrehen können, so sollten wir uns auch darüber bewusst sein, dass genau dies auch für viele Prozesse in der Umwelt gilt.

Unsere Bemühungen, unsere natürlichen Lebensgrundlagen zu erhalten, werden erfolgreicher, wenn wir die Irreversibilität von Umweltschäden, wie etwa des Artensterbens, berücksichtigen. Das Bewusstsein über Irreversibilität ist in Politik und Wirtschaft häufig nicht genügend ausgeprägt. In den Wirtschaftswissenschaften, deren Vertreterinnen bis heute großen Einfluss auf Politik und Gesellschaft ausüben, hat *Irreversibilität* lange keine oder nur eine untergeordnete Rolle gespielt. Das führt bis heute zu bedeutsamen Schwächen im Umgang mit Umweltproblemen.

© Der/die Autor(en), exklusiv lizenziert an Springer-Verlag GmbH, DE, ein Teil von
Springer Nature 2023
M. Faber et al., *Nachhaltiges Handeln in Wirtschaft und Gesellschaft,*
SDG – Forschung, Konzepte, Lösungsansätze zur Nachhaltigkeit,
https://doi.org/10.1007/978-3-662-67889-3_10

a   b

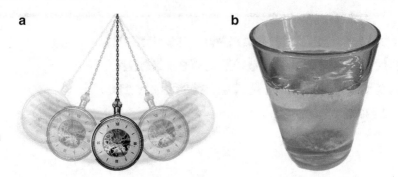

Abb. 10.1 a) Bewegung eines Pendels. (Quelle: Gerd Altmann,Pixabay.com). **b)** Brausetablette im Wasserglas. (Quelle: Eigene Darstellung)

10.1   Einführung in das Konzept

Betrachten wird die Bewegung eines Pendels (Abb. 10.1a), dann fällt es schwer, mit bloßem Auge zu erkennen, wo der Anfang und wo das Ende der Bewegung liegen. Stellen wir uns vor, wir würden einen Film der Pendelbewegung aufnehmen und diesen rückwärts ablaufen lassen; es würde uns nicht als unnatürlicher Vorgang erscheinen. Das liegt daran, dass die Pendelbewegung sehr gut von den Gesetzen der Newtonschen Mechanik beschrieben werden kann, welche bis zur Entdeckung der Thermodynamischen Gesetze um 1850, sowie der Relativitätstheorie und der Entdeckung der Quantenphysik zu Beginn des 20. Jahrhunderts die Grundlagen der Physik bildete. In Abwesenheit von Energieverlusten durch Reibung oder Verformungen – wie es beim Pendel zumindest in grober Annäherung der Fall ist – sind Prozesse nach der Newtonschen Mechanik umkehrbar in der Zeit, also reversibel. Ein Prozess, der rückwärts ablaufen würde, wäre konsistent mit den Newtonschen Gesetzen der Gravitation und der Bewegung.

Stellen wir uns jetzt nicht ein Pendel, sondern eine Brausetablette in einem Wasserglas vor (Abb. 10.1b) und nehmen auch davon einen Film auf.[1] Der Inhalt der Brausetablette verteilt sich innerhalb kürzester Zeit im Wasser und wird teilweise sogar an die Umgebungsluft abgegeben. Uns ist intuitiv klar, dass wir diesen Prozess nicht umkehren können, der Film würde uns rückwärts laufend unrealistisch erscheinen. Das liegt daran, dass bei diesem Prozess Entropie entsteht, was grob übersetzt bedeutet, dass der Prozess von einem geordneten in einen ungeordneten Zustand übergeht (vgl. Kap. 9 zu *Thermodynamik*). Theoretisch ist es

[1] Beide Beispiele sind dem Science Slam „Entropie – Von Kühltürmen und der Unumkehrbarkeit der Dinge" entnommen, den Martin Buchholz im Finale der ersten deutschen Science Slam Meisterschaft vorgetragen hat. Das Video dazu ist auf Youtube (https://www.youtube.com/watch?v=z64PJwXy--8) verfügbar (letzter Aufruf am 18.06.2023).

möglich, den Prozess wieder umzukehren und den Ausgangszustand wieder zu erreichen, allerdings nur durch die Zuführung von Energie. Im Fall der Brausetablette wäre es zum Beispiel denkbar, dass Glas im Labor hermetisch abzuriegeln, um Entweichungen von Stoffen zu vermeiden, das Wasser zu destillieren und die verteilten Bestandteile der Tablette wieder zusammenzufügen. Im Pendelbeispiel entsteht zwar auch Entropie – aufgrund von Reibungen mit der Luft etc. – aber nur sehr wenig, weshalb der Prozess mit geringem Aufwand umkehrbar ist.

> **Wichtig zu wissen: Reversibilität und Irreversibilität von Prozessen**
> Die Irreversibilität von Prozessen ist eine Folge der Entstehung von Entropie. Nach dem 2. Hauptsatz der Thermodynamik ist die bei einem Prozess entstehende Entropie immer größer, bestenfalls gleich Null, nie aber negativ. Je geringer die erzeugte Entropie (z.B. bei einem Pendel), desto einfacher lässt sich ein Prozess umkehren. Je mehr Entropie entsteht, desto schwerer ist die Umkehrung eines Prozesses (z.B. Brausetablette im Wasserglas).

Wir halten fest: Während es häufig einfach ist, einen geordneten Zustand in einen Zustand der Unordnung zu überführen, ist die gegenläufige Richtung ungleich schwieriger, mit erheblich mehr Energieaufwand verbunden und bisweilen sogar unmöglich. Und genau diese Aufgabe ist es, mit der wir bei der Lösung von Umweltproblemen oft konfrontiert werden. Durch die hauptsächlich fossil gedeckte hohe Energieintensität unserer wirtschaftlichen Tätigkeiten, die globale Verwendung und Verteilung nicht natürlicher und teilweise toxischer Stoffe und Substanzen, der Vernichtung des Lebensraums bedrohter Arten und anderen Tätigkeiten setzen wir Menschen viele Prozesse in Gang, die nicht oder nur schwer umkehrbar sind. Unsere Einwirkungen in die Umwelt sind Prozesse, die sehr hohe Entropie verursachen und wir verfügen nicht über ausreichend saubere Energiequellen, um das einmal angerichtete Chaos einzudämmen bzw. rückgängig zu machen. Kurz: Wir schaffen mehr Unordnung, als wir aufräumen können (vgl. Kap. 13 zu *Kuppelproduktion*).

Neben der durch die Entstehung von Entropie bedingten Irreversibilität gibt es noch eine weitere Dimension der Irreversibilität: Die Zeit. Einige Prozesse mögen in thermodynamischer Hinsicht umkehrbar sein, etwa, indem ausreichend Energie zugeführt wird, sind es aber nicht in zeitlicher Hinsicht. Dieser zweiten, praktischen Dimension von Irreversibilität werden wir uns im späteren Verlauf des Kapitels ausführlich am Beispiel von Erzeugungstechnologien für Wasserstoff widmen.[2]

---

[2]Wie gezeigt worden ist, bietet Thermodynamik einen konzeptionellen Rahmen für die Behandlung der zeitlichen Irreversibilität: Entscheidend für diesen Rahmen ist der Begriff der Entropie. Weitere Erkenntnisse, die damit für irreversible Prozesse gewonnen werden können, werden in Faber, Manstetten & Proops (1996, S. 103–112) dargestellt.

10.2   Reversibilität und Irreversibilität in den Wirtschaftswissenschaften

Dass die Irreversibilität von Prozessen häufig nicht beachtet wird, zieht sich als Phänomen auch durch die Geschichte der Wirtschaftswissenschaften und hat ernsthafte Folgen für unseren Umgang mit Umweltproblemen. An der Newtonschen Vorstellung der Physik und der Zeit, die keine thermodynamischen Gesetzmäßigkeiten beinhaltete, orientierten sich im 19. Jahrhundert führende Wirtschaftswissenschaftler wie William Stanley Jevons (1835 – 1882) und León Walras (1834 – 1910). Dies führte dazu, dass die Theorie des allgemeinen Gleichgewichts, welche das theoretische Herzstück der herkömmlichen Wirtschaftswissenschaften bildet, auf der Reversibilität von Zeit basiert. Zwar wurde die Gleichgewichtstheorie seither in vielfacher Hinsicht umfangreich weiterentwickelt, das Problem der Auffassung von Zeit bleibt allerdings weitgehend bestehen. Zeit wird oft immer noch zu sehr statisch betrachtet und irreversible dynamische Entwicklungen werden nicht unzureichend berücksichtigt (Faber et al., 1998, S. 74–78). Innerhalb dieser statischen Sicht können Äpfel mit Birnen verglichen werden und sogar Äpfel von heute mit Birnen von morgen (Romer, 1994, S. 11). Allerdings wird dynamischen Neuerungen (vgl. Kap. 11 zu *Evolution*), wie etwa die Züchtung einer neuen Obstsorte, nicht die Aufmerksamkeit gegeben, die sie verdienen. Solange es nur um Obst geht, mag das nicht so problematisch sein, problematisch wird es allerdings, wenn gravierende Umweltprobleme untersucht und gelöst werden sollen. Sich bei Umweltproblemen auf eine ökonomische Theorie zu stützen, die zwar eindeutige, in Zahlen darstellbare Ergebnisse liefert, welche allerdings auf nichtrealistischen Voraussetzungen wie der statischen Betrachtungsweise und der Reversibilität von Zeit und Prozessen basiert, kann gravierend sein für die Umwelt und damit auch für den Menschen.

Eine ökonomische Theorie aufzubauen, welche dynamische Entwicklungen mit einbezieht, ist überaus komplex. Einen solchen Ansatz verfolgt beispielsweise die sogenannte *Neue Österreichische Kapitaltheorie,* welche evolutorische Entwicklungen berücksichtigt (Faber et al., 1999; Stephan, 1995). Sowohl die Entstehung von Neuem – etwa klimafreundliche Methoden zur Energieerzeugung –, die Verursachung der Kosten durch Beibehaltung des Alten – zum Beispiel der Nutzung fossiler Brennstoffe –, als auch den teils irreversiblen Verlust von natürlichen Ressourcen und intakten Ökosystemen, müssen in einem dynamischen Ansatz abgebildet werden. Einer solchen Wirtschaftstheorie würden viel komplexere Annahmen zugrunde liegen und es wäre nicht, oder nur sehr schwer möglich, so klare und mathematisch stichhaltige Ergebnisse zu liefern, wie es die herkömmlichen Wirtschaftswissenschaften häufig vermögen. Allerdings lässt sich die Frage stellen, ob es besser ist, Entscheidungen in Umweltfragen an realitätsfernen Annahmen, dafür aber eindeutigen Ergebnissen, oder an realitätsnahen Annahmen, dafür aber weniger eindeutig mathematisch darstellbaren Ergebnissen auszurichten. Wir wollen an dieser Stelle keine Antwort auf diese Frage geben, denn beide Herangehensweisen haben ihre jeweiligen Vor- und Nachteile. Wir weisen allerdings darauf hin, dass gerade aufgrund der Irreversibilität vieler Umweltprobleme eine besondere Vorsicht gelten sollte, wenn Entscheidungen auf der Basis von vereinfachten oder gar unrealistischen Annahmen getroffen werden.

10.3 Zwei Pfeile der Zeit

Das Problem der Irreversibilität im Laufe der Zeit ist in den Naturwissenschaften auf zwei unterschiedlichen Weisen untersucht worden; diese behandeln zwei gegensätzliche Aspekte der natürlichen Welt. Der erste wurde oben bereits behandelt, es ist eine Tendenz zu immer mehr Vermischung, wie das Beispiel der Auflösung der Brausetablette im Wasser zeigt. Wir beobachten niemals, dass aus der Vermischung wieder reines Wasser und eine Brausetablette wird. All diese Phänomene sind auf den Zweiten Hauptsatz der Thermodynamik zurückzuführen. Wie im Kap. 9 *Thermodynamik* erläutert wurde, sind diese Vorgänge mit einer Zunahme der Entropie verbunden. In einem isolierten System kann diese Entwicklung nie rückgängig gemacht werden. Dieser Umstand ist häufig in dem Sinne interpretiert worden, dass sich die Welt in eine Richtung entwickelt und damit asymmetrisch ist: von der Ordnung zur Unordnung. Diese Sichtweise wird unter dem Begriff des *Ersten Pfeiles der Zeit* erfasst.

Jedoch ist unsere Erfahrung mit Zeit nicht beschränkt auf diese negative Sichtweise, dass alles unordentlicher wird; denn wir beobachten in der Natur Entwicklung, Strukturierung, Wachstum und Selbstorganisation. Zum Beispiel beobachten wir zwar einerseits, wie ein Apfelbaum am Ende seiner Lebenszeit zerfällt und sich damit entsprechend dem *Ersten Pfeil der Zeit* verhält. Aber was wir vor allem beobachten, ist das Wachsen des Baumes, die Bildung von Zweigen, Blättern und Äpfeln. In größerem Rahmen erkennen wir, wie sich evolutorisch neue Pflanzen und Tiere entwickeln mit je eigenen selbstorganisierten Lebenszyklen. All dies hat in der Vergangenheit über Millionen von Jahren zu einer vielfältigen Biodiversität geführt. Ähnlich sehen wir in der Wirtschaft aufgrund von Arbeitsteilung und technischem Fortschritt eine fortwährende evolutorische Entwicklung, ausgehend von den Jäger- und Sammlergesellschaften, Agrargesellschaften bis zur heutigen Industriegesellschaft. Alle diese evolutorischen Tendenzen zur Selbstorganisation (vgl. Faber et al., 1996, S. 110–111) werden mit dem Begriff des *Zweiten Pfeils der Zeit* erfasst.[3] Treiber des *Zweiten Pfeils der Zeit* ist Energie, die dem betrachteten System, zum Beispiel der Erde, von außen zugeführt wird. Phänomene beider Pfeile der Zeit erklären thermodynamisch auf ganz

---

[3] Es war vor allem der russisch-belgische Physiker, Philosoph und Nobelpreisträger Ilya Prigogine (1917–2003), der mit seinen Mitarbeitern eine nichtlineare Thermodynamik zur Beschreibung von irreversiblen Prozessen, die weit von ihrem Gleichgewichtszustand entfernt sind, entwickelte und dafür den Begriff des Pfeils der Zeit verwendete.

unterschiedliche Weise irreversible Prozesse. Wie oben erwähnt, können auch ökologisch ökonomische Entwicklung damit beschriebenen und erklärt werden.[4]

10.4   Irreversibilität wirtschaftspolitischer Entscheidungen: Technologische Lock-In-Effekte

Wir haben oben dargelegt, dass die Irreversibilität vieler Prozesse in erster Linie thermodynamisch begründet ist. Allerdings ergibt sich die Irreversibilität von entscheidenden Weichenstellungen in unserer Wirtschaft, etwa der Entwicklung und Verbreitung des Verbrennungsmotors im letzten Jahrhundert, nicht einzig physikalisch. So erläutert Arthur (1989), dass sich eine bestimmte Technologie nicht unbedingt aufgrund ihrer technischen Überlegenheit (z.B. höhere Effizienz) durchsetzt, sondern dass kleine, historische Ereignisse ganz entscheidenden Einfluss ausüben. Obwohl die Dampfmaschine zunächst eine höhere potenzielle wirtschaftliche Effizienz aufwies, setzte sich beim Auto der Verbrennungsmotor durch. Ab dem Einsetzen von wesentlichen wirtschaftlichen Skaleneffekten in der Produktion und Verbreitung einer Technologie – das heißt, wenn Produktionsanlagen im großen Stil entstehen, um das Produkt massenweise zu produzieren und so den Preis zu senken –, wird der Wechsel zu einer möglicherweise effizienteren Technologie aus wirtschaftlichen Gründen erschwert, oder sogar gänzlich verhindert. Einmal aufgebaute Produktionsanlagen und sonstige Infrastruktur sorgen dann für einen sogenannten *Lock-In* oder Pfadabhängigkeiten. Es ist bereits zu viel Kapital in der gewählten Technologie gebunden, als dass sich der Wechsel zu einer alternativen, wenn auch besseren Technologie lohnen würde. Die Entscheidung für die gewählte Technologie ist damit erst einmal irreversibel, trotz eines möglicherweise gesellschaftlich nicht wünschenswerten Ergebnisses.

10.4.1   Wasserstoff: Welche Farbe soll es sein?

Die Gefahr eines solchen Lock-Ins, der irreversiblen Wahl eines Technologiepfads, möchten wir an einer aktuell offenen und häufig diskutierten Frage im Rahmen der Energiewende zur Klimaneutralität verdeutlichen: Sollte blauer Wasserstoff eingesetzt werden, um unsere Wirtschaft zu dekarbonisieren?

    Zunächst einige kurze Erklärungen zur Fragestellung. Wasserstoff ist an sich farblos. Die Bezeichnung von Wasserstoff als blau, grün, grau, gelb oder sonstiges bezieht sich auf die Art der Herstellung des Wasserstoffs. Wir beschränken uns in der Betrachtung auf die drei derzeit am meisten verwendeten, bzw. am meisten im Zuge der Energiewende diskutierten Herstellungsmethoden. Diese sind:

---

[4]Ausführlichere Darstellungen der beiden Pfeile der Zeit finden sich bei Faber & Proops (1998, S. 85–87) sowie bei Faber, Manstetten & Proops (1996, S. 103–114).

- Grauer Wasserstoff: Herstellung mittels fossiler Brennstoffe (meistens Erdgas).
- Blauer Wasserstoff: Herstellung mittels fossiler Brennstoffe verbunden mit *Carbon Capture and Storage* (CCS), also dem Auffangen und Speichern der bei der Herstellung anfallenden Treibhausgase (THGs).
- Grüner Wasserstoff: Herstellung durch Wasserelektrolyse unter Einsatz von erneuerbar erzeugtem Strom als Energiequelle.

Wasserstoff wird in der globalen Energiewende eine entscheidende Rolle als Energieträger spielen, da bei der Verwendung von Wasserstoff in Antrieben, Produktionsprozessen, Rückverstromung, etc. lediglich Wasser und Sauerstoff als *Kuppelprodukte* anfallen und keine klimaschädlichen THG (vgl. Kap. 13 zu *Kuppelproduktion*). Zwar werden bei der Verwendung von Wasserstoff keine THGs freigesetzt, bei seiner Herstellung ist das allerdings anders. Derzeit ist die große Mehrheit des weltweit verwendeten Wasserstoffs grau (Metz et al., 2022), das heißt, durch die Produktion unter Einsatz fossiler Brennstoffe – meist Erdgas, aber auch Kohle – werden signifikante Mengen an THG emittiert. Der Bedarf von Wasserstoff wird sich in den nächsten Jahrzehnten in Deutschland und der ganzen Welt vervielfachen und es muss sichergestellt werden, dass diese Mengen möglichst ohne THG-Emissionen produziert werden (Deutsche Energie-Agentur GmbH (dena), 2021; International Energy Agency (IEA), 2022; Ram et al., 2020). Prädestiniert dafür ist grüner Wasserstoff, bei dem THG-Emissionen nur durch die Konstruktion der Anlagen für erneuerbare Energieerzeugung (überwiegend Wind und Solar) und der Produktionsanlage, des Elektrolyseurs, entstehen und daher gering sind.

Allerdings ist grüner Wasserstoff derzeit knapp, da es kurzfristig sehr schwierig ist, die erforderlichen zusätzlichen Kapazitäten an erneuerbarer Stromerzeugung, als auch an Elektrolysekapazität aufzubauen (vgl. Kap. 14 zu *Knappheit*). Unterschiedliche Gruppen in Politik, Wissenschaft und Industrie fordern daher den Aufbau von Produktionsanlagen für blauen Wasserstoff. Die Vorgehensweise ist folgende: Existierende, auf der Verwendung fossiler Rohstoffe wie Öl oder Erdgas basierende Technologien zur Herstellung von Wasserstoff durch CO_2-Abscheidungsanlagen zu ergänzen und somit die kurz- und mittelfristige Knappheit von grünem Wasserstoff zu überbrücken. Das durch die Verwendung der fossilen Rohstoffe freigesetzte CO_2 würde durch eine Art Filter aus der Abgasluft herausgetrennt werden und entweder in irgendeiner Form gespeichert oder anderweitig verwendet werden. Das Problem: Es ist nicht gesichert, dass die nach der CO_2 Abscheidung verbleibenden Restemissionen der Produktion von blauem Wasserstoff wirklich so niedrig sind, wie in diesen Forderungen häufig angenommen werden; denn neuere Untersuchungen ergaben, dass die THG-Emissionen von blauem Wasserstoff nur knapp unter den Emissionen von grauem Wasserstoff liegen könnten (Howarth & Jacobson, 2021). So sind etwa in der Vergangenheit die klimaschädlichen Methanlecks bei der Förderung und dem Transport von Erdgas lange Zeit unterschätzt worden. Freigesetztes Methan hat eine bis zu 30-mal höhere Treibhausgaswirkung als CO_2. Hinzu kommt, dass es erst wenige Erfahrungen mit dem großtechnischen Einsatz der CO_2 Abscheidung und der anschließenden Speicherung des THG gibt.

Dieses Problem wäre nicht so gravierend, könnten wir, falls sich die Befürchtungen zur Klimaschädlichkeit blauen Wasserstoffs bestätigen, ohne weiteres auf eine „grünere" Technologie wechseln. An dieser Stelle wird jedoch die Bedeutung von Irreversibilität deutlich: Es besteht die Gefahr eines *Lock-Ins* in den fossilen Brennstoffen und darauf basierenden Technologien. Für den Hochlauf der Produktion von blauem Wasserstoff, also dem Aufbau von neuen, auf fossilen Energieträgern basierenden Wasserstoffproduktionsanlagen inklusive CO_2Abscheidungsanlagen, sind umfangreiche Investitionen notwendig. Dieses Kapital wäre auf Jahrzehnte in der fossilen Technologie gebunden und steht nicht für andere Technologien, etwa für Windräder und Photovoltaikanlagen, sowie Anlagen zur Herstellung von grünen Wasserstoff zur Verfügung, selbst dann nicht, wenn sich die Herstellung von blauem Wasserstoff als untauglich erweist. Es besteht also die Gefahr, dass der kurzfristige Anreiz, in eine weniger vielversprechende Technologie (zumindest aus Umweltaspekten) zu investieren, dazu führt, dass diese aufgebaut wird, Investitionen bindet und den eigentlich notwendigen Hochlauf der grünen Wasserstofferzeugung behindert.

10.5   Irreversibilität – so what?

An dieser Stelle des Kapitels könnte man sich als Individuum fragen: Was bringt mir denn das erarbeite Wissen über Irreversibilität? Natürlich kann ich aus einem Omelett kein Ei mehr machen und es ist auch verständlich, dass bestimmte Richtungsentscheidungen in der Wirtschaft nicht rückgängig zu machen sind, aber wie hilft mir das, auf sich mir eröffnende Umweltfragen besser reagieren zu können?

Wir werden als Antwort auf diese und ähnliche Fragen im Folgenden drei Merkmale von Situationen nennen, in denen ein Einbeziehen des Konzeptes der Irreversibilität relevant ist.

1. Bei möglichen ungewünschten Ergebnissen von Handlungen

Erst einmal kann dazu gesagt werden: Wenn alles so läuft, wie es erwünscht ist, also der Ausgang unserer Handlungen positiv ist, auch mit Blick auf mögliche Konsequenzen in der Zukunft, dann ist Irreversibilität gar kein Problem. Wenn wir etwas nicht rückgängig machen können, was wir nicht rückgängig machen wollen, dann ist das unproblematisch. Sollte sich etwa blauer Wasserstoff als die beste Technologie erweisen, mit der wir die Energiewende schaffen können, dann ist es auch nicht weiter problematisch, wenn wir die getroffene Technologieentscheidung nicht rückgängig machen können. Problematisch wird Irreversibilität erst in dem Fall, wenn wir gewisse Ergebnisse unseres Handels gerne umkehren möchten, es aber aus technischen oder wirtschaftlichen Gründen nicht können. Bei Umweltproblemen ist das nicht immer, aber doch häufig der Fall.

2. Vor den Handlungen

Weiterhin ist ein Nachdenken über Irreversibilität wenig hilfreich, wenn ein Problem schon da ist. Irreversibilität in Umweltüberlegungen mit einzubeziehen, nachdem zum Beispiel die Produktionsanlagen für blauen Wasserstoff schon gebaut wurden, hilft nicht weiter. Wichtig ist es, schon bevor wir handeln, also *ex ante*, Irreversibilität bei Umweltfragen zu berücksichtigen. Wir sollten uns heute darüber Gedanken machen, welche unserer zukünftigen Handlungen im Umweltbereich nicht, oder nur schwer umkehrbar sind und diese Erkenntnisse in unsere Entscheidungen einfließen lassen. Der Faktor Zeit spielt also eine wichtige Rolle für den Umgang mit Irreversibilität. In Kap. 8 zu *drei Zeitbegriffen* wurde der Kairos, der günstige Zeitpunkt für eine Handlung als eine Dimension der Zeit eingeführt. In Bezug auf Irreversibilität gibt es auch einen Kairos, nämlich den günstigen Zeitpunkt für ein Nachdenken über Irreversibilität. Dieser liegt meist vor Beginn des eigentlichen Prozesses, mindestens aber vor dem letztmöglichen Zeitpunkt eines Prozessabbruchs.

3. Bei Unwissen

Würden wir den Ausgang unserer Handlungen schon im Vorhinein kennen, dann bräuchten wir uns auch nicht mit der Irreversibilität dieser Handlungen auseinandersetzen. Wir würden nur Handlungen auswählen, deren Ergebnisse wünschenswert wären und die wir daher nicht umkehren würden. Allerdings müssen wir gerade bei Handlungen, die unsere Umwelt betreffen, mit sehr viel Unwissen umgehen (vgl. Kap. 12 zu *Unwissen*). Oft kennen wir den Ausgang unserer Handlungen schlichtweg nicht, bzw. können unerwünschte Nebeneffekte nicht im Vorhinein absehen. Daher gilt es gerade in Verbindung mit viel Unwissen abzuwägen, ob mögliche unerwünschte Konsequenzen einer Handlung irreversibel sind. In einem weiteren Schritt kann dann entschieden werden, ob die erhofften positiven Ergebnisse es wert sind, eine möglicherweise irreversible Handlung auszuführen.

10.6   Das Wissen um Irreversibilität als Grundlage für informierte Entscheidungen

Das Konzept der Irreversibilität liefert ein wichtiges Entscheidungskriterium für Handlungen im Zusammenhang mit Umweltproblemen. Wenn es darum geht, Umweltprobleme zu lösen, oder gar nicht erst entstehen zu lassen, kommen wir nicht umhin, Entscheidungen unter Risiko, Unsicherheit oder Unwissen (vgl. Kap. 8 zu *drei Zeitbegriffen* und Kap. 12 zu *Unwissen*) zu treffen. Besonders gravierend dabei ist, dass wir unser Unwissen häufig zwar reduzieren, nie aber komplett auflösen können. Es besteht daher immer die Möglichkeit, dass Handlungen unerwünschte Folgen nach sich ziehen.

Ein Nachdenken über Irreversibilität hilft uns, bessere Entscheidungen zu treffen, da wir in Betracht ziehen, dass einige unerwünschte Ergebnisse möglicherweise irreversibel sind. Das muss nicht bedeuten, dass wir bei Risiko, Unsicherheiten oder Unwissen Handlungen nicht mehr ausführen. Wäre dem so, dann würde uns die Vorsicht lähmen und auch wichtige Handlungen mit positiven Ergebnissen würden nicht mehr getätigt werden. Es gilt daher, mit dem Nachdenken über Irreversibilität unsere Entscheidungsgrundlage zu erweitern und damit auf einer breiteren Informationsgrundlage, bessere Entscheidungen zu treffen. Welche Entscheidungen getroffen werden und ob die Irreversibilität für diese Entscheidung ausschlaggebend ist, das unterliegt der oder dem Einzelnen und der eingesetzten Urteilskraft (vgl. Kap. 7).

Bezogen auf die anfangs aufgeworfene Fragestellung zu blauem Wasserstoff bedeutet dies, dass etwa eine Politikerin oder ein Unternehmer, welche die Frage für die Ausrichtung ihrer Politik bzw. seines Unternehmens für sich beantworten möchten, sich nicht unbedingt gegen den blauen Wasserstoff entscheiden würden, nur weil das Ergebnis irreversible Folgen nach sich ziehen könnte. Allerdings würde die mögliche Irreversibilität einer solchen Entscheidung eine Information darstellen, die der Politikerin oder dem Unternehmer helfen kann, eine bessere Entscheidung zu treffen.

Wichtig zu wissen: Die praktische Bedeutung von Irreversibilität
- **Irreversibilität durch Lock-In:** Irreversibilität kann sowohl physikalisch (siehe Ausführungen zur Entropie in Abschn. 10.1 oben), als auch ökonomisch begründet sein, wenn beispielsweise bestimmte Technologien das notwendige Kapital binden und dieses für Alternativen nicht mehr zur Verfügung steht. Ein Fall, in dem aus einer nicht optimalen Technologie aufgrund von vorrangegangenen Entscheidungen (Investitionen, Gesetze, Infrastrukturen, etc.) nicht mehr zu einer besseren Technologie gewechselt werden kann, wird als *Lock-In* bezeichnet.
- **Wann spielt Irreversibilität eine Rolle in unseren Entscheidungen?** Ein Nachdenken über Irreversibilität ist dann notwendig, wenn
  - Ergebnisse von Handlungen möglicherweise unerwünscht sind.
  - Handlungen noch ausstehen und Ergebnisse noch beeinflussbar sind.
  - Wenn Unwissen über den Ausgang von Handlungen besteht.
- **Irreversibilität als Erweiterung der Entscheidungsgrundlage bei Umweltfragen:** Überlegungen zur Irreversibilität von Handlungen und deren Ergebnissen bestimmen nicht alleine die Entscheidungsfindung, sondern erweitern die Informationsgrundlage, auf deren Basis dann fundierter und möglicherweise bessere Entscheidungen getroffen werden können.

Literatur[5]

Arthur, W. B. (1989). Competing technologies, increasing returns, and lock-in by historical events. *The economic journal, 99*(394), 116–131.

Deutsche Energie-Agentur GmbH (Hrsg.) (dena). (2021). d*ena-Leitstudie Aufbruch Klimaneutralität.*

Faber, M., Manstetten, R., & Proops, J. L. R. (1996). *Ecological economics: Concepts and methods.* Edward Elgar Publishing.

Faber, M., & Proops, J. L. R. (1998). *Evolution, time, production and the environment.* Springer Science & Business Media.

Faber, M., Proops, J. L. R., & Baumgärtner, S. (1998). All production is joint production: A thermodynamic analysis. In S. Faucheux, J. Gowdy, & I. Nicolai (Hrsg.), *Sustainability and Firms, Technological Change and the Regulatory Environment* (S. 131–158). Edward Elgar Publishing.

Faber, M., Proops, J., Speck, S., & Jöst, F. (1999). *Capital and time in ecological economics: Neo-Austrian modelling.* Edward Elgar Publishing.

Howarth, R. W., & Jacobson, M. Z. (2021). How green is blue hydrogen? *Energy Science & Engineering, 9*(10), 1676–1687.

International Energy Agency (Hrsg.) (IEA). (2022). *Net Zero by 2050: A Roadmap for the Global Energy Sector.*

Metz, S., Smolinka, T., Bernäcker, C. I., Loos, S., Rauscher, T., Röntzsch, L., Arnold, M., Görne, A. L., Jahn, M., & Kusnezoff, M. (2022). Wasserstofferzeugung durch Elektrolyse und weitere Verfahren. In *Wasserstofftechnologien* (S. 207–258). Springer.

Ram, M., Galimova, T., Bogdanov, D., Fasihi, M., Gulagi, A., Breyer, C., Micheli, M., & Crone, K. (2020). *Powerfuels in a renewable energy world-global volumes, costs, and trading 2030 to 2050.* LUT University und Deutsche Energie-Agentur GmbH.

Romer, P. (1994). New goods, old theory, and the welfare costs of trade restrictions. *Journal of Development Economics, 43*(1), 5–38.

Stephan, G. (1995). *Introduction into capital theory: A Neo-Austrian perspective.* Springer Science & Business Media.

---

[5] Die Inhalte dieses Konzeptes basieren auf: Faber, M., Frick, M., Zahrnt, D. (2019) MINE Website, Irreversibility, www.nature-economy.com

Evolution: Alles entwickelt sich – Möglichkeiten und Grenzen unseres Blicks in die Zukunft

11

Inhaltsverzeichnis

> ▶ **Worum geht's?**
>
> Es geht um Evolution. Wie wird sich die Wirtschaft in der Zukunft entwickeln? Wird es möglich sein, die fortschreitende Umweltzerstörung aufzuhalten, oder lassen die bestehenden Strukturen zu wenig Raum für Veränderung? Können wir Veränderungen aktiv beeinflussen. Wenn ja, wie? Diese und ähnliche Fragen versuchen wir, mit dem Konzept der Evolution zu beantworten.
>
> Dieses Kapitel zeigt das Potenzial des Evolutionskonzepts, mit dem vorhersehbare sowie unvorhersehbare Prozesse, Erfindungen und Innovationen, Neuartigkeit und Unwissenheit betrachtet werden. Das hilft uns, eine nachhaltige Entwicklung voranzutreiben, da wir mit der Kenntnis evolutorischer Verläufe gezielter Entwicklungen beeinflussen und gegebenenfalls kontrollieren können.

© Der/die Autor(en), exklusiv lizenziert an Springer-Verlag GmbH, DE, ein Teil von
Springer Nature 2023
M. Faber et al., *Nachhaltiges Handeln in Wirtschaft und Gesellschaft,*
SDG – Forschung, Konzepte, Lösungsansätze zur Nachhaltigkeit,
https://doi.org/10.1007/978-3-662-67889-3_11

11.1   Einführung in das Konzept[1]

Ursprünglich entwickelt wurde das Konzept der Evolution von dem Biologen und Naturforscher Charles Darwin (1809 – 1882), welcher es nutzte, um die Entwicklung der Arten zu erklären. Er verwendete dazu die Begriffe Phänotyp und Genotyp, wie sie auch heute in der Biologie üblich sind.

Betrachten wir einen Organismus: er hat eine bestimmte Erscheinung, Eigenschaften und Fähigkeiten. Alle diese sind sein Phänotyp, welcher von zwei Faktoren bestimmt wird. Der eine ist das Potenzial, welches der Organismus von seinen Eltern geerbt hat. Es ist seine genetische Struktur (DNA), sein Genotyp. Der zweite Faktor ist seine ihn beeinflussende Umwelt. Gehen wir zum Beispiel von zwei Organismen mit demselben Genotyp aus, wie das bei eineiigen Zwillingen der Fall ist, dann werden sie trotz ihrer nahezu identischen DNA unterschiedlich wachsen und unterschiedlichen Fähigkeiten aufweisen, wenn sie unterschiedlich ernährt oder erzogen werden.

Es ist allgemein anerkannt, dass in biologischen Systemen der Genotyp den Phänotyp beeinflusst, aber dass der Phänotyp nicht den Genotyp beeinflusst. Eine spontan entstehende oder künstlich erzeugte, dauerhafte Veränderung des genetischen Materials einer Zelle bewirkt eine Mutation des Genotyps. Diese kann z.B. bewirken, dass die Arme eines Affen kräftiger werden. Wenn ein Affe dagegen seine Arme kräftigt, dann werden seine Nachkommen diese Eigenschaft nicht erben.

Diese Überlegungen zeigen, dass der Genotyp eines Organismus die Möglichkeiten oder das Potenzial dieses Organismus beschreibt. Ein entsprechender Phänotyp stellt *eine* dieser Möglichkeiten dar. Ein Genotyp ermöglicht also unterschiedliche Phänotypen. Welcher realisiert wird, hängt von den Umweltbedingungen ab.

> **Wichtig zu wissen: Genotyp und Phänotyp**
> Ein natürlicher Organismus hat einen Genotyp und einen Phänotyp.
> Der Genotyp wird durch seine genetische Struktur (seine DNA) beeinflusst.
> Die Erscheinung eines natürlichen Organismus ist sein Phänotyp. Er wird durch seine Genstruktur und seine Umweltbedingungen bestimmt. Der Genotyp bestimmt neben den Umweltbedingungen den Phänotyp, der Phänotyp dagegen nicht den Genotyp.

---

[1] Dieses Kapitel verwendet Material aus dem Buch von Malte Faber und John Proops (1998, Kap. 1-3).

Das Konzept der Evolution auf der Grundlage des Zusammenspieles von Genotyp und Phänotyp lässt sich verallgemeinern, sodass es auch außerhalb der Biologie für Entwicklungen in anderen Wissenschaftsbereichen verwendet werden kann. Für Nachhaltigkeitsfragen von Bedeutung sind insbesondere die Untersuchung evolutorischer Entwicklungsprozesse in der Wirtschaft sowie deren Interaktion mit der Umwelt.

Das gegenwärtige Verständnis von Evolution in der Öffentlichkeit ist, dass sich die Verhältnisse in einer Gesellschaft im Laufe der Zeit immer mehr verbessern. Beispiele dafür sind:

- Evolution der Technologie durch technischen Fortschritt.
- Evolution der Wirtschaft durch ökonomisches Wachstum.

Dieses Verständnis ist für Fragen der Zukunft der Menschheit unzureichend; denn wir müssen berücksichtigen, dass die Natur begrenzt ist. Das gilt insbesondere für die Verfügbarkeit von Rohstoffen und der Aufnahmekapazität von Schadstoffen in Wasser, Luft und Boden.

Folglich ist unsere Aufgabe, einen umfassenden evolutorischen Ansatz zu entwickeln, der für die ökologisch-ökonomische Untersuchungen geeignet ist. Er sollte es ermöglichen, evolutionäre Prozesse interdisziplinär in

- physikalischen,
- biologischen,
- ökologischen und
- ökonomischen

Systemen zu untersuchen; denn alle diese Systeme sind für unsere Frage der Vorhersehbarkeit und der Einflussnahme auf ökologisch-ökonomischen Zusammenhänge wichtig.

Bevor wir fortfahren, wollen wir den Begriff Evolution derart formulieren, dass er für die umfassende Aufgabe der Vorhersehbarkeit ökologisch-ökonomischer Zusammenhänge geeignet ist. Es ist offensichtlich, dass dafür eine weite Definition von Evolution erforderlich ist. Für unsere Zwecke sind die Schlüsseleigenschaften von Evolution:

- Veränderung und
- Zeit.

Diese Überlegungen führen zu folgender Definition:

Evolution ist der Prozess der Veränderung von Etwas im Laufe der Zeit.

Statt einer analytischen Definition haben wir eine allgemeine verwendet. Diese Formulierung ist so allgemein, dass sie geeignet ist, in unterschiedlichen Kontexten verwendet zu werden.

Wichtig zu wissen: Was heißt Evolution?
Definition: *Evolution ist der Prozess der Veränderung von Etwas im Laufe der Zeit.*
Das ist eine allgemeine und weit gefasste Konzeptualisierung von Evolution. Sie ermöglicht, Evolution in unterschiedlichen Bereichen der Wirklichkeit und der Wissenschaften zu erkennen und zu untersuchen.

11.2   Konzeptioneller evolutorischer Rahmen

Wir wollen nun einen allgemeinen konzeptionellen evolutorischen Rahmen entwickeln, um ökologisch-ökonomische Zusammenhänge untersuchen zu können. Wir interessieren uns dafür, was die Möglichkeiten von physikalischen, biologischen und ökonomischen Systemen sind und wie sich die Realisationen dieser Möglichkeiten im Laufe der Zeit entwickeln. Der Einfachheit halber verwenden wir aufgrund unserer allgemeinen Konzeptualisierung des Evolutionsbegriffes im Folgenden, wenn wir uns auf „Realisationen" beziehen, den Begriff Phänotyp, und wenn wir uns auf „Potentialitäten" beziehen, den Begriff Genotyp. Dabei arbeiten wir nicht mit Analogien zur Biologie, sondern gehen nur davon aus, dass diese Begriffe zuerst in der Biologie verwendet worden sind und erweitern diese für unsere allgemeineren Betrachtungen.

Oben haben wir bereits das Zusammenspiel von Genotyp und Phänotyp in der Biologie dargestellt. Wenden wir uns nun der Evolution in physikalischen Systemen zu. Wie können wir den *Genotyp der Physik* bestimmen? Abläufe in physikalischen Systemen werden durch fundamentale physikalische Konstanten sowie Naturgesetze einerseits und durch Umweltbedingungen andererseits bestimmt. Die Realisation dieser Möglichkeiten ist das beobachtete Verhalten des betreffenden physikalischen Systems.

Der Genotyp eines physikalischen Systems ergibt sich gemäß unserer Definition aus den Möglichkeiten, also aus den fundamentalen Naturkonstanten und Naturgesetzen. Entsprechend ist der Phänotyp eines physikalischen Systems eine Realisation dieser Möglichkeiten im Zusammenspiel mit den betreffenden Umweltbedingungen. Wir sehen, dass diese Art der Konzeptualisierung dazu führt, dass im Gegensatz zur Biologie alle physikalischen Systeme den gleichen Genotyp haben. Unterschiedliche physikalische Phänotypen sind folglich nicht aus unterschiedlichen Genotypen hervorgegangen. Wie in der Biologie trifft ebenfalls zu, dass ein physikalischer Phänotyp nicht seinen physikalischen Genotyp beeinflussen kann.

Wie in der Biologie und Physik können wir in der Ökonomik eine Wirtschaft durch ihre Möglichkeiten und ihre Realisierungen kennzeichnen, also indem wir Genotyp und Phänotyp der Wirtschaft unterscheiden. Es wird sich zeigen, dass die Bestimmung von Genotyp und Phänotyp in der Wirtschaft nicht so eindeutig möglich ist, wie das in der Biologie oder der Physik der Fall ist. Das liegt daran, dass sowohl Genotyp als auch Phänotyp der Wirtschaft sich aus einer Vielzahl von Faktoren zusammensetzen, die sich im Laufe der Zeit schnell ändern. Darüber hinaus verändern bestimmte Ausprägungen des Phänotyps den Genotyp. Wir werden später in diesem Kapitel noch auf diese speziellen Eigenschaften von Genotyp und Phänotyp in der Wirtschaft zurückkommen.

Hier fragen wir zunächst: Wie setzt sich der Genotyp einer Wirtschaft zusammen? Dazu ist es erforderlich zu überlegen, welche Faktoren die Möglichkeiten einer Wirtschaft bestimmen. Diese lassen sich gruppieren in Faktoren, die sich auf das Angebot in der Wirtschaft, also die Produktion von Gütern und Dienstleistungen, beziehen, sowie in Faktoren, welche die Nachfrageseite betreffen.

Die Herstellung von Gütern wird auf der *Angebotsseite* vor allem beeinflusst durch

- die geographischen Gegebenheiten,
- die Rohstoffausstattung,
- die Verfügbarkeit von Kapitalgütern (wie Maschinen, Werkzeugen, Gebäuden, Infrastruktur, Transportfahrzeugen),
- die vorhandene Technologie,
- die Arbeitskräfte und deren Ausbildung,
- die rechtlichen, ökonomischen und sozialen Institutionen sowie
- der Wirtschaftsform (sei es etwa Marktwirtschaft, Sozialismus oder Planwirtschaft).

Auf der *Nachfrageseite* wird die tatsächliche Herstellung der Güter in einer Marktwirtschaft maßgeblich gestaltet von

- den Konsumgewohnheiten bzw. den Präferenzen der Wirtschaftsakteure,
- ihrem Einkommen,
- ihrem Vermögen sowie
  der „Sicht auf die Welt" der Wirtschaftsakteure, einschließlich religiöser und sozialer Normen.

Wir hatten oben erläutert, dass der Phänotyp in der Biologie sich aus dem Zusammenspiel zwischen dem Genotyp und den natürlichen Umweltbedingungen ergibt. Das gleiche gilt für den Phänotyp einer Wirtschaft. Daraus folgt, dass, selbst wenn sich der Genotyp einer Wirtschaft nicht ändert, der Phänotyp sich allein aufgrund von Umweltänderungen, wie z.B. Klimaänderungen, verändern kann.

Der *Phänotyp einer Wirtschaft* – etwa einer Marktwirtschaft – ergibt sich in einer vorgegebenen Periode vor allem aus den tatsächlich

- verbrauchten Mengen an Rohstoffen,
- den verwendeten Technologien,
- den verwendeten Arten von Kapitalgütern,
- dem Einsatz an Arbeitskräften,

- den produzierten Mengen an Konsumgütern.
- den Investitionen in neuen Kapitalgütern,
- den sich aus Angebot und Nachfrage ergebenden Preisen,
- den nachgefragten Mengen, sowie der Verteilung von Konsumgütern, Einkommen und Wohlstand zwischen den Wirtschaftsakteuren.

Wir werden unten sehen, dass sich aus diesen Unterschieden zwischen Biologie, Physik und Wirtschaft beträchtliche Unterschiede in den Möglichkeiten der Voraussagen vom Verlauf evolutorischer Prozesse ergeben.

11.3   Evolutorische Unterschiede zwischen Biologie, Physik und Ökonomie

Wir wollen nun auf einen wesentlichen evolutorischen Unterschied zwischen Physik sowie Biologie einerseits und Ökonomie andererseits erläutern. Weder in der Physik noch in der Biologie, beeinflusst der Phänotyp den Genotyp. Während der physikalische Genotyp im ganzen Universum seit dem Urknall vor 13,8 Milliarden Jahren unverändert ist, verändert sich in der Biologie der Genotyp, allerdings nicht durch Einflüsse des Phänotyps, sondern durch zufällige Mutationen der Arten – ein Prozess, der zudem in der Regel sehr langsam abläuft. In der Wirtschaft hingegen kann der Phänotyp entscheidend Änderungen des Genotyps herbeiführen. In Jäger- und Sammlergesellschaften geschahen diese Veränderungen noch langsam über mehrere Jahrhunderte oder sogar Jahrtausende, heute dagegen verändert sich der Genotyp der Wirtschaft aufgrund des Verbrauchs nicht-erneuerbarer Rohstoffe, Akkumulation von Schadstoffen in Wasser, Boden und Luft, Zerstörung von Biodiversität sowie vor allem technischen Fortschritt und Bildung sehr schnell, nicht selten schneller als der ökonomische Phänotyp.

> **Wichtig zu wissen: Evolutorische Prozesse aus der Perspektive unterschiedlicher Disziplinen**
> - Evolutorische Prozesse in Physik, Biologie und Ökonomie können mittels ihrer Genotypen und Phänotypen untersucht werden: Die Genotypen beschreiben die Potenziale bzw. die Möglichkeiten, die Phänotypen ihre Realisationen.
> - Die Phänotypen in Physik und Biologie können ihre Genotypen nicht beeinflussen. Das ist ganz anders in der Ökonomie; denn dort kann der Phänotyp den Genotyp verändern.
> - Der physikalische Genotyp verändert sich seit dem Urknall nicht mehr, der biologische Genotyp verändert sich aufgrund von Mutationen relativ langsam und der Genotyp der Wirtschaft hat sich in Jäger- und Sammler Gesellschaften langsam verändert, während er sich gegenwärtig sehr schnell entwickelt.

11.4   Langfristige evolutorische Entwicklungen

Nicht selten wird in gegenwärtigen Diskussionen über Umweltprobleme ihre Neuartigkeit hervorgehoben und die Ansicht vertreten, in früheren Zeiten hätte der Mensch in Harmonie mit seiner Umwelt und der Natur gelebt. Jedoch ist die Interaktion von Wirtschaft und Umwelt langfristig betrachtet so alt wie die Menschheit. Es gibt reichlich Belege, dass sogar die Jäger- und Sammlergesellschaften ihre natürliche Umwelt durch ihre wirtschaftlichen Tätigkeiten nachhaltig verändert haben. Zum Beispiel kam es nach der Ankunft von Menschen auf dem amerikanischen Kontinent vor ungefähr 12 000 Jahren zu einem massiven Aussterben vieler großer Säugetiere; es wird angenommen, dass dies durch übermäßige Jagd geschah (Crosby, 1986). Die Erfahrungen in Australien waren ähnlich, nachdem Menschen dort vor ca. 40 000 Jahren einwanderten. Die ersten Australier veränderten mehrere tausend Jahre lang systematisch ihr Ökosystem durch den Gebrauch von Feuer, um ihre Jagdmöglichkeiten zu verbessern (Blainey, 1983). Über mehrere Jahrtausende hinweg wurde der Genotyp der Wirtschaft – und damit auch der Phänotyp – durch wirtschaftliche Tätigkeiten stark verändert. Während sich der evolutorische Prozess dieser Beispiele langsam vollzog und der Mensch auf die veränderten Voraussetzungen reagieren konnte, hat sich die Geschwindigkeit evolutorischer Prozesse mit der fortschreitenden Entwicklung über die letzten drei Jahrhunderte derart beschleunigt, dass wir als Menschheit Probleme haben, mit den damit einhergehenden drastischen Veränderungen umzugehen. Die Probleme von solch beschleunigten evolutorischen Prozessen illustrieren wir im Folgenden am Beispiel der Entwicklung der industriellen Landwirtschaft.

11.4.1 Aufschwung der Landwirtschaft und Industrialisierung

Der Aufschwung der Landwirtschaft in den letzten Jahrtausenden hat zu einer drastischen und weitreichenden Umgestaltung der natürlichen Umwelt geführt. In Europa waren die Menschen beispielsweise an viele Berggräser und Heidepflanzen gewöhnt. Diese Vegetation ist jedoch nicht natürlicher Art, sondern das Ergebnis der Rodung von Wäldern durch neolithische[2] Bauern und wurde über Tausende von Jahren durch das Weiden von domestizierten Tieren erhalten (Hoskins, 1970).

In der Zeit der Jäger und Sammler und der Landwirtschaft wurde die natürliche Umwelt relativ langsam beeinträchtigt. Zunächst mit dem Übergang zu

---

[2] Die Jungsteinzeit oder Neusteinzeit, fachsprachlich Neolithikum (aus altgriechisch neos ‚neu, jung' und lithos ‚Stein'), ist eine Epoche der Menschheitsgeschichte, die als Übergang von Jäger- und Sammlerkulturen zu Hirten- und Bauernkulturen definiert wird. Sie dauerte etwa von 10000 bis 3000 vor Christus, also bis zum Beginn der Metallverarbeitung.

Agrargesellschaften, besonders aber mit der Entwicklung der Industrialisierung in den letzten vierhundert Jahren hat sich die Geschwindigkeit, das Ausmaß und die Art der Wechselwirkungen zwischen Wirtschaft und Umwelt stark verändert. In den Agrargesellschaften war das wichtigste Baumaterial Holz, und auch der Hauptbrennstoff war Holz, d. h. diese Wirtschaftsformen waren fast ausschließlich von erneuerbaren natürlichen Ressourcen abhängig. Dies änderte sich mit Beginn der Industrialisierung in England Mitte des 18. Jahrhunderts.

Während der Industrialisierung fand eine umfassende Veränderung des Genotyps der Wirtschaft statt, indem die Dampfmaschine eingeführt wurde. In der Folge änderte sich auch der Phänotyp: Es wurde deutlich mehr Holz benötigt als in den Agrargesellschaften. Dies führte mit Fortschreiten der Industrialisierung dazu, dass es in England kaum noch Wälder gab und der zunächst unverzichtbare Rohstoff Holz zunehmend knapp wurde. Es entstand ein Innovationsdruck, welcher schließlich weitere Änderungen des Genotyps bewirkte: Die Produktionsmaschinen wurden umgestellt auf Kohle als Energieträger, später auch auf Öl und Gas, noch später auch auf Atomenergie. Diese Entwicklung wirkt bis heute nach und führt durch die Anreicherung der Atmosphäre mit Treibhausgasen dazu, dass heute ein neuer Innovationsdruck entsteht: Kohlehaltige Brennstoffe müssen durch erneuerbare Energien ersetzt werden, um die weitere Bewohnbarkeit des Planeten durch den Menschen nicht zu gefährden.

Wichtig zu wissen: Historische Erfahrungen
Aus der Betrachtung historischer Entwicklungen können wir lernen. Veränderungen der Umwelt führen in der Wirtschaft wie in der Biologie dazu, dass sich nicht jeder Genotyp behaupten kann und es kommt dadurch zu Änderungen. Allerdings ist es wichtig zu erwähnen, dass mit diesen Änderungen Konsequenzen einhergehen. In der Biologie ist es das Aussterben bestimmter Arten, in der Wirtschaft ist es die Notwendigkeit, alte Produktions- und Konsumformen teils aufzugeben oder anzupassen und neue zu entwickeln.

11.5   Das Dreieck der Verursachung

Aus der beschriebenen Verschiebung von einer Wirtschaft, die mit Holz und natürlichen Rohstoffen grundsätzlich auf erneuerbaren Ressourcen basierte, hin zu einer Wirtschaft, die auf fossilen Brennstoffen und damit auf nicht erneuerbaren Ressourcen basierte und von diesen abhängt, entspringt ein großer Teil der Dynamik der modernen Wirtschaftstätigkeit und viele der modernen Umweltprobleme. Heute führt der Druck der Umweltprobleme dazu, dass die Menschheit vor der Aufgabe steht, die Wirtschaft grundlegend zu transformieren. Diese im vorigen Abschnitt beschriebenen Vorgänge folgen einem evolutorischen Muster, dem *Dreieck der Verursachung,* welches in Abb. 11.1 dargestellt ist.

Abb. 11.1 Das Dreieck
der Verursachung:
Langfristige Wirtschafts- und
Umweltinteraktionen

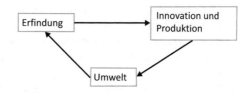

    Wird eine Erfindung gemacht, etwa die Entwicklung der Dampfmaschine, dann
ist das eine Änderung des Genotyps der Wirtschaft. Es besteht nun die Möglichkeit, diese Erfindung zu verwenden. Wird dies getan – was bei der Dampfmaschine der Fall war –, kommt es zur Innovation. Das bedeutet, dass sich die
Produktionsweise in der Wirtschaft ändert und damit auch die Auswirkungen
auf die Umwelt, was zusammen eine Änderung des Phänotyps der Wirtschaft
bedeutet. Die Auswirkungen auf die Umwelt bilden allerdings nicht das Ende
des Prozesses, sondern führen in bestimmten Fällen zu erneuten Änderungen
des Genotyps. Dies ist der Fall, wenn die Produktionsformen der Wirtschaft zu
einer Verknappung der verwendeten Rohstoffe oder/und zu einer Schädigung
der Umwelt führen. Beispielsweise ließ das Verschwinden der Wälder im Fort-
lauf der Industriellen Revolution in England eine Weiterführung der auf Holz als
Energieträger angewiesenen Produktionsweise nicht zu. Die Folge war eine neue
Erfindung, die Dampfmaschine, durch die Kohle als Energieträger verwendet
werden konnte – eine erneute Änderung des Genotyps, welche wiederum den
Anstoß zu weiteren Änderungen des Phänotyps gab.
    Drei Umstände sind an dieser Stelle anzumerken:

1. Das Durchlaufen des „Dreiecks der Verursachung" ist ein zeitlicher Prozess,
   der über Jahre geschehen kann und in dessen Ablauf immer wieder Änderungen
   des Genotyps sowie des Phänotyps erfolgen.
2. Es gibt keinen fixen Anfang und kein fixes Ende des Prozesses.
3. Auch eine zufällige Änderung in der Umwelt – etwa ein Erdbeben oder eine
   Epidemie –, kann den Prozess in Gang bringen.

Aber auch diese Darstellung eines einzelnen Dreiecks eines Wirtschafts-
bereiches reicht noch nicht aus, um historische technologische Entwicklungen zu
beschreiben. So führte etwa der Bedarf an Kohle dazu, dass mit Dampf betriebene
Pumpen entwickelt wurden, durch die die Kohleförderung aus tieferen Schichten
ermöglicht wurde. Dieser Einsatz der Dampfmaschine wiederum führte zu Veränderungen in einem ganz anderen Wirtschaftszweig: dem Transportsektor.
Sowohl zu Land als auch zu Wasser konnten fortan Lokomotiven und Schiffe mit
der Dampfmaschine betrieben werden, was unzählige und oft unvorhersehbare
weitere Entwicklungen zufolge hatte.
    Es ist daher wichtig, Folgendes über das *Dreieck der Verursachung* aus
Abb. 11.1 festzuhalten:

- Die Dreiecke der Verursachung können im Laufe der Zeit zu einem Ende kommen, falls keine weitere Erfindungen gemacht werden. Ein Beispiel dafür ist die Spieluhrenindustrie, die 1796 im Schwarzwald ihren Anfang hatte und gegen 1930 endete, da sie sich neben dem Grammophon nicht mehr behaupten konnte.
- Es gibt unterschiedliche Dreiecke der Verursachung mit unterschiedlichen Phasen in einer Industrie, zwischen Industrien und zwischen Ökonomien.
- Erfindungen in einem Dreieck können, wie am Beispiel der Dampfmaschine erläutert, andere Dreiecke der Verursachung in Gang bringen, die wiederum ihre eigene Dynamik entwickeln.

11.6   Erkenntnisse aus der historischen Interaktion zwischen Wirtschaft und Umwelt

Es ist offensichtlich, dass die rekursive Beziehung zwischen wirtschaftlicher Entwicklung und der natürlichen Umwelt keineswegs einfach ist. Dennoch können wir drei wichtige Elemente erkennen.

1. Die Verwendung von nicht-erneuerbaren natürlichen Rohstoffe ist im Zeitablauf irreversibel (vgl. Kap. 10 zu *Irreversibilität*). Jede Technologie, die endliche, nicht erneuerbare Rohstoffe benutzt, wird früher oder später nicht mehr verwendbar sein.
2. Die Erfindung und anschließende Innovation von neuen Techniken ermöglichten es, trotz der Erschöpfung von natürlichen Rohstoffen, wirtschaftliche Tätigkeiten aufrechtzuerhalten. Dies kann durch die effektivere Ausnutzung geschehen, also durch rohstoffsparende Erfindungen, oder durch die Verwendung von natürlichen Rohstoffen, die bisher keinen Wert gehabt hatten, die jedoch durch eine Erfindung nützlich geworden sind. Man spricht dann von Rohstoffsubstitution. Es ist offensichtlich, dass eine Erfindung und ihre anschließende Innovation einen irreversiblen Prozess darstellen, da aufgrund der Erfindung eine Neuheit hervorgerufen wird. Folglich ändert sich der Genotyp der Wirtschaft.
3. Jeder Innovationszyklus hat eine bestimmte Zeitstruktur (vgl. Kap. 8 zu *drei Zeitbegriffen*). Dieser startet mit einer Erfindung, beinhaltet den schrittweisen Aufbau von für die Verbreitung der Erfindung notwendigen Kapitalgütern sowie den Abbau des Bestands an Kapitalgütern der bislang verwendeten Technologie.

> **Wichtig zu wissen: Voraussagbarkeit und Unvoraussagbarkeit**
> Die historische Entwicklung der Interaktion zwischen Wirtschaft und der natürlichen Umwelt zeichnet sich durch gewisse Eigenschaften aus. Diese können erklärt und *ex post* (im Nachhinein) auf Basis von Modellierungen dargestellt werden. Sie können ebenfalls benutzt werden, um Voraussagen

über die Zukunft anzustellen, in dem man versucht, diese *ex ante* (im Vorhinein) zu modellieren. Es gibt jedoch Ereignisse, wie beispielsweise Erdbeben, die aufgrund ihrer Natur, wenn überhaupt, nur sehr ungenau vorausgesagt werden können. Zu dieser Klasse von Ereignissen gehören insbesondere alle solche, bei denen Neuheit vorkommt, etwa durch Erfindungen, Revolutionen, Kriege oder Epidemien und Unwissen (vgl. Kap. 12 zu *Unwissen*).

11.7 Evolution und Umweltprobleme: Die Frage nach Voraussagbarkeit

Die Lösungen für bestehende und kommende Umweltprobleme liegen in der Zukunft. Will man dazu beitragen, dann ist erforderlich, sich erst einmal grundsätzlich mit der Frage zu beschäftigen, was wir von der Zukunft wissen können. Denn langfristige Entwicklungen konfrontieren uns mit dem Problem der Voraussagbarkeit (vgl. Kap. 12 zu *Unwissen*) und insbesondere der Entstehung von Neuheit. Veränderungen eines Genotyps sind nur schwer oder gar nicht im Vorhinein absehbar, was die Grenzen unserer Vorhersagen aufzeigt. Auch ist es schwierig, im Vorhinein zu sagen, wie sich der Phänotyp aus den im Genotyp verfügbaren Möglichkeiten und den Umweltbedingungen entwickeln wird. Wie können wir mit all diesen Schwierigkeiten der Vorhersagbarkeit umgehen?

11.7.1 Gleichgewicht und Evolution

Bevor wir uns mit der Beziehung zwischen Voraussagbarkeit und evolutorischer Entwicklung beschäftigen, ist es hilfreich, uns dem Begriff des Gleichgewichtes und seinem Bezug zu unserem Begriff der Evolution zuzuwenden. Denn wie wir zeigen werden, geben Gleichgewichte Orientierung bezüglich der Richtung, in die sich evolutorische Entwicklungen bewegen.

Zuerst zwei Definitionen: Ein System hat ein *statisches Gleichgewicht,* wenn es einen Zustand A gibt, der sich durch folgende Eigenschaften auszeichnet: Wenn das System in A ist, wird es immer in A bleiben, solange es nicht von außen gestört wird.

Ein System hat ein *dynamisches Gleichgewicht,* wenn es eine Folge von aufeinanderfolgenden Zuständen gibt, die sich immer wiederholen und diese Wiederholungen in jeweils gleichen Zeitabständen geschehen. Zum Beispiel geht ein System immer wieder im Laufe von T Perioden von Zustand A $\rightarrow$ Zustand B $\rightarrow$

Zustand C $\rightarrow$ Zustand A über. Hier gilt wieder, dass das System nicht von außen gestört wird.[3]

> **Wichtig zu wissen: Statisches und dynamisches Gleichgewicht**
>
> - **Statisches Gleichgewicht:** In einem System findet keine Veränderung statt oder Veränderungen führen immer zum gleichen Endzustand A. Ein Beispiel für ein statisches Gleichgewicht ist ein Stein, der auf dem Boden liegt.
> - **Dynamisches Gleichgewicht:** Veränderungen laufen zyklisch und nach dem immer gleichen Muster ab, sodass vorhersehbar ist, dass auf Zustand A $\rightarrow$ Zustand B und auf Zustand B $\rightarrow$ Zustand C folgt, der wiederum von Zustand A abgelöst wird. Ein dynamisches Gleichgewicht kann beliebig viele Zustände enthalten. Ein Beispiel für ein dynamisches Gleichgewicht ist ein Pendel.

Wir untersuchen nun die Beziehungen zwischen Gleichgewicht und Evolution. Zuerst erkennen wir, dass eine evolutorische Entwicklung kein Gleichgewicht zu haben braucht. Anderseits gilt, ist ein System, etwa eine Wirtschaft, immer im Gleichgewicht, dann kann es sich nicht evolutorisch entwickeln. Wir können weiter feststellen, dass evolutorische Systeme ein oder mehrere Gleichgewichte haben können, sowohl statische als auch dynamische. Während der Gleichgewichtsbegriff stark von der Realität abstrahiert, kann Evolution in der Realität kontinuierlich beobachtet werden.

Unterschiedliche wissenschaftliche Bereiche weisen unterschiedliche Grade und Formen der Abstraktion auf. Dies wollen wir an Beispielen erläutern. In der Physik können Gleichgewichte direkt beobachtet werden, zum Beispiel befindet sich ein Stein auf der Erde in einem statischen Gleichgewicht, ein frei schwingendes Pendel in einem dynamischen Gleichgewicht. Mit den Augen können wir beide Phänomene leicht erkennen. Das ist ganz anders in der Biologie, denn ein biologisches System ist aufgrund seiner Heterogenität und den vielfachen Verbindungen und Zusammenhängen innerhalb des Systems viel schwieriger zu beobachten. Folglich müssen biologische Gleichgewichte durch sogfältige Messungen und Berechnungen ermittelt werden. Aufgrund des gleichen Argumentes ist die Ermittlung eines Gleichgewichtes in der Wirtschaft noch viel schwieriger. Insbesondere werden in der gegenwärtigen Wirtschaft wegen ihrer großen Dynamik Gleichgewichte häufig gar nicht erreicht, da sich aufgrund von Änderungen wie technischem Fortschritt, Bevölkerungswachstum und Änderungen der Umweltbedingungen der Genotyp der Wirtschaft schnell ändert. Darauf werden wir unten noch eingehen.

---

[3] Ein statisches Gleichgewicht ist somit ein spezieller Fall eines dynamischen Gleichgewichtes, bei dem alle Zustände des Zyklus die gleichen sind.

Wir können hier schon erkennen, dass der Grund für diese Unterschiedlichkeit der Ermittlung von Gleichgewichten in der Unterschiedlichkeit der Genotypen dieser Wissenschaften liegt, wie oben bereits erwähnt.

> **Wichtig zu wissen: Genotypen und Gleichgewichte in unterschiedlichen Wissenschaften**
> In der Physik verändert sich der Genotyp nicht, in der Biologie nur langsam und in der Wirtschaft sehr schnell. Generell gilt: Gleichgewichte können sich nur einstellen, wenn der Genotyp sich nicht verändert. Eine Veränderung des Genotyps löst bestehende Gleichgewichte auf, bis sich bei einem neuen Genotyp wieder ein neues Gleichgewicht bildet. Wenn sich allerdings der Genotyp sehr schnell und immer wieder verändert – wie es etwa in unserer heutigen Wirtschaft der Fall ist –, kommt es nicht oder nur selten zu einem Gleichgewicht.

11.7.2 Voraussagbarkeit und Unvoraussagbarkeit: Der Zusammenhang von Gleichgewichten und Evolution

Wenn wir der Frage nachgehen, was wir voraussagen können und was nicht, ist ein hilfreicher Startpunkt die Betrachtung des Genotyps. Dabei gilt es zu unterscheiden, ob der Genotyp des Systems, über das wir Aussagen treffen wollen, konstant ist oder nicht.

Ist der Genotyp konstant, dann können sich Gleichgewichte einstellen. Diese ermöglichen ein gewisses Maß an Voraussagbarkeit, entweder, da sich nichts verändert *(statisches Gleichgewicht),* oder dass bestimmte Veränderungen zyklisch nach dem gleichen Muster ablaufen *(dynamisches Gleichgewicht).* In der Physik ist ein solches Gleichgewicht zum Beispiel die regelmäßige Bewegung von Planeten. Wir können mit großer Sicherheit voraussagen, wo sich ein Planet zu einem bestimmten Zeitpunkt in der Zukunft befindet. In der Biologie treten dynamische Gleichgewichte beispielsweise bei der Population von Tieren und Pflanzen auf, statische Gleichgewichte können etwa im Baumbestand von Urwäldern identifiziert werden. Allerdings können Gleichgewichte, selbst wenn der Genotyp konstant bleibt, gestört werden. Dies geschieht, wenn das System durch Umwelteinflüsse verändert wird. In biologischen Systemen ist dies der Fall, wenn sich die Lebensgrundlagen von Tieren und Pflanzen verändern, etwa durch Umweltverschmutzung oder Verkleinerungen des Lebensraums. Umweltgegebenheiten beeinflussen auch Wirtschaftssysteme, nicht nur, indem sie Veränderungsdruck auf den Genotyp ausüben, sondern indem sie neue Ausprägungen des Phänotyps verursachen. Dies geschieht im Fall der Wirtschaft auch durch soziale, kulturelle und politische Einflüsse. So hat Deutschland aufgrund der Einwirkungen des Ukrainekriegs kurzfristig seinen Erdgasverbrauch verringert und bezieht verbleibende Mengen im Winter 2022/23 aus nicht-russischen Quellen – eine kurzfristige Änderung des Phänotyps, nicht aber des Genotyps. Generell gilt:

Starke Einflüsse auf ein betrachtetes System führen dazu, dass Gleichgewichtszustände zumindest kurzfristig aufgelöst werden und erschweren daher die Möglichkeiten der Vorhersage.

Ähnlich wie Umwelteinflüsse wirken auch Änderungen des Genotyps auf Voraussagbarkeit. Wenn sich der Genotyp eines Systems verändert, wird das System aus seinem Gleichgewicht gebracht. Mit der Zeit kann sich, sofern der neue Genotyp konstant bleibt, ein neues Gleichgewicht einstellen und Vorhersagen ermöglichen. Gerade aber in modernen Wirtschaftssystemen, in denen sich der Genotyp sehr schnell ändert, sind Gleichgewichtszustände selten. Aktuell ist nur schwer abzusehen, in welche Richtung sich Bereiche wie zum Beispiel Künstliche Intelligenz, Gentechnik, Telekomunikation oder Verkehr und Transport entwickeln, da immer wieder neue Erfindungen gemacht werden und viele auch großflächig zum Einsatz kommen bzw. kommen werden. Seriöse Vorhersagen scheinen unter diesen Umständen fast unmöglich.

Dies führt uns zu der Frage, ob wir denn überhaupt noch Entwicklungen der Wirtschaft, insbesondere in Zusammenhang mit Umweltproblemen, voraussagen können. Die Antwort ist: Ja, wir können! Zwar können wir die Entwicklungen in verschiedenen Bereichen der Wirtschaft nur schwer voraussehen, allerdings repräsentieren diese Entwicklungen immer nur einen Teil des Genotyps der Wirtschaft. Während sich der Genotyp beispielsweise im Bereich der Künstlichen Intelligenz rasant ändert, bleiben andere Bereiche des Genotyps der Wirtschaft wie zum Beispiel mit fossilen Brennstoffen betriebene Kraftwerke konstant, zumindest über längere Zeiträume.

Beispielsweise gilt, dass sich der gesamte physikalische Genotyp, der auch Teil der Wirtschaft ist, nie ändert. Jede noch so intelligente Erfindung unterliegt den Gesetzen der *Thermodynamik* (vgl. Kap. 9). Wir können beispielsweise heute voraussagen, dass sich der Wirkungsgrad von Kohlekraftwerken nicht mehr deutlich steigern lässt, irgendwo im Bereich um die 50% ist keine Verbesserung mehr möglich. Genauso wird ein Verbrennungsmotor niemals die Wirkungsgrade von modernen Elektromotoren erreichen. Ein weiterer Bereich des Genotyps der Wirtschaft, der bis heute über lange Zeit konstant geblieben ist, ist die genetische Zusammensetzung des Menschen. Auch wenn sich Menschen stark unterscheiden, etwa in ihren Weltsichten oder Konsumpräferenzen, große Bereiche unseres Lebens sind seit Jahrtausenden gleich. Wir müssen essen, schlafen, ausreichend trinken, sind soziale Wesen, leben in Gruppen, betätigen uns kulturell etc.

Die Physik und der genetische Aufbau des Menschen sind nur zwei von vielen weiteren Bereichen des Genotyps der Wirtschaft, die eine gewisse Konstanz aufweisen. Für Voraussagen über die Zukunft ist es daher bedeutsam, diese Bereiche zu erkennen, und, falls es möglich ist, dadurch entstehende Gleichgewichte zu identifizieren. In Kombination mit dem Wissen um Bereiche, in denen sich der Genotyp sehr schnell ändert oder wo unvorhersehbare Umwelteinflüsse Gleichgewichte regelmäßig auflösen, geben diese Erkenntnisse Orientierung in der Frage, was wir über die Zukunft wissen können und was nicht (vgl. Kap. 12 zu *Unwissen*). Das ist sehr unterschiedlich: Manchmal können wir gar nichts wissen, manchmal sehr wenig, manchmal etwas, manchmal viel, oder sogar sehr viel. Je nachdem, wie schnell sich Genotypen ändern und wie stark die Umwelt von außen das betrachtete System beeinflusst, haben wir eine Chance, mithilfe von Vorhersagen Wissen über die Zukunft zu gewinnen. Diese Einschätzungen der Möglichkeiten unseres Wissens über die Zukunft lässt uns dann auch mögliche Lösungen für Umweltprobleme aus einer anderen Sicht sehen.

Zusammenfassung
In diesem Kapitel haben wir eine allgemeine Konzeptionalisierung von Evolution entwickelt. Evolution haben wir definiert als den Prozess der Änderung von etwas im Laufe der Zeit. Ausgangspunkt unserer Überlegungen war, dass die Biologie mit ihren Konzepten des Genotyps (Möglichkeiten) und Phänotyps (Realisierungen) für diese Konzeptionalisierung entscheidende Anhaltspunkte liefert. Erstere erlauben die Entstehung von Neuheit, während das bei Letzteren nicht der Fall ist. Beide Begriffe können neben der Biologie auch für die Physik und die Wirtschaft verwendet werden. Die evolutorischen Perspektive zeigt uns auf, was und inwieweit Voraussagen über die Zukunft möglich sind. Auf diese Weise können wir die Grenzen unseres Wissens über zukünftige Entwicklungen abschätzen. Diese Fähigkeit ist für umweltpolitische Entscheidungen von großer Bedeutung.

Literatur[4]

Blainey, G. (1983). *Triumph of the nomads: A history of ancient Australia*. Pan Australia.
Crosby, A. W. (1986). *Ecological Imperialism: Biological and Cultural Consequences of 1492*. Cambridge University Press.
Faber, M., & Proops, J. L. (1998). *Evolution, time, production and the environment*. Springer Science & Business Media.
Hoskins, W. G. (1970). *Making of the English landscape*. Hodder and Stoughton.

Leseempfehlungen zur weiterführenden Lektüre zu Teil 3 „Zeit und Natur"

Barbehön, M. (2023). *Zeichen der Zeit. Umrisse einer Politischen Theorie der Temporalität*. Campus Verlag. [drei Zeitbegriffe]
Boulding, K. (1981). *Evolutionary Economics*. Sage. [Evolution]
Georgescu-Roegen, N. (1971). *The entropy law and the economic process*. Harvard University Press. [Thermodynamik und Kuppelproduktion]

---

[4] Die Inhalte dieses Konzeptes basieren auf: Faber, M., Frick, M., Zahrnt, D. (2019) MINE Website, Evolution, www.nature-economy.com.

Hawking, S. (2009). *A brief history of time: From big bang to black holes*. Random House. [drei Zeitbegriffe]

Hüfner, J., & Löhken, R. (2010). *Physik ohne Ende… Eine geführte Tour von Kopernikus bis Hawking*. Wiley-VCH Verlag, Weinheim. [Thermodynamik]

Prigogine, I. (1980). *From Being to Becoming Time and Complexity in the Physical Sciences*. Freeman. [Irreversibilität]

Proops, J. (1985). Thermodynamics and economy: From analogy to physical functioning. In W. van Gool & J. J. C. Brugginck (Hrsg.), *Energy and time in the economic and physical sciences* (S. 155–174), North-Holland Publishing Company. [Thermodynamik]

Schiller, J. (2002). *Umweltprobleme und Zeit: Bestände als konzeptionelle Grundlage ökologischer Ökonomik*. Metropolis-Verlag. [drei Zeitbegriffe/Bestände]

Schumpeter, J. (1911). *Theorie der wirtschaftlichen Entwicklung*. Duncker und Humblot. [Evolution]

Teil IV
Das Zusammenspiel von Menschen und Natur

Unwissen: Wie das Wissen über unser Unwissen bei Umweltproblemen hilft

<h1>12</h1>

Inhaltsverzeichnis

▶ **Worum geht's?**
Es geht um Wissen. Was ist Wissen und was ist Unwissen? Wie definieren sich die Grenzen unseres Wissens und inwiefern ist Unwissen überhaupt reduzierbar? Was können Menschen wissen und was entzieht sich (systematisch) ihrem Wissen?

Inwiefern überschätzt die Menschheit ihr Wissen und inwiefern unterschätzt sie zugleich ihr Unwissen, z. B. bezogen auf technische Lösungen oder spontane gesellschaftliche Entwicklungen? Welche Konsequenzen ergeben sich daraus für die Beherrschbarkeit von Technik, Natur und Gesellschaft? Und wie können die Menschen mit ihrem Unwissen in Bezug auf Umweltprobleme produktiv umgehen?

12.1 Einführung in das Konzept

Das Thema dieses Kapitels erscheint auf den ersten Blick für ein wissenschaftliches Buch ungewöhnlich. Denn wenn wir über *Unwissen* sprechen, beschäftigen wir uns mit etwas, von dem wir in der Regel annehmen, dass es

© Der/die Autor(en), exklusiv lizenziert an Springer-Verlag GmbH, DE, ein Teil von
Springer Nature 2023
M. Faber et al., *Nachhaltiges Handeln in Wirtschaft und Gesellschaft,*
SDG – Forschung, Konzepte, Lösungsansätze zur Nachhaltigkeit,
https://doi.org/10.1007/978-3-662-67889-3_12

durch wissenschaftliche Forschung reduziert oder sogar überwunden wird. Es ist daher sicher überraschend zu hören, dass sowohl die Bedeutung des Unwissens und das Wissen darum in unseren mehr als 40 Jahren Nachdenken und Forschen zu gesellschaftlichen und ökologischen Problemen größer wurde und nicht kleiner.

Das hat einerseits mit unserer spezifischen Perspektive zu tun, aber auch damit, dass durch die Erfolge von Wissenschaft, Forschung, Bildung und ganz neuen Formen der Wissensvermittlung (Wikipedia, Youtube, Social Media, E-Learning) der gesellschaftliche Fokus eher auf das gerichtet wird, was wir bereits wissen, zu wissen meinen oder wissen müssten. Dabei gerät aus dem Blick, wie wichtig es für das Finden von guten Lösungen und Entscheidungen ist, immer zu berücksichtigen, dass es Fakten, Zusammenhänge und Ereignisse gibt, über die wir systematisch nichts wissen und häufig sogar nichts wissen können.

Konkret gesagt sind wir, ohne es zu merken, oft in Situationen, in denen wir unser *Wissen* systematisch *überschätzen* und unser *Unwissen* systematisch *unterschätzen.*

Selbst unser alltägliches Handeln wird mehr als uns bewusst ist, von der Tatsache geprägt, dass wir in vielen Dingen unwissend sind. Entsprechend sollten wir dieser Tatsache viel mehr Aufmerksamkeit schenken. Aber der Reihe nach.

Zunächst einmal wollen wir erläutern, wie wir zu der Behauptung kommen, Unwissen spiele (insbesondere im Umgang mit Umweltproblemen) eine viel größere Rolle, als wir allgemein annehmen. Wir haben an unterschiedlichen Stellen in diesem Buch darauf hingewiesen, dass Umweltprobleme in der Regel durch ein Zusammenwirken natürlicher, gesellschaftlicher und wirtschaftlicher Faktoren über einen längeren Zeitraum entstehen (vgl. Kap. 8 *Zeit*, Kap. 11 *Evolution,* Kap. 13 *Kuppelproduktion*). Das Wirken unterschiedlicher gesellschaftlicher Subsysteme wie Wirtschaft, Politik, Zivilgesellschaft ist schon für sich genommen schwer zu überschauen. Noch komplizierter wird es, wenn wir Wechselwirkungen zwischen diesen gesellschaftlichen Subsystemen und natürlichen Ökosystemen hinzunehmen – also beispielsweise berücksichtigen, dass wir für viele wirtschaftliche Aktivitäten natürliche Rohstoffe nutzen und Produktionsabfälle als Emissionen oder Müll in die Natur zurückgeben. Beziehen wir dann noch die Tatsache mit ein, dass all diese Wechselwirkungen über einen langen Zeitraum geschehen und sich die Auswirkungen teilweise erst zeitversetzt zeigen, wird das Nachdenken schnell zu einer Aufgabe, die uns sprichwörtlich Kopfschmerzen verursacht.

Anhand dieser schematischen Darstellung wird leicht erkennbar, dass wir aufgrund der komplexen Wechselwirkungen, die Umweltproblemen strukturell zugrunde liegen, zunächst nicht – oft auch nie – alle Fakten kennen und alle Zusammenhänge überschauen können. Wir können also nicht alles wissen, was wir wissen müssten, um das Problem zu verstehen. Und es ist auch einsichtig, dass lange Zeiträume eine Vielzahl von Veränderungen mit sich bringen, die wir nicht im Vorhinein kennen oder vorhersagen können.

12.1.1 Vier Formen des Unwissens und wie sie unsere Handlungsfähigkeit beeinflussen

Das gilt für uns als Individuen, die wir schon deshalb schnell an die Grenzen unseres Wissens kommen, weil wir unmöglich Expertinnen oder Experten in allen Wissensgebieten sein können, die unter Umständen relevant sind. Wir sprechen hier von *individuellem Unwissen*. Es gilt aber auch für uns als Gesellschaften, weil sich gewisse Tatsachen und Ereignisse auch mit der besten Wissenschaft und Forschung nicht wissen oder vorhersehen lassen. In diesem Fall sprechen wir von *kollektivem Unwissen*.

In beiden Fällen, bei *individuellem* wie bei *kollektivem Unwissen*, müssen wir jedoch noch weiter unterscheiden. Denn auch wenn die geschilderten Wechselwirkungen komplex und lange Zeiträume mit Unsicherheiten behaftet sind, können wir mit etwas Zeit und Aufwand doch einiges herausfinden. Indem wir als Individuen recherchieren, lernen und uns weiterbilden, oder indem wir als Gesellschaft Forschung fördern und eine wissenschaftliche Auseinandersetzung mit bestimmten Themen anstoßen, können wir Wissen gewinnen, unser Unwissen *reduzieren* und es an manchem Stellen sogar überwinden. Auf diese Weise kommen wir, wenn wir die nötige Zeit und die entsprechenden Ressourcen zur Verfügung haben, ein ganzes Stück voran.

Doch auch wenn wir unendlich viel Zeit und Ressourcen investieren, wird es uns nicht gelingen, das Unwissen in allen Bereichen und Fragestellungen vollständig zu überwinden. Denn neben *reduzierbarem Unwissen* gibt es immer auch einen Bereich des *nicht-reduzierbaren Unwissens*. Dafür kann es ganz unterschiedliche Gründe geben, die bis hinein in sehr komplexe erkenntnistheoretische Fragestellungen reichen. Aber soweit müssen wir an dieser Stelle gar nicht gehen. Es reicht, wenn wir uns klarmachen, dass wir Beispiele kennen, in denen Dinge geschahen, die praktisch nicht vorhersehbar waren. Wir sprechen in diesem Fall von *Neuheiten,* mit denen wir einfach nicht rechnen konnten. Dafür möchten wir drei Beispiele geben:

Das erste Beispiel ist die die erstaunliche und fundamentale Veränderung, die Greta Thunberg mit ihrem zunächst einsamen Schulstreik für das Klima in der globalen klimapolitischen Debatte hervorgerufen hat. Niemand hätte vorhersehen können, dass nur wenige Monate nachdem sie sich zum ersten Mal mit ihrem selbstgemalten Schild vor das schwedische Parlament setzte, unter ihrem Slogan „Fridays for Future" weltweit Millionen von Menschen für mehr Klimaschutz auf die Straße gehen würden. Selbst versierte Kenner von sozialen Systemen und deren Zusammenwirken hätten nicht vorhersagen können, dass eine 15-jährige schwedische Schülerin nur wenige Monate nach ihrem individuellen Entschluss zum Streik die aufsehenerregendste Rede beim Treffen der mächtigsten Menschen der Welt im Rahmen des Weltwirtschaftsforums Davos halten würde. Und doch ist Thunbergs Weckruf „Our house is on fire" heute einer der prägendsten Slogans und verbindet viele Menschen, die sich für mehr Klimaschutz engagieren.

Das zweite Beispiel für *Neuheit* ist, wie das Erdbeben vor der japanischen Küste im Jahr 2011 und der dadurch verursachte nukleare Unfall im Atomkraftwerk Fukushima innerhalb nur einer Woche dazu führten, dass die deutsche Bundesregierung eine Kehrtwende in der Energiepolitik vollzog. Nur wenige Monate nachdem sie voller Überzeugung die Laufzeiten der deutschen Atomkraftwerke verlängert hatte, erklärte die Regierung von Angela Merkel nun plötzlich und ohne zu zögern den vollständigen Atomausstieg bis 2022. Kein noch so versierter politischer Analyst, keine noch so hochrangig besetzte interdisziplinäre Forschungsgruppe zur Energiepolitik wäre in der Lage gewesen, diesen Paradigmenwechsel vorherzusagen.

Das dritte Beispiel ist die massenhafte Verwendung von Fluorchlorkohlenwasserstoffen, sogenannten FCKWs im 20. Jahrhundert. Diese chemische Verbindung war über lange Zeit aus dem Alltag der Menschen nicht wegzudenken, verfügt sie doch über viele vorteilhafte Eigenschaften: Sie ist nicht giftig, nicht brennbar und kann für sehr unterschiedliche Zwecke eingesetzt werden, insbesondere zur Wärmeisolierung und Kühlung. So wundert es nicht, dass FCKWs nach der Ermöglichung ihrer Massenproduktion in den 1930er Jahren schnell in großen Mengen hergestellt und verwendet wurden. Sie leisteten praktische Dienste in Kühlschränken, Gefrierschränken, Kühllastern oder in großen Kühlhäusern und dienten als Treibmittel in Sprühdosen sowie als Reinigungs- und Lösungsmittel. Dass die Nutzung der praktischen Alleskönner FCKWs eine sehr gefährliche Kehrseite hatte und ihr massenhafter Einsatz ein existenzielles Risiko für die Menschen darstellte, wurde erst deutlich, als bereits großer Schaden angerichtet worden war: Im Jahr 1985 wurde entdeckt, dass die FCKWs in die Stratosphäre (12 bis 35 km über der Erdoberfläche) aufsteigen und die Ozonschicht der Erde schädigen und sogar zerstören. Die Ozonschicht filtert das Sonnenlicht und absorbiert Teile der für Menschen und andere Lebewesen schädlichen UV-Strahlung. Wird die Ozonschicht nun durch die Wirkung der FCKWs dünner oder entstehen in ihr sogar Löcher, so erreicht diese UV-Strahlung zunehmend auch die Erdoberfläche und führt zu schweren gesundheitlichen Folgen, die von Hautschädigungen über Augenerkrankungen, Schwächungen des Immunsystems bis zu Hautkrebs reichen können. Die Entdeckung des Ausmaßes der Zerstörung der Ozonschicht kam selbst für Wissenschaftler überraschend und war für die Öffentlichkeit und die Politik ein Schock. Dieser wurde umso größer, als prognostiziert wurde, dass es bis zum Jahr 2050 dauern würde, bis der bereits verursachte Schaden an der Ozonschicht rückgängig gemacht und ihr Zustand von 1970 wiederhergestellt sein würde. Das *Unwissen* über die Schädlichkeit einer konkreten menschlichen Handlungsweise führte nach seiner Aufdeckung dazu, dass eine konsequente internationale Zusammenarbeit zügig organisiert wurde, um über einen langen Zeitraum hinweg eine existenzielle Bedrohung für die Menschen auf der Erde zunächst zu vermindern und dann abzubauen. Dank der Übernahme von politischer *Verantwortung* (vgl. Kap. 6) durch Regierungen aus der ganzen Welt gelang es 1989 in Form eines völkerrechtlich bindenden internationalen Abkommens, dem so genannten Protokoll von Montreal, die Nutzung von FCKWs und deren Emission zunächst zu reduzieren und schließlich zu stoppen.

Alle drei Beispiele machen deutlich, wie es schon auf dem relativ begrenzten Feld der Umwelt- und Klimapolitik unmöglich ist, bestimmte Eigendynamiken und ihre Folgen vorherzusehen und damit zu *wissen*, welche Herausforderungen überwunden werden müssen und wie sich die politische Landschaft entwickeln wird.

Wichtig zu wissen: Vier Formen des Unwissens

- **Individuelles Unwissen:** Das Unwissen einer einzelnen Person über gewisse Fakten, Themenbereiche und Zusammenhänge. Individuelles Unwissen kann teilweise durch individuelles Lernen und Weiterbildung reduziert werden.
- **Kollektives Unwissen:** Das Unwissen einer Gruppe, Gemeinschaft oder Gesellschaft über gewisse Fakten, Themenbereiche und Zusammenhänge. Kollektives Unwissen kann teilweise durch Wissenschaft und Forschung reduziert werden.
- **Reduzierbares Unwissen:** Unwissen eines Individuums oder eines Kollektivs, das durch Lernen, Weiterbildung, Wissenschaft und Forschung überwunden werden kann.
- **Nicht reduzierbares Unwissen:** Unwissen eines Individuums oder eines Kollektivs, das auch durch Lernen, Weiterbildung, Wissenschaft und Forschung nicht reduziert werden kann. Gründe hierfür können in der Komplexität einer bestimmten Fragestellung (z. B. die genaue Vorhersage des Wetters in zwei Jahren) liegen oder erkenntnistheoretischer Natur sein.

Wir sehen also bereits in dieser allgemeinen Beschreibung, wie schwer es ist, das notwendige Wissen zu bestimmten Fragestellungen zusammenzutragen, wenn wir es mit komplexen Zusammenhängen zu tun haben. Und derart charakterisierte Zusammenhänge haben wir sehr häufig:

- Im Zusammenwirken von unterschiedlichen Menschen ebenso, wie
- in der Wechselwirkung zwischen Mensch und Natur
- und in der Zusammenwirkung unterschiedlicher Menschen oder der Wechselwirkung zwischen Mensch und Natur über lange Zeiträume hinweg.

Es ist in diesen Fällen dann oft unmöglich, eine vollständige Wissensgrundlage zu schaffen. Aber warum ist das ein Problem?

Wenn wir Entscheidungen treffen, ob als Privatperson, im Beruf, im Ehrenamt oder in der Politik, versuchen wir uns in der Regel, mithilfe möglichst guter und umfassender Informationen, die bestmögliche Handlungsoption auszuwählen. Wir sprechen von *informierten Entscheidungen*. Diese Art von Entscheidung bezieht alle wichtigen Fakten mit ein und wägt sorgfältig zwischen unterschiedlichen Handlungsoptionen ab. Informierte Entscheidungen sind insbesondere dann wichtig, wenn wir uns mit drängenden Problemen beschäftigen, deren gute Lösung für viele Menschen positive Auswirkungen hat, wohingegen die Umsetzung von schlechten Lösungsvorschlägen zu negativen Konsequenzen für die betroffenen Menschen führt. Unsere Entscheidung betrifft dann nicht nur uns selbst, sondern wir tragen *Verantwortung* auch für andere Menschen und müssen umso gewissenhafter vorgehen.

Stellen wir uns zur Veranschaulichung eine Person in der öffentlichen Verwaltung vor. Diese Person ist für die öffentliche Abfallbewirtschaftung zuständig und betreut eine große Mülldeponie am Rande der Stadt. In dieser Deponie werden schon seit vielen Jahren die Abfälle der Stadt abgeladen, recyclingfähige Stoffe von allem anderen getrennt, und die nicht-recyclingfähigen Abfälle so sicher wie möglich deponiert. Die Person in unserem Beispiel trägt erst seit wenigen Jahren die Verantwortung für die Mülldeponie, kommt ihrer Arbeit aber gewissenhaft nach und baut ihre Entscheidungen auf einer breiten fachlichen Expertise auf. Stellen wir uns nun vor, dass im Rahmen einer Kontrolle ein Leck entdeckt wird, an dem Abwässer aus der Deponie auszutreten und in umgebende Bachläufe zu gelangen drohen, wo sie eine gesundheitliche Gefahr für die Menschen und andere Lebewesen in der Umgebung darstellen. In dieser Situation kommt es für unsere verantwortliche Person darauf an, so viel Wissen wie möglich über die Situation, die möglichen Gefahren und unterschiedliche Lösungswege zusammenzutragen. Denn auch wenn wir im Folgenden argumentieren, dass wir in sehr vielen Entscheidungssituationen unser *Unwissen* stärker berücksichtigen müssen, weil wir in der Regel keine vollständige Wissensgrundlage erlangen können, heißt das natürlich nicht, dass nicht alles Denkbare unternommen werden sollte, um möglichst viel und möglichst verlässliches Wissen zusammenzutragen. Nur so ist es überhaupt denkbar, zu einer gut informierten Entscheidung zu gelangen. In unserem Beispiel wäre es zunächst unabdingbar, das verfügbare und relevante Wissen zusammenzutragen und in den Lösungsvorschlägen zu berücksichtigen. Beantwortet werden müssten also beispielsweise folgende Fragen:

- Welche Arten von Müll werden in der Deponie gelagert?
- Welche Wechselwirkungen können sich zwischen den Stoffen in der Deponie ergeben?
- Mit welchen austretenden Giftstoffen ist zu rechnen?
- Wie ist die Deponie technisch beschaffen?
- An welchen Stellen kann ein Leck entstanden sein?

Diese und weitere Überlegungen führen dann zur Entwicklung eines Lösungsvorschlages, der dem Problem bestmöglich gerecht wird.

Hier kommen wir zu unserer Botschaft, die direkt an die Betonung der Notwendigkeit anschließt, möglichst viele verlässliche Informationen, möglichst viel Wissen zusammenzutragen. Die Botschaft im Zusammenhang mit Wissen und Unwissen lautet, dass selbst unsere gewissenhafte Protagonistin auf der Deponie berücksichtigen muss, dass auch eine akribische Zusammenstellung der relevanten Informationen nicht verhindern kann, dass sie über gewisse Aspekte,

Zusammenhänge und Entwicklungen unwissend bleibt. Diese nicht bekannten Aspekte, Zusammenhänge und Entwicklungen könnten jedoch von zentraler Bedeutung für unsere Entscheidung bezüglich eines Lösungsansatzes sein.

In unserem Beispiel wäre ja vorstellbar, dass vor einigen Jahren illegal und ohne das Wissen der Verantwortlichen hochgiftige Chemieabfälle in der Deponie abgeladen wurden. Für die Verantwortlichen ist es unmöglich, diese Tatsache frühzeitig miteinzubeziehen und ihre Lösungsansätze entsprechend anzupassen. Es herrscht absolutes Unwissen über die Möglichkeit, dass durch das Leck wesentlich mehr freigesetzt werden könnte, als die Giftstoffe, die auf Grundlage der bekannten Müllzusammensetzung berechnet worden waren. Die verantwortliche Person muss auf das Leck schnellstmöglich reagieren. Dass sie über die illegalen Chemieabfälle nichts wissen konnte, ändert nichts an der Tatsache, dass eine adäquate Lösung für das Problem dringend gefunden werden muss. Und dass, obwohl sie das Problem gar nicht in seinem vollem Umfang kennen kann.

Inwiefern hilft an dieser Stelle die von uns betonte Botschaft, die sich mit dem Slogan „berücksichtigt Euer Unwissen" zusammenfassen lässt? Konkret bedeutet diese Botschaft, dass wir uns davon verabschieden sollten, aufbauend auf unser Wissen „perfekte Lösungen" und „Masterpläne" zu entwerfen. Denn diese Annahme führt oft dazu, dass wir uns unserer Sache sehr sicher sind und unsere Pläne sprichwörtlich in Stein gemeißelt sind. Einmal beschlossen, sind dann häufig keine Anpassungen mehr vorgesehen. Stattdessen sollten wir Pläne entwerfen, die flexibel gestaltet sind und uns auch dann in die Lage versetzen zu handeln, wenn *überraschende Entwicklungen* eintreten, die wir nicht vorhersehen konnten, ja über deren Möglichkeit wir sogar vollständig unwissend waren.

Für unser Beispiel heißt das, dass es für unsere verantwortliche Person sehr hilfreich ist, wenn sie sich bei der Ausarbeitung auf möglicherweise notwendige Planänderungen einstellt. Sie hat dann zwar Fachkräfte, für die auf Basis ihres Wissens errechneten Giftstoffe konsultiert und herausgefunden, wo sie entsprechende chemische Bindemittel erhalten kann, um die ihr bekannten Giftstoffe unschädlich zu machen. Weil sie sich aber nicht auf ihr Wissen verlassen und berücksichtigt hat, dass ihr zwar ihre Wissensgrundlage vollständig erscheinen, in Wahrheit aber unvollständig sein könnte, hat sie entsprechende Maßnahmen vorgesehen. Und so fällt dank einer von ihr zusätzlich angeordneten, umfangreichen Schadstoffmessung am Leck in der Deponie auf, dass Giftstoffe austreten, die auf Grundlage der Berechnungen eigentlich gar nicht vorhanden sein dürften. Diese Schadstoffmessung hätte sie eigentlich gar nicht gebraucht – schien sie doch genau zu wissen, welche Giftstoffe sich auf Grundlage der ihr bekannten Müllzusammensetzung ergeben können. Dass sie trotz ihres Wissens eine offene Haltung bei der Erarbeitung von Lösungsvorschlägen bewahrt hat, ermöglicht ihr, trotz anderer Berechnungen und Erwartungen mit der unerwarteten Information umzugehen, nämlich dass aus der Deponie ganz andere und wesentlich gefährlichere Giftstoffe austreten.

Sie kann flexibel mit dieser *Neuheit* umgehen, ihre Pläne anpassen und adäquate Lösungen finden. Wäre sie sich ihrer Sache sicher gewesen und hätte auf ihre vermeintliche Wissensgrundlage vertraut, stünde sie nun möglicherweise mit unzureichenden chemischen Bindemitteln handlungsunfähig am Leck. Oder, noch schlimmer, sie hätte das Leck auf eine Art und Weise behoben, die den berechneten Giftstoffen gerecht würde, die viel schädlicheren Giftstoffe jedoch nicht zu binden vermag. Diese hätten dann ungehindert und ohne das Wissen der Beteiligten weiterhin aus der Müllkippe austreten und die Umgebung belasten können. Dass unserer Protagonistin dies nicht passiert ist, verdankt sie ihrem Bewusstsein für das eigene Unwissen, ihrer Offenheit für unerwartete Entwicklungen und ihrer *Urteilskraft* (vgl. Kap. 7) in der Abwägung zwischen möglichen Handlungsalternativen.

12.1.2 Unwissen bewusstmachen – handlungsfähig bleiben

Aufbauend auf diesem Beispiel wollen wir an dieser Stelle eine Definition mitgeben, die den unhandlichen Begriff des Unwissens operationalisierbarer macht:

> **Wichtig zu wissen: Definition von Unwissen**
> *Von Unwissen sprechen wir immer dann, wenn weder die möglichen Ereignisse noch deren Wahrscheinlichkeiten bekannt sind.*

Was bedeutet es nun konkret, uns unseres Unwissens bewusst zu werden und es stärker zu berücksichtigen? Im oben ausgeführten Beispiel haben wir einen Fall analysiert, in dem das Unwissen sich als (zumindest temporär) *nicht-reduzierbares Unwissen* dargestellt hat. Die verantwortliche Person der Müllkippe hätte in ihrer Situation nicht an Informationen über den illegal deponierten Müll gelangen können. Sie war darüber sprichwörtlich und völlig unverschuldet *unwissend*. Im Beispiel ist auch deutlich geworden, dass uns das Unwissen zunächst einmal die Grundlage zu entziehen scheint, von der wir in unserer Entscheidungsfindung abhängen: Wir können die Entscheidung weder vollständig auf Wissen, noch auf kalkulierbare Wahrscheinlichkeiten oder einen Überblick über mögliche Ereignisse aufbauen. Es bleibt nichts Anderes übrig, als mithilfe von Offenheit und *Urteilskraft* auch auf der Grundlage unvollständiger Informationen eine Entscheidung zu treffen.

Tatsächlich gibt es viele andere Situationen, in denen wir dem Unwissen nicht vollkommen machtlos gegenüberstehen. Unwissen ist nicht selten *reduzierbar*. Die Frage ist nur, wie das gelingen kann. Die Basis dafür ist, dass wir, als Einzelpersonen, als Gruppe, oder Gesellschaft, uns unseres Unwissens bewusst sind, wir sprechen dann von *offenem Unwissen*. Als Individuen bemühen wir uns, dieses *individuelle Unwissen* zu reduzieren, indem wir lernen und uns gezielt weiterbilden. Als Gruppe oder Gesellschaft können wir unser *kollektives Unwissen* reduzieren, indem wir Wissenschaft und Forschung fördern. Wichtig ist, dass trotz aller Bemühungen immer Bereiche bleiben werden, die für uns im Dunkeln liegen. Und das liegt nicht nur daran, dass wir es wie im Beispiel der Müllkippe mit finsteren Machenschaften und bewusst verschleierten Tatsachen zu tun haben. Wer sich für Wissenschaftsgeschichte interessiert, wird eine interessante Gleichzeitigkeit von Erkenntnis und Unwissen beobachten können: Jede bahnbrechende Entdeckung öffnet die Tür zu neuen Fragen und weist uns auf neue Bereiche hin, in denen wir unwissend sind. Bildlich gesprochen durchschreiten wir die Tür zur Erkenntnis und treffen im dahinterliegenden Raum auf neue verschlossene Türen, die es durch neue Forschung zu öffnen gilt.

Die gute Nachricht: Wer um sein Unwissen weiß und es berücksichtigt, bleibt handlungsfähig – sei es, weil er oder sie beginnen kann, durch Bildung und Forschung neues Wissen zu gewinnen, oder weil er oder sie Pläne mit der entsprechenden Offenheit entwirft, eine Offenheit, die mit Überraschungen und neuen Entwicklungen rechnet und es zulässt, flexibel zu reagieren, wenn diese eintreten. Problematisch ist es vor allem, wenn wir es mit Unwissen zu tun haben, von dem wir nicht einmal wissen und dessen wir uns nicht bewusst sind, sogenanntes *geschlossenes Unwissen* (closed ignorance). Diese Art des Unwissens trifft uns vollkommen unvorbereitet und erwischt uns gewissermaßen auf dem „falschen Fuß".

> **Wichtig zu wissen: *Offenes* und *geschlossenes Unwissen***
> Wir unterscheiden zwischen zwei weiteren Arten von Unwissen:
>
> - **Offenes Unwissen:** Wir sind uns darüber im Klaren, dass wir in einem bestimmten Bereich unwissend sind und berücksichtigen diese Tatsache. Im Fall von reduzierbarem Unwissen bemühen wir uns, das Unwissen durch Lernen und Forschen zu reduzieren. Im Fall von nicht-reduzierbarem Unwissen beziehen wir diese Tatsache in unsere Handlungsabwägungen und Planungen mit ein.
> - **Geschlossenes Unwissen:** Wir wissen nicht, dass uns in einem bestimmten Bereich Wissen fehlt, und wir unwissend darüber sind. Aus diesem Grund planen wir weder Maßnahmen zur Reduktion des Unwissens mit ein, noch berücksichtigen wir das mögliche Unwissen in unseren Handlungsabwägungen und Planungen.

Unser Anliegen in diesem Kapitel ist es, genau dies auch in unserer Gesellschaft zu vermeiden, die vermeintlich über immer mehr Wissen verfügt und einen immer besseren Zugang zu Wissen schafft. Doch auch die Erfindung von Wikipedia und Explainity-Videos wird nichts daran ändern, dass wir unser Unwissen nie überwinden werden, weder individuell noch kollektiv.

Es ist hoffentlich deutlich geworden, was wir mit dem Eingangsstatement meinten, als wir erwähnten, dass 40 Jahren interdisziplinärer Forschung über Umweltprobleme dazu geführt hat, dass das Unwissen für uns an Bedeutung gewonnen hat. Um es mit den Worten des Ökonomen und Nobelpreisträger Friedrich August Hayek zu sagen: „Es ist höchste Zeit, dass wir unser Unwissen ernst nehmen!" (1972, S. 32).

12.2   Wann wir von Unwissen sprechen können und wann nicht

Wir haben uns nun mithilfe unterschiedlicher Beispiele dem Phänomen des Unwissens genähert. An dieser Stelle wird vielleicht schon klar, dass wir in vielen Fällen zwar meinen, unwissend zu sein, wenn wir aber genauer hinsehen, können jedoch durchaus einiges über die Situation wissen können. Dieser Einwand ist richtig. Wir betonen zwar, dass eine stärkere Berücksichtigung des Unwissens notwendig ist. Gleichzeitig ist es aber auch wichtig, klar zu trennen, wann wir tatsächlich von Unwissen sprechen und wann nicht. Wir schlagen darum vor, unerwartete Ereignisse, Entwicklungen und Tatsachen genauer zu klassifizieren und zwischen *Risiko, Unsicherheit* und *Unwissen* zu unterscheiden.

Wir wollen diese drei Formen an einem Beispiel erläutern (vgl. zu Folgendem Faber & Proops, 1998):

Wichtig zu wissen: Die Unterscheidung von *Risiko, Unsicherheit* und *Unwissen*

- **Risiko:** Von Risiko sprechen wir dann, wenn wir sowohl die möglichen Ereignisse als auch ihre jeweiligen Wahrscheinlichkeiten kennen. Das bekannteste Beispiel ist sicher das Würfelspiel mit einem normalen sechsäugigen Würfel. Wir kennen alle möglichen Ereignisse – denkbar ist das Aufkommen der Zahlen 1,2,3,4,5,6. Und wir kennen die Wahrscheinlichkeiten dieser Ereignisse, sie liegt jeweils bei 1/6.
- **Unsicherheit:** Von Unsicherheit sprechen wir, wenn wir zwar die möglichen Ereignisse kennen, aber nicht wissen, mit welchen Wahrscheinlichkeiten sie auftreten. Ein Beispiel sind Erdbeben. Wir wissen, dass beispielsweise in San Francisco aufgrund der tektonischen Gegebenheiten Erdbeben unterschiedlicher Stärke vorkommen können. Was wir nicht kennen, sind die Wahrscheinlichkeiten und die Stärken, mit denen diese Erdbeben tatsächlich auftreten.
- **Unwissen:** Von Unwissen sprechen wir, wenn weder die möglichen Ereignisse noch deren Wahrscheinlichkeiten bekannt sind. Ein Beispiel ist die Beschädigung der Ozonschicht durch den Ausstoß von Fluorchlorkohlenwasserstoffen (FCKWs) auf der Erde. Bis zur Entdeckung der theoretischen Möglichkeit 1974 und des tatsächlich verursachten Ozonlochs 1985 wusste niemand, dass FCKWs diese Wirkung in der Ozonschicht hervorrufen können und mit welcher Wahrscheinlichkeit sie es tun.

Wir stellen uns eine Person vor, die häufig Pferderennen besucht und gerne Wetten auf den Sieg dieses oder jenes Pferdes abschließt. Strukturell gibt es zwei Dinge zu beachten: i) Jedes Pferd, das teilnimmt, kann gewinnen und ii) die (subjektive) Gewinnwahrscheinlichkeit ist von Pferd zu Pferd unterschiedlich. Diese Wahrscheinlichkeit ergibt sich aus der subjektiven Erfahrung unseres Zuschauers – „dieses Pferd hat schon viele Rennen gewonnen" – und vielleicht aus seinem Gefühl oder seiner Intuition für die Form eines bestimmten Pferdes an einem bestimmten Tag. Im Falle einer Wette kennt unser Zuschauer alle möglichen Ergebnisse und kann jedem Ergebnis eine bestimmte Wahrscheinlichkeit zuordnen. Wenn alle möglichen Ergebnisse bekannt sind und jedem Ergebnis eine subjektive Wahrscheinlichkeit zugeordnet werden kann, sprechen wir von *Risiko*.

Stellen wir uns einen zweiten Fall vor. Da unser Rennsportfan nicht regelmäßig auf die Wetterberichte achtet, kann es vorkommen, dass er an der Rennbahn ankommt und dann zu seiner Überraschung feststellt, dass das Rennen wegen schlechten Wetters abgesagt wurde. Das Ereignis „Es findet kein Rennen statt" ist ihm natürlich theoretisch als Möglichkeit bekannt, er hat diesem Ergebnis aber keine subjektive Wahrscheinlichkeit zugewiesen, also sprichwörtlich „nicht damit gerechnet". Wo immer mögliche Ergebnisse bekannt sind, denen aber keine subjektive Wahrscheinlichkeit zugeordnet wird oder werden kann, sprechen wir von *Unsicherheit*.

Stellen wir uns nun einen dritten Fall vor. Nach längerer Abwesenheit von seiner Heimatstadt kehrt unser Rennbegeisterter zurück und nimmt sein Hobby wieder auf. Er begibt sich zur Rennbahn, genauer gesagt dorthin, wo er die Rennbahn erwartet. Doch statt der Rennstrecke findet er dort zu seiner großen Überraschung einen Supermarkt vor. Mit diesem Ereignis hat er nicht nur nicht gerechnet, er hat es bis dato nicht einmal für möglich gehalten, dass jemand auf die Idee kommen würde, die Rennbahn abzureißen und einen Supermarkt an dieser Stelle zu errichten. In diesem Fall sprechen wir davon, dass über das Ereignis schlicht *Unwissen* herrschte.

Das Beispiel zeigt, dass sich das fehlende Wissen, das uns in unterschiedlichen Situationen des Lebens begegnet, durchaus unterschiedlich darstellen kann. Denn manchmal wissen wir zwar nichts Genaues, können uns aber mithilfe gezielter Überlegungen einen Überblick über die Situation verschaffen. Beispielsweise, indem wir nach den Ereignissen fragen, die möglicherweise eintreten (*Risiko* und *Unsicherheit*) oder wenn wir gar die möglichen Ereignisse und ihre Wahrscheinlichkeiten herausfinden (*Risiko*). Diese Informationen können uns bei der Abwägung zwischen unterschiedlichen Handlungsoptionen dienen. Nur das Unwissen lässt uns diesbezüglich im Regen stehen – wir müssen dann Entscheidungen treffen, obwohl wir weder gesichertes Wissen, noch einen Überblick über die denkbaren Möglichkeiten und auch keine Wahrscheinlichkeiten zur Verfügung haben. In Situationen, in denen Entscheidungen vor dem Hintergrund des Unwissens getroffen werden müssen, kommt es auf die Fähigkeit der *Urteilskraft* an (vgl. Kap. 7).

12.3   Wir überschätzen unser Wissen und unterschätzten unser Unwissen

Bis hierhin ist deutlich geworden, dass wir ein Bewusstsein dafür brauchen, wie oft wir mit Unwissen konfrontiert sind und wie oft wir gleichzeitig unser Wissen überschätzen. Diese Erkenntnis ist von Bedeutung, weil sie es uns ermöglicht, einen Umgang mit unserem Unwissen zu finden und nicht wieder und wieder durch unerwartete Entwicklungen überrascht zu werden. Hier geben wir ein Beispiel:

Das Bergdorf Brienz liegt im Schweizer Kanton Graubünden nahe der Stadt Chur inmitten der Schweizer Alpen. Über dem Dorf erheben sich die Berge und direkt in seinem Rücken befindet sich ein Stück Berg, das als „Brienzer Rutsch" Berühmtheit erlangt hat und in den letzten Jahren in verschiedenen Medien als der „am besten überwachte Berg der Schweiz" bezeichnet wurde. Die Gesteinsmassen dort wurden mit modernster Technologie minutiös überwacht. Der Grund: Ein Teil des Hanges, der „die Insel" genannt wird, ist seit Jahren in Bewegung und es war klar, dass die Gesteinsmassen eines Tages in einem Bergsturz ins Tal rutschen würden. Der Tagesanzeiger titelte dazu am 16.05.2023: „Der Berg kommt – nur wie?"

Brienz wurde bereits in der Vergangenheit immer wieder von Bergstürzen getroffen. Zwischen 1878 und 1907 bewegte sich ein mächtiger Schuttstrom täglich etwa einen Meter weit. 2019 donnerte ein 100 t schwerer Fels mit annähernd 100 km pro Stunde an einem Spielplatz vorbei und blieb auf einer Wiese in der Nähe des Dorfes liegen. Um die Bevölkerung des Dorfes zu schützen und frühzeitig warnen zu können, wurde der Hang, in dem sich rund 1,9 Mio. Kubikmeter Gestein regelmäßig bewegten, rund um die Uhr von einem Expertenteam überwacht: Fünf technische Systeme, bestehend aus GPS/GNSS, Photogrammetrie, Tachymetrie, Steinschlagradar und Georadar, analysierten den Hang Tag und Nacht und behielten über 90 Messpunkte im Blick. Im Frühjahr und Frühsommer 2023 bewegte sich der Hang mit einer Geschwindigkeit von 40 m pro Tag ins Tal.

Spätestens an dieser Stelle wird der Fall nun für unsere Arbeit mit der Kategorie des Unwissens interessant: Wissenschaftlich und technisch wurde in Brienz alles Menschenmögliche getan, um so viele Variablen wie möglich zu kennen und möglichst umfassendes Wissen über die Vorgänge am Berg zu erlangen. Die Verantwortlichen konnten zu jedem Zeitpunkt nachvollziehen, welcher Bereich des Hanges sich mit welcher Geschwindigkeit bewegte. Und doch wusste bis zum tatsächlichen Ereignis in der Nacht vom 15.06. auf den 16.06.2023 niemand genau, wie sich die Felsmassen lösen würden und welche Folgen der Bergsturz für das Dorf Brienz haben würde. Selbst mit den hervorragenden verfügbaren Daten konnten nur Szenarien formuliert werden und Wahrscheinlichkeiten benannt werden (Laukenmann, 2023):

1. Das erste Szenario, ein Felssturz mit einem Abbruch von 250.000–500.000 Kubikmetern wurde mit einer Wahrscheinlichkeit von **60 %** beziffert. Das Dorf wäre in diesem Szenario unter Umständen in seinem nördlichen Teil von Sturzmassen getroffen worden.

2. Das zweite Szenario, ein Schuttstrom, in dessen Verlauf die gesamte „Insel" mit ihren 1,9 Mio. Kubikmetern langsam ins Tal rutschen würde, wurde mit einer Wahrscheinlichkeit von **ca. 30 %** geschätzt. Die konkreten Auswirkungen dieses Szenarios blieben wiederum eine Frage von Wahrscheinlichkeiten. Es konnte nicht klar gesagt werden, ob die Fläche vor dem Dorf, das Dorf selbst in seiner Gesamtheit oder eine noch vielfach größere Fläche getroffen werden würde.

3. Als drittes Szenario wurde die Gefahr eines Bergsturzes formuliert, in dessen Verlauf die gesamte Insel ins Tal donnern würde. Die Wahrscheinlichkeit dieses Szenarios wurde mit **10 %** angegeben, auch für diesen Fall waren die konkreten Folgen und die betroffenen Gebiete nur annäherungsweise mithilfe von Wahrscheinlichkeiten benennbar.

Tatsächlich ging «die Insel» schließlich am 15.06.2023 zwischen 23.00–24.00 Uhr als schneller Schuttstrom ab, der 1,2 Mio. Kubikmeter Gestein ins Tal beförderte und nur wenige Meter vor dem Schulhaus des Dorfes Brienz am Ortsrand stoppte (Joller, 2023).

Mit Blick auf das Unwissen ist das Beispiel von Brienz vor allem deshalb eindrücklich, weil selbst ein rund um die Uhr aktives Team von Expertinnen und Experten auch dann keine Chance hat, das Unwissen über die tatsächlichen Zusammenhänge vollständig zu überwinden und verlässliche Vorhersagen zu treffen, wenn es, wie in unserem Beispiel, nahezu perfekte Bedingungen vorfindet: Es ging in Brienz um die Analyse eines räumlich begrenzten Gebietes, über das hervorragende Daten aus fünf komplementär eingesetzten «State of the Art»-Messsystemen erhoben wurden, die wiederum in etablierte und erprobte Modelle eingespeist wurden. Ebenso eindrücklich ist die Art und Weise, wie die Verantwortlichen in Brienz mit der Situation umgingen: Trotz der vielen verfügbaren Fakten waren sie sich ihres Unwissens bewusst und haben sich von der Technologie nicht über die Grenzen ihres Wissens hinwegtäuschen lassen. Nur aufgrund dieser Haltung wurde die Bevölkerung frühzeitig evakuiert, wurden keine Versprechungen mit Blick auf die Zukunft des Dorfes gemacht und, vielleicht am wichtigsten, es wurde der Versuchung widerstanden, den Hang mithilfe einer Sprengung vermeintlich «kontrolliert» zum Abbrechen zu bringen.

Zusammenfassung: Wie uns ein Bewusstsein für unser Unwissen weiterhilft
- **Erstens** ermöglicht das Wissen um unser Unwissen die im ersten Teil des Kapitels beschriebene Haltung der Offenheit und Flexibilität gegenüber unerwarteten Ereignissen. Wir bleiben auch dann handlungsfähig, wenn wir keine perfekte Informationsgrundlage für unsere Handlungsentscheidungen haben.
- **Zweitens** schärft ein Bewusstsein für unser Unwissen die Aufmerksamkeit für auf den ersten Blick scheinbar nebensächliche Entwicklungen. Wenn wir *Unwissen* als strukturelle Komponente der Betrachtung von

Umweltproblemen berücksichtigen, können wir konkrete präventive Maßnahmen ergreifen. Wir können uns fragen, über welche Zusammenhänge und Folgen unseres Handelns (vgl. Kap. 13 *Kuppelproduktion*) wir möglicherweise nichts wissen können und aufmerksam darauf achten, ob über die Zeit unerwartete Entwicklungen und *Neuheiten* auf unsere Handlungsentscheidung folgen. Und wir können gezielt versuchen, auch über die Bereiche Wissen zu gewinnen, die für unser Anliegen eigentlich nicht zentral sind – einfach um zu vermeiden, dass sich uns nach einiger Zeit ein völlig unerwartetes Problem offenbart. In diesem zweiten Punkt schützt uns das Wissen um unser Unwissen also davor, die *Offenheit* für unerwartete Entwicklungen zu verlieren. Und es ermöglicht uns darüber hinaus, *präventive Schritte* zu unternehmen, um unser *Unwissen zu verringern.*

Literatur

Faber, M., & Proops, J. L. (1998). *Evolution, time, production and the environment*. Springer Science & Business Media.

Hayek, F. A. (1972). *Die Theorie komplexer Phänomene*. Walter Eucken Institut.

Joller, S. (2023, Juni 16). *Bergsturz Brienz—Warum Brienz verschont blieb*. Schweizer Radio und Fernsehen (SRF). https://www.srf.ch/wissen/bergsturz-brienz-warum-brienz-verschont-blieb.

Laukenmann, J. (2023). *Drei Szenarien für Brienz: Der Berg kommt – nur wie?* Tages-Anzeiger. https://www.tagesanzeiger.ch/der-berg-kommt-nur-wie-886815758799.

Kuppelproduktion: Wenn wir nicht nur das produzieren, was wir produzieren wollen

13

Inhaltsverzeichnis

▶ **Worum geht's?**
Es geht um Kuppelproduktion. Jede Produktion eines materiellen Gutes führt zu einer gleichzeitigen Produktion sogenannter *Kuppelprodukte,* die häufig umweltschädlich sind. Mit dem rasanten wirtschaftlichen Wachstum seit der industriellen Revolution hat auch die Menge der schädlichen Kuppelprodukte zugenommen, was bis heute starke Schäden an Mensch und Umwelt verursacht. Das war möglich, weil die Entstehung von Kuppelprodukten lange Zeit als nebensächlich betrachtet wurde.

In den herkömmlichen Wirtschaftswissenschaften dachte man zwar über Kuppelproduktion nach, allerdings erst, nachdem sie bereits auftrat, also z. B. ein Fluss schon verschmutzt war. Der in diesem

M. Faber et al., *Nachhaltiges Handeln in Wirtschaft und Gesellschaft,*
SDG – Forschung, Konzepte, Lösungsansätze zur Nachhaltigkeit,
https://doi.org/10.1007/978-3-662-67889-3_13

Kapitel vorgestellte Ansatz geht einen anderen Weg: Wir zeigen auf, dass Kuppelproduktion a) thermodynamisch bedingt ist und b) daher zwingend schon vor jeder Produktion beachtet werden muss, damit Umweltprobleme gar nicht erst entstehen.

13.1   Einführung in das Konzept

Umweltpolitische Ansätze führen häufig nicht zu befriedigenden Ergebnissen, da eine grundsätzliche Eigenschaft von Mensch-Umwelt-Beziehungen zu wenig berücksichtigt wird. Jede Handlung, insbesondere jeder Produktions- und Konsumvorgang benötigt Energie. Aus thermodynamischen Gründen (siehe Kap. 9 *Thermodynamik*) folgt, dass jede Handlung nicht nur eine Wirkung hat. So bewirkt die Verbrennung von Kohle zur Stromerzeugung nicht nur Elektrizität, sondern eine Reihe weiterer Effekte, wie die Emission von Kohlendioxyd (CO_2), Abwasser, Abwärme, Staub, etc. Dieser Umstand wird von der Ökologischen Ökonomie als das Phänomen der *Kuppelproduktion* begrifflich erfasst. Die neben den intendierten Effekten einer Handlung entstehenden (Neben-)Effekte werden als *Kuppelprodukte* bezeichnet.

Im Gegensatz zu dieser grundsätzlichen Sichtweise der Ökologischen Ökonomie gibt es prominente Ansätze zur Untersuchung von Umweltproblemen, die eine disziplinäre Perspektive verwenden.

- In der Philosophie prägte Hans Jonas den Begriff einer „Heuristik der Furcht" (siehe Kap. 6 *Verantwortung*),
- in den Rechtswissenschaften wird darüber nachgedacht, die Natur mit feststehenden „Rechten auszustatten" und
- in der Umweltökonomik wird versucht, negative Auswirkungen auf die Umwelt zu „internalisieren", das heißt, sie beispielsweise in der Bepreisung von Gütern (Steuern, Abgaben, Subventionen) zu berücksichtigen.

Bei allen Verdiensten dieser Ansätze, sind sie jedoch nicht in der Lage, naturwissenschaftliche und sozialwissenschaftliche Perspektiven gleichzeitig zu berücksichtigen und systematisch miteinander zu verknüpfen. Das Konzept der Kuppelproduktion ermöglicht dies. Es ist thermodynamisch fundiert, auf Produktion und Konsum anwendbar und weist auf schädliche Auswirkungen der Wirtschaft auf die Umwelt und damit auch auf die Gesellschaft hin. Die Beachtung von Kuppelproduktion in umweltpolitischen Ansätzen erlaubt es, bereits vor der Ausführung einer Handlung mögliche Auswirkungen auf die Umwelt zu erkennen und entsprechend in die Abwägungen miteinzubeziehen. Aus diesen Gründen ist das Konzept der Kuppelproduktion (Englisch: *Joint Production*) ein zentraler Baustein der Ökologischen Ökonomik.

Im Folgenden werden wir den Ansatz der Kuppelproduktion systematisch erarbeiten. Mit diesem Ansatz schaffen wir ein Fundament, einen sogenannten

„Archimedischen Punkt"[1], von dem wir in der Betrachtung jeglicher Umweltprobleme ausgehen können.

Ausgangspunkt unserer Überlegungen ist: Die menschliche Existenz ist ohne ihre Beziehung zur Natur nicht denkbar. Diese Beziehung ist eine doppelte (Baumgärtner et al., 2006, Kap. 1).

1. Zum einen ist der Mensch in vielfältiger Weise von den erbrachten Leistungen der Natur abhängig. Beispiele dafür sind Ressourcen wie Wasser, Nahrung und Brennstoffe, aber auch negative Einwirkungen wie Überschwemmungen, Epidemien und Krankheiten. Hinzu kommen kulturelle Leistungen wie Erholung sowie die Ästhetik von Landschaften. Weiter bietet die Natur einen Raum für die Entfaltung aller Arten von menschlichen Aktivitäten.
2. Kommen wir zur zweiten Beziehung: wie wirkt sich menschliches Handeln auf die natürliche Umwelt aus? Der Mensch verändert seine natürliche Umwelt, absichtlich und unabsichtlich, um seinen Lebensraum zu gestalten. Er entnimmt den natürlichen Ökosystemen Ressourcen; er gibt Abfälle und Schadstoffe in natürliche Ökosysteme zurück und verändert dadurch natürliche Prozesse und Funktionen.

Das Gebot der Nachhaltigkeit verlangt, die Funktionsfähigkeit der Natur und Leistungen der Natur für den Menschen auf Dauer zu erhalten (vgl. Kap. 4 zu *Nachhaltigkeit* und *Gerechtigkeit*). Daher muss die Beziehung zwischen Mensch und Natur eine bestimmte Qualität haben. Wie kann diese gewährleistet werden? Das erfordert, dass Menschen ihr Verhalten entsprechend anpassen. Aber wie? Wie können wir diese schwierige und umfassende Frage angehen?

Zuerst müssen wir erkennen, dass es auf den ersten Blick ein unentwirrbares Zusammenspiel von drei ganz unterschiedlichen Sphären gibt; dies sind die Abläufe

- in der Sphäre der Natur; diese werden üblicherweise von den Naturwissenschaften untersucht;
- in der sozialen, ökonomischen und politischen Sphäre, die traditionell von den Sozial- und Wirtschaftswissenschaften analysiert werden;
- und neben diesen Abläufen gibt es die Kategorien des menschlichen Denkens, die der Philosophie zuzuordnen sind.

Es ist offensichtlich: Das Zusammenspiel dieser drei Bereiche erfordert einen interdisziplinären Ansatz. Das ist eine schwierige und umfassende Anforderung.

---

[1] „Gib mir einen Punkt, wo ich sicher stehen kann, und ich hebe die Welt aus den Angeln" (Archimedes, 285–212 v.Chr.).

Erschwert wird unsere Aufgabe aufgrund folgenden Umstandes: Fortwährend ändert sich unsere Umwelt – durch natürliche Prozesse und Entwicklungen sowie durch Eingriffe der Menschen. Ebenso fortwährend ändern sich unsere sozialen, wirtschaftlichen, politischen und kulturellen Verhältnisse und unsere Umwelt durch menschliches Tun. All das geschieht in Ablauf der Zeit (vgl. Kap. 8 zu *drei Zeitbegriffen* und Kap. 11 zu *Evolution*): Natürliche, gesellschaftliche und wirtschaftliche Prozesse sind dynamisch; sie sind gekennzeichnet durch die Veränderungen von Beständen (siehe Kap. 15), seien diese kurzfristig-, mittel- oder langfristiger Art. Weiter muss berücksichtigt werden: Viele dieser Abläufe sind irreversibel (vgl. Kap. 10).

Da natürliche, wirtschaftliche und soziale Prozesse untrennbar miteinander verwoben sind, haben wir es mit komplexen Systemen zu tun. Diese Komplexität wird noch verschärft, wenn wir sie langfristig betrachten. Was sind die Gründe dafür?

Das Wissen über die relevanten Prozesse und Systeme ist durch ein hohes Maß an Unsicherheit und fundamentaler Unkenntnis eingeschränkt (vgl. Kap. 12 zu *Unwissen*). Menschliches Handeln ist vielfältig und kann analytisch nicht mit einem einzigen Paradigma erfasst werden. Das Erklärungsmodell der Wirtschaftswissenschaften für menschliches Verhalten ist der Homo oeconomicus (vgl. Kap. 5 zu *Menschenbildern*); der sich durch egozentrisches und optimierendes Verhalten auszeichnet. Zwar ist die Kritik an dieser einseitigen Sichtweise in den vergangenen Jahrzehnten gewachsen, ihr kommt aber weiterhin große Bedeutung in den Sozialwissenschaften und insbesondere in den Wirtschaftswissenschaften zu. Es ist erforderlich, dieses Menschenbild durch andere Menschenbilder zu ergänzen, die z. B. Kreativität, freien Willen und Gemeinsinn stärker berücksichtigen. Es ist offensichtlich, wie schwierig es ist, all diese Phänomene auf ihre Wirkungen nachzuverfolgen.

Angesichts einer solch großen Herausforderung könnten manche Menschen resignieren und sich sagen, Nachhaltigkeit ist ein Mythos und hat kaum praktische Bedeutung; andere könnten sich auf isolierte Ad-hoc-Maßnahmen zurückziehen, die nicht ausreichen, um die Herausforderung der Nachhaltigkeit in angemessener Weise anzugehen.

In diesem Buch wollen wir dagegen konstruktiv vorgehen. Was tatsächlich notwendig ist, das ist eine *umfassende*, *konsistente* und *systematische* Sichtweise des Problems und entsprechende Handlungsanleitungen (Faber & Manstetten, 2003, S. 26). Wir haben im Laufe von über vier Jahrzehnten erfahren, dass es durchaus möglich ist, Leitlinien für eine nachhaltige Politik zu entwickeln und werden im Folgenden zeigen, dass das Konzept der *Kuppelproduktion* ein zentrales Konzept für die Entwicklung einer solchen Perspektive ist (Baumgärtner et al., 2006).

Worum geht es bei dem Begriff der Kuppelproduktion? Kuppelproduktion tritt auf, wenn beim Herstellen eines Gutes aus technisch notwendigen Gründen gleichzeitig ein oder mehrere andere Güter entstehen. Diese anderen Güter können erwünscht oder unerwünscht sein. Meistens sind sie jedoch unerwünscht. So ist der Grund für das Klimaproblem, dass beim Verbrennen von Kohle, Öl oder Gas nicht nur Energie erzeugt wird, sondern auch Kohlendioxyd (CO_2) entsteht.

> **Wichtig zu wissen: Menschliches Handeln hat unbeabsichtigte Nebeneffekte**
> Der Begriff der Kuppelproduktion erfasst das besondere Merkmal des menschlichen Handelns, dass es unbeabsichtigte Nebeneffekte hat; diese sind die strukturellen Ursachen für viele Umweltprobleme. Damit ist das Phänomen der Kuppelproduktion ein natürlicher Ausgangspunkt, um Umweltprobleme zu untersuchen und sie in einer nachhaltigen Weise zu lösen. Es ermöglicht, eine systematische und einheitliche Betrachtung der oben erwähnten Probleme.

Wir wollen im Folgenden eine umfassende Analyse der Interaktionen zwischen Wirtschaft und Umwelt im Rahmen der Ende des vorigen Jahrhunderts geründeten Disziplin der Ökologischen Ökonomik entwickeln. Diese Bezeichnung weist bereits darauf hin, dass es sich um ein interdisziplinäres Feld handelt. Inhaltlich geht bei der Ökologischen Ökonomie um die konzeptionelle Grundlegung der Wissenschaft und des Managements der Nachhaltigkeit (Costanza, 1992).

13.2 Kuppelproduktion und Thermodynamik

Die im Kapitel zu *Thermodynamik* (Kap. 9) dargelegten Erkenntnisse ermöglichen es uns, eine neue umfassende naturwissenschaftlich begründete Perspektive über den Zusammenhang zwischen der Produktion und Konsumption von Gütern und den dadurch entstehenden Umweltproblemen zu entwickeln. Kuppelproduktion steht in engem Zusammenhang mit den Gesetzen der Thermodynamik, insbesondere mit dem zweiten Hauptsatz über Entropie. An dieser Stelle ist es zweckmäßig, noch einmal darauf hinzuweisen, dass die zwei Hauptsätze der Thermodynamik wesentlich zu den Grundlagen der Disziplin der Ökologischen Ökonomik beigetragen haben. Wie ist es dazu gekommen? Die Nützlichkeit der Thermodynamik ergibt sich, weil sie die Grundlage aller Wirtschaftstätigkeit betrifft; denn ihre beiden Hauptsätze sind auf alle realen Produktionsprozesse anwendbar.

> **Wichtig zu wissen: Thermodynamik als Grundlage für interdisziplinäre Zusammenarbeit**
> Da die Thermodynamik wesentliche Grundlage anderer Naturwissenschaften wie der Chemie, Biologie, Ökologie und Ingenieurswissenschaften ist, ergibt sich eine Verbindung der Ökologischen Ökonomik zu anderen Naturwissenschaften. Dadurch erleichtert sich die interdisziplinäre Zusammenarbeit, eine Voraussetzung für erfolgreiche Umweltpolitik.

Im Kapitel *Thermodynamik* (Kap. 9) haben wir den Begriff `offenes System´ eingeführt, welches Energie und Materie aufnimmt und auch an seine Umgebung abgibt. Thermodynamisch betrachtet ist die menschliche Wirtschaft ein offenes System, das in das größere, aber geschlossene System[2] der natürlichen Umwelt eingebettet ist[3] (Ayres, 1978; Boulding, 1966; Daly, 1977; Georgescu-Roegen, 1971, und viele mehr). Die Stärke des Konzepts der Kuppelproduktion liegt darin, dass es erlaubt, die Wechselwirkungen zwischen Wirtschaft und Umwelt im Rahmen der Ökologischen Ökonomie zu untersuchen. Dies lässt sich folgendermaßen zeigen: Aus thermodynamischer Sicht sind Energie und Materie grundlegende Faktoren der Produktion. Jeder Produktionsprozess ist im Grunde genommen eine Umwandlung dieser Faktoren. Folglich unterliegen die Produktionsprozesse den beiden Hauptsätzen der Thermodynamik. Das bedeutet, in einem isolierten System[4] bleiben Materie und Energie erhalten, da sie weder erzeugt noch zerstört werden können (1. Hauptsatz), und bei jedem realen Umwandlungsprozess von Energie wird ein positiver Betrag an Entropie erzeugt (2. Hauptsatz).

Ganz allgemein kann ein Produktionsprozess beschrieben werden als eine Umwandlung von einer bestimmten Anzahl von Inputs an Produktionsfaktoren in eine bestimmte Anzahl von Outputs von Gütern und Schadstoffen, wobei alle Inputs und Outputs durch ihre Masse und ihre Entropie charakterisiert sind. Aus den Gesetzen der Thermodynamik folgt, dass jeder Produktionsprozess Kuppelproduktion ist, d. h. er führt notwendigerweise zu mehr als einem Output (Baumgärtner et al., 2006, Kap. 3; Faber et al., 1998). Insbesondere gilt für industrielle Produktionsprozesse, die gewünschte Güter mit geringer Entropie erzeugen, dass notwendigerweise und unvermeidlich Nebenprodukte mit hoher Entropie entstehen.

Wir stellen diese Folgen der Thermodynamik für reale Produktionsprozesse in Abb. 13.1 dar. Beispielsweise verwendet man bei der Herstellung von Eisen Eisenerz, das aufgrund seiner Mischung mit Erde – es ist also verunreinigtes Eisen – eine hohe Entropie hat. Um Eisen zu erzeugen, welches eine niedrige Entropie hat, muss die Entropie des Ausgangsmaterials Eisenerz verringert werden. Das kann erreicht werden, indem mithilfe eines Rohstoffes mit niedriger Entropie Energie zugeführt wird, z. B. mit den Energieträgern Kohle oder Koks. Aus thermodynamischer Perspektive wird also eine Verschiebung der hohen Entropie des Eisenerzes in die Abfallprodukte CO_2, Schlacke, Staub, Abwässer usw. vorgenommen, um hochwertiges Eisen – mit niedriger Entropie – zu erzeugen.

---

[2] Ein geschlossenes System tauscht nur Energie mit seiner Umgebung aus, aber keine Materie.

[3] Wir betrachten unseren Planeten als geschlossenes System, da Energie durch Sonneneinstrahlung aufgenommen und in Form von Wärme abgegeben wird. Der materielle Austausch mit dem Universum ist zu vernachlässigen, da er sich auf gelegentlichen Eintrag von Materie durch Meteoriten und vom Menschen ins All geschossene Flugobjekte beschränkt.

[4] Ein isoliertes System tauscht weder Energie noch Materie mit seiner Umgebung aus.

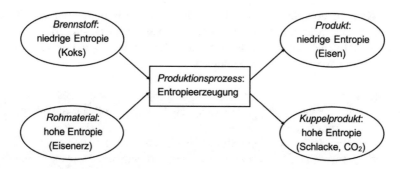

Abb. 13.1 Thermodynamische Darstellung der Eisenerzeugung

Die Abb. 13.1 zeigt einen typischen industriellen Produktionsprozess am Beispiel der Eisenherstellung.

13.3   Jede Produktion ist Kuppelproduktion

Das Konzept der Kuppelproduktion kann also die wesentlichen thermodynamischen Restriktionen bezüglich der Produktionsprozesse, wie sie durch die beiden ersten Hauptsätze gegeben sind, erfassen. Wie vielfältig und wie allgemein das Konzept der Kuppelproduktion verwendet werden kann, zeigt sich darin, dass vier zentrale Themen der Ökologischen Ökonomik damit erfasst werden können:

- Irreversibilität (vgl. Kap. 10),
- Grenzen der Substitution von Produktionsfaktoren,
- die Allgegenwärtigkeit von Abfällen und
- die Grenzen des Wachstums.

Das soll im Folgenden erläutert werden:

- Die Irreversibilität ist in der oben genannten thermodynamischen Formalisierung der Kuppelproduktion ausdrücklich enthalten, da jeder Produktionsprozess Entropie erzeugt und daher irreversibel ist.
- Grenzen der Substitution sind ebenfalls berücksichtig, da die Anforderung erfüllt werden muss, dass Materialien mit hoher Entropie als Materialinputs – im obigen Beispiel Eisenerz – in gewünschte Güter mit geringerer Entropie – oben Eisen – umgewandelt werden müssen. Das setzt voraus, dass ein irreduzibles Minimum an Brennstoffen mit geringer Entropie vorhanden sein muss.
- Die Allgegenwärtigkeit von Abfällen folgt daraus, dass beim Produktionsprozess notwendigerweise Entropie generiert wird, die in unerwünschtem Material enthalten ist und daher Abfall darstellt (z. B. CO_2, Schlacke, etc.).

- Die Kombination der drei oben genannten Aspekte führt zum Begriff der Grenzen des Wachstums und unterstreicht den umfassenden Erklärungswert und die Allgemeingültigkeit des Konzepts der Kuppelproduktion für das Verständnis der Wirtschaft im Allgemeinen.

> **Wichtig zu wissen: Kuppelproduktion als Konzept für interdisziplinäres Arbeiten an Umweltproblemen**
> Mit dem Begriff der Kuppelproduktion ist ein einfach zu verstehendes und leicht zu verwendendes Konzept gefunden worden, um Umweltprobleme interdisziplinär und umfassend zu untersuchen.

13.4   Kuppelproduktion vs. Theorie der externen Effekte

Im Gegensatz zu der von der Ökologischen Ökonomie verwendeten Vorgehensweise, Umweltprobleme mit dem Konzept der Kuppelproduktion zu untersuchen, verwendet die Umweltökonomie der herkömmlichen Wirtschaftswissenschaften einen ganz anderen Ansatz; dies ist die *Theorie der externen Effekte*. Wie unterscheiden sich diese beiden Vorgehensweisen? Dazu ist es erforderlich, zuerst den Begriff des externen Effektes zu erläutern. Betrachten wir ein chemisches Unternehmen, dass seine Abwässer in einen großen See einlaufen lässt. Im Laufe der Zeit wird dadurch die Wasserqualität derart verändert, dass Fischer weniger Fische fangen können; entsprechend sinkt ihr Einkommen. Allerdings bezieht das Unternehmen den Verlust der Fischer nicht primär in seine wirtschaftliche Kalkulation mit ein, da es ja nicht selbst direkt davon betroffen ist. Der Schaden entsteht lediglich für „Externe" – also nicht im wirtschaftlichen Modell inbegriffene Personen und wird daher nicht über den Markt ausgeglichen. Daher wird der Rückgang der Fische als (negativer) externer Effekt bezeichnet. Es besteht folglich eine asymmetrische Beziehung zwischen dem Unternehmer und den Fischern.

Es dauert in der Regel lange, bis die Wirkung solcher ungleichen Beziehungen zu umweltpolitischen Konsequenzen führt, wenn die Theorie der externen Effekte zugrunde gelegt wird. Das soll am Beispiel der Entwicklung der Qualität des Wassers des Bodensees nach dem 2. Weltkrieg erläutert werden. Ab 1950 wurde es durch Abwässer der Kommunen und der Wirtschaft immer mehr verunreinigt. 1959 wurde das Problem zwar angegangen; aber insbesondere der Phosphateintrag der Düngemittelausschwemmung nahm weiter zu. Erst Anfang der siebziger Jahre wurde begonnen, Kläranlagen zu bauen. Jedoch bis 1979 nahm dennoch der Phosphateintrag zu. Es dauerte bis ca. 2010, bis der Bodensee wieder seine ursprüngliche Wasserqualität erreicht hatte. Die Kosten für den Bau der Wasserreinigung betrugen mehrere Milliarden Euro.

Wie unterscheiden sich die Erklärungsansätze der Ökologischen Ökonomie mit ihrem Kuppelproduktionsansatz und die Umweltökonomie mit ihrem Ansatz der externen Effekte? Erstere gehen aus von der *Ursache*, nämlich von der Entstehung eines Kuppelproduktes, im genannten Beispiel die Ausschwemmung der Abwässer und Düngemittel in den Bodensee. Im Gegensatz dazu wird bei letzterem von der *Wirkung*, also von dem Grad der Verschmutzung des Bodensees ausgegangen, bei der die Politik bereit ist, Maßnahmen zu ergreifen. Wie wir oben gesehen haben, kommt es dadurch zu einer Zeitverzögerung. Ähnliches können wir beim Klimaproblem beobachten.

Wichtig zu wissen: Unterschied zwischen Ökologischer Ökonomie und Umweltökonomie

Zusammenfassend stellen wir fest: Umweltökonomen berücksichtigen Wohlfahrtseffekte erst dann, wenn sie eingetreten sind. Das bedeutet, externe Effekte sind eine Angelegenheit im Nachhinein, wir können auch sagen, sie werden erst ex-post berücksichtigt. Andererseits machen Ökologische Ökonomen dagegen mittels des Konzeptes der Kuppelproduktion auf mögliche Umweltschäden im Vorhinein aufmerksam, d. h. ex ante. Damit ist es ein starker Anreiz, unbekannte potenzielle Wohlfahrtsverluste bereits bei der Einführung eines neuen Produktes, wie dem der Düngemittel, zu berücksichtigen.

13.5   Das Fallbeispiel der Soda-Chlor Industrie

Im Englischen gibt es das Sprichwort: „the proof oft he pudding is the eating". Damit ist gemeint, der Wert einer Einsicht kann sich nicht durch theoretische Überlegungen zeigen, sondern nur durch praktische Erfahrung. Dieses Sprichwort trifft auch für den Bereich der Mensch-Umwelt Beziehungen zu; die Relevanz der Kuppelproduktion für Wirtschaft, Gesellschaft und Politik zeigen wir an einem Fallbeispiel. Es handelt von der Soda-Chlorindustrie, welche wir über einen Zeitraum von mehr als 100 Jahren betrachten. Mitte des 18. Jahrhunderts wuchs die britische Textilindustrie so stark, dass die zum Bleichen notwendige, aus Holz gewonnene Pottasche aufgrund von Holzmangel nicht mehr ausreichte: Sie musste durch Soda ersetzt werden. Aber das natürliche Soda wurde Ende des 18. Jahrhunderts knapp. Aufgrund der hohen Nachfrage hatte die französische Akademie für Wissenschaft bereits 1775 einen Preis für die Herstellung von synthetischem Soda ausgeschrieben, der schließlich 1791 Nicholas Leblanc verliehen wurde. Sein Verfahren wurde jedoch in großtechnischen Anlagen erst 30 Jahre später in England eingesetzt.

Allerdings war Soda dabei nicht das einzige hergestellte Produkt. Gleichzeitig wurde das umweltzerstörende Kuppelprodukt Chlorwasserstoff erzeugt. Dadurch wurden Menschen, die in der Nähe der Fabriken lebten, sowie die benachbarte Landwirtschaft geschädigt. Erst 1863 reagierte die Politik, indem sie vorschrieb, den Chlorwasserstoff nicht mehr durch die Schornsteine in die Luft, sondern direkt in Gewässer einzulassen. Das führte allerdings dazu, dass nicht nur Fische starben, sondern auch Schiffe und Schleusen verrosteten. Dadurch kam es 1874 zu einer zweiten Gesetzesänderung, die diese Art der Entsorgung verbot.

Eine neue Entwicklung ergab sich durch die Erfindung des Deacon[5] Prozesses, der es ermöglichte, reines Chlor aus Chlorwasserstoff zu gewinnen. Da reines Chlor für viele Zwecke verwendet werden konnte und einen reißenden Absatz fand, konnte aus einem unerwünschten Kuppelprodukt ein erwünschtes hergestellt werden. Jedoch zeigte sich im Laufe der Zeit, dass dadurch das Umweltproblem lediglich von der Produktionssphäre in die des Konsums verlagert wurde; denn die Entsorgung von chlorhaltigen Produkten führt zu schwerwiegenden Folgen, wie das Beispiel der Entstehung des Ozonloches in der Atmosphäre später zeigte (Faber & Manstetten, 2014, S. 245–248).[6]

> **Wichtig zu wissen: Theorie der Kuppelproduktion versus Theorie der externen Effekte**
>
> Die Theorie der externen Effekte ist Laien nicht einfach zu vermitteln; denn dazu bedarf es eines nicht unbeträchtlichen wirtschaftstheoretischen Aufwandes. Im Gegensatz dazu ist das Phänomenen der Kuppelproduktion ein leichtverständliches Prinzip, um Umweltprobleme zu verstehen. Vorkehrungen können entwickelt werden, damit diese nicht entstehen oder deren Auswirkungen verringert werden können

Aufgrund des engen Zusammenhanges zwischen Kuppelproduktion und den beiden Hauptsätzen der Thermodynamik eignet sich das Konzept für interdisziplinäre Zusammenarbeit, wie oben bereits erwähnt. Schließlich führt die Allgegenwärtigkeit der Kuppelproduktion dazu, Fragen nach der Verantwortung (vgl. Kap. 6) zu stellen.

13.6   Weshalb das Konzept der Kuppelproduktion für den gesellschaftlichen Umgang mit Umweltproblemen wichtig ist

Wir werden nun erläutern, was Kuppelproduktion konkret mit Wirtschaft und Umwelt- Rohstoffproblemen zu tun hat. Wir haben bereits gesehen: Bei der Herstellung eines Gutes wird aufgrund thermodynamischer Gesetze zwangsläufig ein oder mehrere andere Güter hergestellt. Dieses Phänomen bezeichnen wir als Kuppelproduktion. Die zusätzlichen anderen Outputs, sogenannte Kuppelprodukte, können teils erwünscht und teils unerwünscht sein.

---

[5] Henry *Deacon* (1822–1876) war ein Chemiker und Industrieller.
[6] Weitere Fallstudien zur Kuppelproduktion bei der Herstellung von Papier, Zement und Schwefelsäure finden sich in Baumgärtner et al., (2006, Kap. 15–18).

Ökonomen und Betriebswirtschaftlerinnen haben sich seit der Mitte des 18. Jahrhunderts in vielfältiger Weise mit den wirtschaftlichen Aspekten der Kuppelproduktion beschäftigt (Baumgärtner et al., 2006, Kap. 6). Die Gründe dafür sind unterschiedlich. Volkswirte untersuchen gesamtwirtschaftliche und Betriebswirtschaftlerinnen unternehmerische Aspekte. Aufgrund der zunehmende Umwelt- und Rohstoffprobleme sind es vor allem die unerwünschten Kuppelprodukte, die sowohl gesamtwirtschaftlich als auch in spezifischen Betrieben im Fokus stehen. Darüber darf aber nicht übersehen werden, dass es auch viele erwünschte Kuppelprodukte gibt, beispielsweise in der chemischen Industrie (Müller-Fürstenberger, 1995).

Aufgrund seiner leichten Verständlichkeit und Anwendbarkeit kann das Konzept der Kuppelproduktion als ein didaktisches Mittel eingesetzt werden, thermodynamische Zusammenhänge der Interaktion von Wirtschaft und Umwelt aufzuzeigen; denn mit dem Konzept der Kuppelproduktion sind Ökonominnen, Betriebswirte, Unternehmerinnen und Manager ganz anders vertraut als mit den Auswirkungen der Gesetze der Thermodynamik. Wie einfach das ist, wurde oben in Abb. 13.1 anhand der Eisenerzeugung erläutert: Bei einer industriellen Herstellung werden notwendigerweise und nicht vermeidbar umweltschädigende Kuppelprodukte erzeugt. Das bedeutet, die Herstellung eines erwünschten Gutes ist notwendigerweise und unvermeidbar mit Umweltschäden verbunden.[7]

13.6.1 Thermodynamik der Kuppelproduktion

Unter Bezugnahme auf unsere Darstellung im Konzept *Thermodynamik* und die oben in der Einführung erläuterten Zusammenhänge werden wir nun Erkenntnisse über Kuppelproduktion erweitern und vertiefen. Wir beginnen mit folgender Frage: Da die Nebenprodukte eines erwünschten Gutes oft unerwünscht und schädlich für die natürliche Umwelt sind, warum wird ihr Auftreten nicht einfach vermieden? Eine Antwort auf diese Frage, die die meisten Ökonomen geben würden, ist, dass das Auftreten von Abfallprodukten und deren Entsorgung in vielen Fällen eine Ineffizienz des Marktes sei, die auf eine Externalität (siehe oben) zurückzuführen ist, d. h. die Folgen der Abfallproduktion und -entsorgung sind nicht in den Marktpreisen enthalten. Entsprechend dieser ökonomischen Sichtweise ist das Auftreten von Abfällen auf ein Marktversagen zurückzuführen, das im Prinzip durch geeignete politische Maßnahmen, wie z. B. Steuern oder Abgaben auf Abfall vermieden werden könnte.

---

[7]Dies wird in Baumgärtner et al. (2006) in Abschn. 3.2 ausführlich erläutert und in Abschn. 3.3 physikalisch bewiesen. In Abschn. 3.4 wird gezeigt, welchen Grad thermodynamischer (In) Effizienz ein industrieller Produktionsprozess hat und welche Mengen an Abfällen entstehen und in Abschn. 3.5, wie diese zu Umweltproblemen führen.

Zwar ist das Problem tatsächlich bis zu einem gewissen Grad auf ein Versagen des Marktes (und der Politik) zurückzuführen, die Betrachtung aus thermodynamischer Sicht offenbart jedoch einen ganz anderen Aspekt. Denn aus thermodynamischer Sicht erscheint das Auftreten gemeinsamer Outputs als unvermeidliche Notwendigkeit industrieller Produktion. Unser Beispiel der Eisenerzeugung (Abb. 13.1) ist zwar spezifischer Art, aber die Einsichten, die aus seiner Analyse gewonnen werden können, sind für alle industriellen Produktionsprozesse zutreffend. Zwei wesentliche Resultate thermodynamischer Art sind:

1. Aufgrund der Hauptsätze der Thermodynamik sind hohe Entropie enthaltende Kuppelprodukte bei der industriellen Herstellung von erwünschten Gütern, bei der Materialien mit niedriger Entropie als Energiequellen genutzt werden, nicht vermeidbar. Diese Art der Erzeugung wird gegenwärtig weltweit verwendet und dominiert die Wirtschaftsweise in industriellen Ökonomien.
2. Die thermodynamische Analyse ermöglicht, die Menge der anfallenden Abfallprodukte zu quantifizieren: Alle Materialien, die in die Wirtschaft hereingehen, bleiben dort, oder gehen in Form von Abfällen wieder heraus. Um eine Vorstellung der Menge an Abfällen in der Bundesrepublik Deutschland zu erhalten, geben wir deren Menge im Jahre 2018 an: Sie betrug 417 Mio. Tonnen (Statistisches Bundesamt, 2020) beziehungsweise etwas mehr als 5 t Müll pro Person.

Es gibt drei thermodynamische Gründe, warum es zu so großen Mengen und damit letztlich zur Verschwendung von Rohstoffen, die in den Abfällen enthalten sind, kommt:

Der erste Grund ist die Erhaltung der Masse, die aus dem ersten Hauptsatz der Thermodynamik folgt. Ausgehend von einem Rohstoff, der ein Gemisch aus verschiedenen chemischen Elementen ist, um ein gewünschtes Produkt herzustellen, das nur aus einem bestimmten chemischen Element besteht, entsteht zwangsläufig ein Materialabfall aller anderen chemischen Elemente.

Der zweite Grund ist die Verwendung eines stofflichen Brennstoffs, der charakteristisch für viele derzeit verwendeter industrieller Produktionstechnologien ist. Der Brennstoff – im Beispiel Eisenerzeugung Kohlenstoff – dient lediglich der Bereitstellung der Energie, welche für die erforderliche chemische Reaktion benötigt wird, das Kohlenstoffmaterial selbst ist bei der Reaktion meist weder erwünscht noch notwendig. Da die Masse erhalten bleibt, muss der Brennstoff irgendwo abgeführt werden, nachdem sein Energiegehalt abgezogen worden ist. Er wird zu Abfall, unter anderem auch zu CO_2. Eine alternative Möglichkeit zur Bereitstellung von Energie für Produktionsprozesse, die wesentlich weniger schädliche Kuppelprodukte hervorruft, ist die Nutzung von Strom aus erneuerbaren Energiequellen, wie Sonnen-, Wind-, Gezeiten- oder Wasserkraft.

Der dritte Grund ist die thermodynamisch ineffiziente Leistung der aktuellen Technologien, wenn es um die Umwandlung von Energie geht. Im Konzept *Thermodynamik* wurde darauf hingewiesen, dass bei der ersten von James Watt erfundenen Dampfmaschine nur 1 % der eingesetzten Energie benutzt wurde, während 99 % ungenutzt blieben – was einem thermodynamischen Wirkungsgrad von 1 % entspricht. Es dauerte lange, bis der Wirkungsgrad bei Dampfmaschinen erhöht werden konnte, auf gegenwärtig zwischen 30 und 50 %. Da aufgrund technischer Umstände meist Wärmeenergie entsteht, die nicht mehr verwendet werden kann, ist der theoretisch maximale Wirkungsgrad nicht nur kleiner als eins, sondern häufig beträchtlich kleiner als eins. Ein 100 %er Wirkungsgrad ist aufgrund des 2 Hauptsatzes nicht möglich, aber große Steigerungen können erreicht werden. Die Ineffizienzen der Technologie führen nicht nur zu einem höheren Energieverbrauch als thermodynamisch notwendig, sondern auch dazu, dass die Menge des materiellen Brennstoffes erhöht wird und damit Menge des erzeugten Abfalls größer als notwendig ist. Dies gilt insbesondere für Kohlendioxidemissionen, wenn also Kohlenstoff (z. B. Kohle oder Koks) oder Kohlenwasserstoffe (z. B. Erdöl oder Erdgas) als Brennstoff verwendet werden. Ungeachtet der grundlegenden Einsicht, dass die Kuppelproduktion ein notwendiges Merkmal der industriellen Produktionstechnologien ist, besteht darüber hinaus ein großes Potenzial für die Verringerung von Abfällen: Viele Kuppelprodukte können weiter in der Wirtschaft verwendet werden, häufig mittels Recycling unter Zuführung von Energie. Zudem entsteht noch immer ein großer Teil von Kuppelprodukten aufgrund ineffizient gestalteter Produktionsmethoden.

Wichtig zu wissen: Warum Thermodynamik für ein Verständnis von Umweltproblemen wichtig ist

- Auf konzeptioneller Ebene ist die Verankerung der Kuppelproduktion in der Thermodynamik für die ökologische Ökonomie wichtig; denn die thermodynamischen Konzepte von Materie, Energie und Entropie sind die naturwissenschaftliche Grundlage für alle Prozesse in **a)** der Wirtschaft, **b)** der Umwelt und **c)** der Wechselwirkungen zwischen diesen beiden.
- Die Thermodynamik ermöglicht somit eine vereinheitlichende Perspektive auf die Interaktion von biogeophysikalischer Umwelt und Wirtschaft. Diese naturwissenschaftlich fundierte Vorgehensweise, kombiniert mit wirtschaftlicher Analyse, ermöglicht es, Fragen zu stellen, die sich aus der Perspektive einer einzigen wissenschaftlichen Disziplin, wie etwa der herkömmlichen Ökonomie, nicht stellen lassen würden

---

13.7 Die Schwierigkeit, thermodynamisch zu argumentieren

Wir haben mehrfach darauf hingewiesen, wie schwierig das Gebiet der Thermodynamik ist. Vor allem der Begriff der Entropie ist so komplex, dass selbst Naturwissenschaftler immer wieder Probleme haben, ihn richtig anzuwenden. Dieser Umstand wird jedoch häufig unterschätzt. So finden sich nicht selten Aussagen und Behauptungen, die thermodynamisch begründet werden, aber nichtzutreffend sind. Dadurch kommt es nicht selten zu unergiebigen Diskussionen gerade im Umweltbereich. Ein häufiger Fehler ist, dass nicht sorgfältig genug berücksichtigt wird, welche Art von thermodynamischen System in einer Argumentation verwendet wird. So können z. B. Schlussfolgerungen für offene Systeme nicht auf isolierte oder geschlossene übertragen werden. Jede Unaufmerksamkeit, jede Ungenauigkeit führt zu Fehlschlüssen. Wie bei einem Gang durch eine Moorlandschaft kommt es darauf an, dass die Kundige, die durch das Moor verdeckten, sicheren Wege kennt und Fremde sicher durch das Gelände führen kann. Ein kleiner Fehltritt eines mit dem Moor nicht Vertrautem ist lebensgefährlich. Im Umweltbereich können solche Fehleinschätzungen unter anderem zur Verschärfung von Problemen, der Verschwendung wichtiger Ressourcen oder der Schaffung neuer Probleme führen.

Nun kann man von den vielen Menschen, die sich in Wissenschaft, Universitäten, Schulen, Behörden, der Politik, internationalen Organisationen und den vielen Tätigen in der Wirtschaft nicht erwarten, dass sie alle sich mit Thermodynamik auskennen. Es ist schon mehr, als was man erwarten kann, dass Grundkenntnisse vorhanden sind. Folglich hat sich in der Ökologischen Ökonomie die Frage gestellt, wiet es möglich ist, zentrale Einsichten der Thermodynamik, die für die Lösung von Umweltproblemen erforderlich sind, zu vermitteln, ohne den oben erwähnten Rat von Albert Einstein zu missachten: „Man soll die Dinge so einfach wie möglich machen, aber nicht einfacher." In unserer Forschung, Lehre, Öffentlichkeitsarbeit und umweltpolitischen Beratung hat es sich als zweckmäßig erwiesen, zentrale Erkenntnisse der Thermodynamik durch den thermodynamisch fundierten Begriff der Kuppelproduktion zu vermitteln, welcher konkreter anwendbar und für andere leicht zu verstehen ist.

Denn das Konzept der Kuppelproduktion fasst wesentliche Erkenntnisse der Thermodynamik über die Produktionsprozesse und ökologische Vorgänge zusammen:

- die Erhaltung von Masse sowie Energie,
- die Entstehung von Entropie und damit auch die
- Irreversibilität.

In diesem Sinne ist das Konzept der Kuppelproduktion eine „Übersetzung" wesentlicher thermodynamischer Gesetzmäßigkeiten in die Sprache der Ökologischen Ökonomie. Es ist nutzbar für

- die Formulierung von Fragen,
- und für die Erarbeitung von Lösungsvorschlägen.

Exkurs: Karl Marx und die Kuppelproduktion

Obwohl unterschiedliche Aspekte der Kuppelproduktion schon seit über 250 Jahren von Vordenkern der Wirtschaftswissenschaften wie Adam Smith (1723–1790), Karl Marx (1818–1883), William Stanley Jevons (1835–1882), Arthur Cecil Pigou (1877–1959), John von Neumann (1903–1957) untersucht wurden, ist die Bedeutung von Kuppelproduktion für die Umweltpolitik erst Ende des 20. Jahrhunderts erkannt worden. Bis dahin war die bis heute vorherrschende, aber wie oben erläutert defizitäre Theorie der externen Effekte ohne Alternative. Dies führte zu einer unbefriedigenden ex-post Betrachtung von Umweltproblemen. Eine thermodynamisch begründete Theorie der Kuppelproduktion hat das Potenzial, Umweltpolitik auf ein ex-ante Perspektive umzustellen und damit Probleme bereits vor deren Entstehung zu identifizieren und anzugehen.

Allerdings mangelt es den noch heute angewendeten, in den letzten Jahrhunderten entwickelten Ansätzen zur Kuppelproduktion an thermodynamischer Grundlage. Das wollen wir exemplarisch an einem der großen ökonomischen Denker, Karl Marx, zeigen. An verschiedenen Stellen seines Werks hat sich Marx mit Umwelt- und Rohstoffproblemen im Allgemeinen, aber auch insbesondere mit dem Phänomen der Kuppelproduktion als Ursache von Abfällen, Abwässern und Emissionen auseinandergesetzt (Petersen & Faber, 2018, S. 141–145). Auch diskutiert er, dass es aufgrund von Preisvorteilen zweckmäßig ist, Rohstoffe durch Recycling zu gewinnen. Diese Sicht war für seine Zeit einzigartig. Allerdings hielt Marx aufgrund seines Fortschrittsoptimismus das Problem unerwünschter Kuppelprodukte lediglich für ein zeitweiliges Problem. Er war sich sicher, dass der wissenschaftliche Fortschritt, insbesondere im Bereich der Chemie, dazu führen würde, unnütze Abfällen in gewünschte Produkten zu verwandeln. So gibt er Beispiele wie aus Teer Medikamente gewonnen werden können. Er traute den Unternehmern zu, dass sie aufgrund ihrer Gewinnorientierung schließlich jeden Produktionsprozess derart betreiben könnten, sodass keine Schadstoffe für die Umwelt entstehen würden. Marx hat also das Phänomen der Kuppelproduktion gesehen, aber er hat es für ein Problem gehalten, welches durch die Dynamik der kapitalistischen Wirtschaft selbst gelöst werden würde, da jeder Abfall wiederverwertet werden könnte. Aber dieser Optimismus ist nicht angebracht, da durch die Gesetze der Thermodynamik auch der Verwendung von Kuppelprodukten Grenzen gesetzt werden. Viele Dinge sind aufgrund ihrer hohen Entropie schlicht unbrauchbar. Hier zeigt sich, dass das Marx'sche Verständnis von Kuppelproduktion nicht ausreichend gewesen ist – ein Umstand, der auch bei späteren Wirtschaftswissenschaftlern zu erkennen ist.

Durch diese Unvollständigkeit des Verständnisses von Kuppelproduktion werden falsche Schlüsse für die Wirtschaft gezogen. Zum Beispiel der Gedanke, dass die anwachsenden Müllmengen einfach nur recycelt werden müssten, um das Müllproblem zu lösen; denn, dass dem Recycling Grenzen gesetzt sind, folgt aus der thermodynamischen Fundierung der Kuppelproduktion. Wenn sich ein solches umfassendes Verständnis in der Gesellschaft verbreiten würde, könnte dies dazu beitragen, dass sie sich nicht weiter an einem naiven Wachstumsgedanken orientiert.

13.8   Erkennen und verstehen von Umweltproblemen durch Kuppelproduktion

Das Konzept Kuppelproduktion haben wir von zwei komplementären Perspektiven untersucht, der wirtschaftlichen und der thermodynamischen. Dieser interdisziplinäre Ansatz basierte auf theoretischen Überlegungen und Beispielen. Viele Umweltprobleme entstehen durch wirtschaftliche Tätigkeit, welche aus thermodynamischen Gründen zu unerwünschter Kuppelproduktion führt: Umweltverschmutzung kann daher zurückgeführt werden auf die der Nachfrage nach gewünschten Gütern und deren industrieller Herstellung. Ganz konkret: Das Verständnis von Kuppelproduktion ermöglicht es, Umweltprobleme schon bei deren Entstehung zu erkennen und anzugehen, nicht erst, nachdem negative Auswirkungen der Folgen von Produktionsprozessen auf Mensch und Natur spürbar sind. Dadurch ist es geeignet, die relevanten Restriktionen ökonomischen Handelns realistisch zu beschreiben. Diese Sichtweise ist die Grundlage für eine umfassende nachhaltige Umweltpolitik.

13.8.1 Kuppelproduktion in ökologischen Systemen

Wir haben bisher meist von Wirtschaftssystemen gesprochen, möchten aber hier hervorheben, dass all das Gesagte gleichzeitig für ökologische Systeme zutrifft; denn auch dort ist das Phänomenen der Kuppelproduktion allgegenwärtig. In der Regel bringen nämlich Lebewesen, seien es Tiere oder Pflanzen mehr als einen Output, sei er ein Gut oder ein Abfall, gleichzeitig hervor. Betrachten wir z. B. einen Apfelbaum; neben Früchten gibt er Blätter, die Raum zum Leben und Schatten für andere Lebewesen geben, seine Rinde gibt Wohnraum für Insekten. Der Mensch, wie auch andere Tiere verzehren Äpfel. Ein überaus wichtiger Dienst, der bei allen grünen Pflanzen als Kuppelprodukt bei ihrer Atmung anfällt, ist der Sauerstoff, den andere höhere Lebewesen zur Atmung benötigen. Manche natürlichen Lebensgemeinschaften, wie z. B. die Regenwälder, „produzieren" im Zusammenspiel sogar ihr Klima selbst. Folglich wird das Klima in einer tropischen Region stark verändert, wenn die dort vorherrschenden Regenwälder zerstört werden.

13.8.2 Kuppelproduktion und Interdisziplinarität

Das Konzept Kuppelproduktion ist folglich nicht nur im Bereich der Ökonomie und den Ingenieurswissenschaften verwendbar, sondern auch in der Ökologie und in der Biologie. Dies fördert den interdisziplinären Dialog zwischen Wissenschaftlerinnen dieser Disziplinen. Darüber hinaus haben wir in der Lehre, in Vorträgen in interdisziplinären Gremien und der Politikberatung festgestellt, dass Umweltprobleme und entsprechende Lösungsvorschläge leichter mit dem Konzept der Kuppelproduktion kommunizierbar sind, als wenn das ausschließlich über die Theorie der externen Effekte versucht wird. Dies gilt auch in öffentlichen Vorträgen, sei es bei Nichregierungsorganisatonen, Kirchen, Schulen oder in Medien wie Rundfunk und Fernsehen; denn das Konzept der Kuppelproduktion und seine Implikationen sind anschaulich und leicht vermittelbar.

13.9   Kuppelproduktion und Verantwortung

Ein gründliches Verständnis dieses Konzeptes ist eine gute Voraussetzung, erfolgreiche umweltpolitische Lösungen zu entwickeln, denn es erklärt,

- warum Umweltprobleme entstehen und
- wie sie verringert oder sogar vermieden werden können.

Wir haben bereits dargelegt, dass der Begriff der Kuppelproduktion es ermöglicht, gleichzeitig zwei ganz unterschiedliche Perspektiven zu berücksichtigen, nämlich die der Naturwissenschaft und der Wirtschaftswissenschaften. Im Kap. 5 zu *Verantwortung* zeigen wir, dass sich eine dritte Perspektive ergibt, nämlich die der Ethik: Wer übernimmt für welche Kuppelprodukte und deren Wirkung die Verantwortung? Die Betrachtung von Kuppelproduktion sollte um die Frage nach der Verantwortung für Kuppelproduktion ergänzt werden, um eine möglichst umfassende Perspektive auf Umweltprobleme zu erlangen. Somit ist eine weit gefächerte interdisziplinäre Art der Untersuchung gegeben, die nicht wie häufig bei Lösungsvorschlägen in der Umweltpolitik auf die Sicht einer Fachdisziplin begrenzt ist und dadurch fachfremde Aspekte außer Acht lässt.

Literatur

Ayres, R. U. (1978). *Resources, environment, and economics: Applications of the materials/ energy balance principle.* John Wiley and Sons.

Baumgärtner, S., Faber, M., & Schiller, J. (2006). *Joint Production and Responsibility in Ecological Economics: On the Foundations of Environmental Policy.* Edward Elgar Publishing.

Boulding, K. (1966). *The economics of the coming spaceship earth.* In H. Jarrett (Hrsg.), Environmental Quality in a Growing Economy, Resources for the Future/Johns Hopkins University Press.

Costanza, R. (1992). *Ecological economics: The science and management of sustainability.* Columbia University Press.

Daly, H. (1977). *The steady-state economy. The sustainable society: Implications for limited growth.* Praeger

Faber, M., & Manstetten, R. (2003). *Mensch-Natur-Wissen: Grundlagen der Umweltbildung.* Vandenhoeck & Ruprecht.

Faber, M., & Manstetten, R. (2014). *Was ist Wirtschaft?: Von der politischen Ökonomie zur ökologischen Ökonomie.* Verlag Karl Alber.

Faber, M., Proops, J. L. R., & Baumgärtner, S. (1998). All production is joint production: A thermodynamic analysis. In S. Faucheux, J. Gowdy, & I. Nicolai (Hrsg.), *Sustainability and Firms, Technological Change and the Regulatory Environment* (S. 131–158). Edward Elgar Publishing.

Georgescu-Roegen, N. (1971). *The entropy law and the economic process.* Harvard University Press.

Müller-Fürstenberger, G. (1995). *Kuppelproduktion: Eine theoretische und empirische Analyse am Beispiel der chemischen Industrie.* Physica-Verlag.

Petersen, T., & Faber, M. (2018). *Karl Marx und die Philosophie der Wirtschaft: Unbehagen am Kapitalismus und die Macht der Politik.* Karl Alber.

Statistisches Bundesamt. (2020). *Abfallaufkommen in Deutschland 2018 bei 417,2 Millionen Tonnen.* Statistisches Bundesamt. https://www.destatis.de/DE/Presse/Pressemitteilungen/2020/06/PD20_195_321.html.

Absolute und Relative Knappheit: There is no Planet B

14

Inhaltsverzeichnis

▶   **Worum geht's?**

   Es geht um Knappheit. Knappheit drückt aus, warum die Übernutzung von Rohstoffen, die Überbeanspruchung landwirtschaftlicher Flächen, verschmutzte Gewässer, die Entstehung von Müll oder die Abholzung von (Regen)Wald zu einem Problem die Menschheit werden. Die einfache Antwort ist: **„There is no Planet B!"**.

   Knappheit zeigt also auf, dass die Menschheit durch ihre Wirtschafts- und Lebensweise weltweit ihre natürlichen Lebensgrundlagen zerstört. Wir, die Menschheit, tun dies, obwohl wir nicht unbegrenzte Möglichkeiten haben, auf alternative Flächen und Ressourcen zurückgreifen zu können, das heißt, obwohl wir mit Knappheit konfrontiert sind. Welche verschiedenen Formen der Knappheit es gibt, wie sie sich im Zuge fortlaufender Umweltzerstörung verändern und wie wir mit Knappheit umgehen können, darum geht es in diesem Kapitel.

14.1   Einführung in das Konzept

Hinter der Tatsache, dass wir nicht auf einen Ersatzplaneten ausweichen können, verbirgt sich ein grundlegendes Verständnis des Konzeptes der Knappheit. Im Kontext von Wirtschaft und Umwelt sprechen wir von Knappheit, wenn ein Gut, beispielsweise Wasser, nicht unbegrenzt und frei für unsere Zwecke verfügbar ist. Das heißt, unser Zugang zu diesem Gut ist beschränkt. Knappheit kann zwei Formen annehmen:

1. Relative Knappheit
Einerseits kann ein Gut relativ knapp sein, womit immer ein Bezug zu anderen Gütern hergestellt wird. Das bedeutet, dass für die Aneignung bzw. den Konsum des Gutes auf andere Güter verzichtet werden muss. Beispielsweise kostet das Füllen eines Pools mit Wasser in der Regel Geld, sodass auf den Konsum anderer Güter (z.B. einen Kinobesuch) verzichtet werden muss. Allerdings kann sich eine Person frei entscheiden, ob sie den Pool füllt, oder stattdessen ein anderes Gut bevorzugt. Das Gut – Wasser im Pool – ist somit substituierbar. Das Konzept der *relativen Knappheit* bezieht sich demnach auf substituierbare Güter, für deren Konsum auf andere Güter verzichtet werden muss. Es setzt Wahlfreiheit im Konsum voraus.

In den herkömmlichen Wirtschaftswissenschaften[1] wird in der Regel dieser relative Begriff von Knappheit verwendet, wenn von Knappheit gesprochen wird.

2. Absolute Knappheit
Neben der relativen Knappheit kann ein Gut absolut knapp sein. Das bedeutet, dass die Verfügbarkeit des Gutes begrenzt ist und das Gut sich nicht durch andere Güter ersetzen lässt. So ist zum Beispiel das mitgebrachte Wasser bei einer Wanderung durch die Wüste absolut knapp. Für die Wandernden, die, um nicht zu verdursten, trinken müssen, stellt sich nicht mehr die Abwägung zwischen dem Wasser und irgendeinem anderen Gut: Wasser ist für sie nicht mehr substituierbar durch andere Güter. Denn die Verfügbarkeit von Wasser ist auf dem Weg durch die Wüste absolut beschränkt. Folglich bedeuten die nicht-Substituierbarkeit sowie die Begrenztheit eines Gutes, dass es absolut knapp ist.

---

[1] Mit herkömmlichen Wirtschaftswissenschaften meinen wir die Wirtschaftswissenschaften, die heute sowie im 20 Jahrhundert vorwiegend an Universitäten vorherrscht und überwiegend von Wirtschaft, Politik und Gesellschaft verwendet wird. Dagegen haben Ökologische Ökonomie, Plurale Ökonomie, Marxistische Ökonomie, Feministische Ökonomie und weitere wirtschaftswissenschaftliche Perspektiven nur einen geringen Einfluss.

14.2 Die Entwicklung des Konzepts der Knappheit in den Wirtschaftswissenschaften

Der britische Ökonom Thomas Robert Malthus (1766–1834) verwendete den Begriff der Knappheit, um Einsichten für ein neues Verständnis für das Verhältnis von Natur und Mensch zu gewinnen. Seine These war, dass die Bevölkerung immer substanziell stärker wächst als die Lebensmittelproduktion – wodurch eine Situation der Knappheit entsteht – was wiederum regelmäßig zu Hungersnöten und Bevölkerungsrückgang führt. Obwohl Malthus' These historisch widerlegt wurde, barg sein Ansatz eine grundlegende Beobachtung: Natürliche Ressourcen sind endlich, womit dem auf steigendem Ressourcenverbrauch basierendem wirtschaftlichen Wachstum eine physische Grenze gesetzt ist.

Diese Sicht auf Knappheit der natürlichen Ressourcen verlor in der weiteren Entwicklung der Wirtschaftswissenschaften immer mehr an Bedeutung und wurde durch einen abstrakteren Begriff ersetzt: dem der relativen Knappheit. Diese Idee von Knappheit entfernte sich von der Abhängigkeit der Menschen von natürlichen Ressourcen und wurde durch den Fokus auf menschliche Bedürfnisse und Wünsche bezüglich substituierbarer Güter relativiert.

Aufgrund des fortlaufenden Ressourcenverbrauchs und der zunehmenden Umweltprobleme erfuhr die Erkenntnis der endlichen Ressourcen und der begrenzten Aufnahmekapazität der Umwelt für Schadstoffe beginnend mit den 1970er Jahren einen bis heute anhaltenden Aufschwung. Ökonominnen der neoklassischen Umweltökonomie sowie der neu gebildeten Ökologischen Ökonomie, Real World Economics, Postwachstumsökonomie und andere erkannten die Grenzen des Wachstums. Die schon zwei Jahrhunderte zuvor von Malthus wahrgenommene Unmöglichkeit, der Knappheit natürlicher Ressourcen zu entkommen, wurde wieder aufgegriffen und von einem Begründer der Ökologischen Ökonomie, Herman Daly (1938–2023), unter dem Begriff der *absoluten Knappheit* gefasst (Daly 1977, S. 39).

Das Verständnis von Knappheit war also zunächst absolut, dann relativ und ist heute sowohl relativ als auch absolut, abhängig von der jeweiligen Disziplin, Denkschule und Perspektive.

14.3 Wirtschaftswissenschaften und relative Knappheit

Wir werden im Folgenden genauer untersuchen, wann aus der Sicht herkömmlicher Ökonomen Knappheit von Gütern[2] entsteht und warum Knappheit in dieser Sichtweise relativ ist.

---

[2] Unter dem Begriff Güter fassen wir sowohl Konsumgüter als auch Dienstleistungen von Menschen und Ökosystemen zusammen.

Ob ein Gut im ökonomischen Sinn knapp ist, hängt ab von

1. seiner Verfügbarkeit sowie
2. den subjektiven Präferenzen der Konsumenten bezüglich des Gutes.

Zu 1. Um knapp zu sein, muss die Verfügbarkeit eines Gutes eingeschränkt sein. Dabei ist es unwesentlich, ob die Einschränkung durch eine Limitierung des Vorkommens, oder durch bei der Aneignung des Gutes anfallende Kosten – zum Beispiel Geld, körperliche Anstrengung, oder Zeit –, entsteht.

Dies kann am Beispiel des Gutes „saubere Luft" illustriert werden. Im ländlichen Raum ist saubere Luft in der Regel unbegrenzt verfügbar und die Aneignung der Luft, also das Atmen, verursacht keine Kosten. Saubere Luft ist für Landbewohnerinnen also nicht knapp. Anders verhält es sich im Jahr 2022 beispielsweise für Bewohner der Stuttgarter Innenstadt. Durch die Feinstaubbelastung wird die Verfügbarkeit an sauberer Luft lokal eingeschränkt. Um saubere Luft zu „konsumieren", müssen die Betroffenen aufs Land fahren oder mit geeigneten Geräten die Luft in ihren Wohnungen reinigen, was beides für sie mit Kosten (Zeit und Geld) verbunden ist. Das Gut, saubere Luft, kann somit für sie knapp werden.

Zu 2. Neben der Verfügbarkeit, also dem Angebot, hängt die Knappheit eines Gutes von den subjektiven Bedürfnissen und Wünschen der Konsumenten, also von der Nachfrage ab. Ein Gut kann für eine Person nur knapp sein, wenn diese Person auch Interesse an der Aneignung des Gutes hat. Im denkbaren Fall einer Stuttgarterin, die Wert auf saubere Luft legt, ist sie von Knappheit bezüglich sauberer Luft betroffen. Anders verhält es sich für einen Stuttgarter, der keine Präferenz zwischen frischer und feinstaubbelasteter Luft hat. Da es ihm egal ist, welche Luft er atmet, ist saubere Luft für ihn, unabhängig von ihrer Verfügbarkeit, kein knappes Gut.

Was macht die eben beschriebene Knappheit von Gütern nun relativ? Bisher haben wir nur von Knappheit an sich gesprochen. *Relativ knapp* wird ein Gut dann, wenn die betroffene Person die Wahl hat, ob sie das Gut konsumieren möchte, oder stattdessen ein anderes Gut bevorzugt. *Relative Knappheit* ist also eine Frage der Wahl zwischen Gütern, bzw. der Substituierbarkeit von Gütern. In unserem Beispiel kann sich die Stuttgarterin frei entscheiden, ob sie aufs Land fährt, um frische Luft zu atmen oder nicht. Frische Luft ist für sie also substituierbar, sie kann stattdessen ein anderes Gut wählen. Statt Geld und Zeit in die Fahrt aufs Land oder in ein Gerät zur Reinigung der Luft in ihrer Wohnung zu investieren, genießt sie das reiche kulturelle Angebot in der Stuttgarter Innenstadt und erwirbt eine Mitgliedschaft im Fitnessstudio, um etwas für ihre körperliche Fitness zu tun. Wir sehen also, ihre Knappheit steht in Bezug zu alternativen Gütern und ist daher relativ.

Nun können wir fragen: Was ist, wenn ein Gut nicht substituierbar ist? Sieht das in den herkömmlichen Wirtschaftswissenschaften verwendete Konzept der *relativen Knappheit* solche Fälle vor? Wie ist damit umzugehen?

14.4 Wirtschaftswissenschaften und absolute Knappheit

Die herkömmlichen Wirtschaftswissenschaften gehen von Wahlmöglichkeiten zwischen Gütern aus, was sie zum Konzept der *relativen Knappheit* führt. Was aber, wenn, um auf unser Beispiel zurückzukommen, saubere Luft für jemanden nicht substituierbar ist? Wenn beispielsweise im Fall einer schweren Lungenerkrankung frische Luft geatmet werden muss (Nachfrageseite), und das Angebot an sauberer Luft nicht erhöht werden kann, da auch die Luft auf dem Land bereits verpestet ist (Angebotsseite)? Fälle dieser Art liegen in der Regel außerhalb des Anwendungsbereichs der herkömmlichen Wirtschaftswissenschaften. Dagegen beschäftigen sich Ökologische Ökonominnen auch mit solchen Fällen, die sie unter dem Konzept der *absoluten Knappheit* erfassen.

Die Knappheit eines Gutes ist absolut, wenn es nicht substituierbar ist, das heißt, wenn Menschen die Wahl verlieren, sich zwischen dem Gut und einem anderen zu entscheiden und somit zwingend auf das Gut angewiesen sind. Die nicht-Substituierbarkeit hat zwei Seiten:

1. Nicht-Substituierbarkeit auf der Nachfrageseite
2. Nicht-Substituierbarkeit auf der Angebotsseite

Zu 1. Wir betrachten zunächst die Nachfrageseite. Im ökonomischen Denken wird unterschieden zwischen existenziellen und imaginären Bedürfnissen (Faber & Manstetten, 2003, S. 183–186). Existenzielle Bedürfnisse umfassen alles, was zwingend notwendig ist, um das Überleben der Menschen zu sichern, so wie essen, trinken, ein Dach über dem Kopf, Wärme und grundlegende Gesundheitsversorgung. Auch die Begrenzung der Erderwärmung auf 2 Grad, so könnte argumentiert werden, kann ein existenzielles Bedürfnis einer Gesellschaft sein, da eine höhere Erwärmung andere existenzielle Bedürfnisse gefährdet. Imaginäre Bedürfnisse umfassen alles sich über existenzielle Bedürfnisse hinaus Erstreckende, das heißt, alles, was das menschliche Leben über die Schwelle des reinen *Überlebens* hinaus betrifft.

Die Knappheit eines Gutes, die die Erfüllung eines existenziellen Bedürfnisses gefährdet, ist immer absolut – wie etwa im oben genannten Beispiel der Wasserflasche in der Wüste. Bei imaginären Bedürfnissen hingegen ist es naheliegend, von *relativer Knappheit* zu sprechen, da wir nicht zwingend auf sie angewiesen sind. Wo dieser Zusammenhang im Fall einer Autofahrt ans Meer noch recht einleuchtend erscheint, ist es bei anderen imaginären Bedürfnissen, wie etwa bei dem Wunsch nach Bildung nicht ganz klar. Obwohl nicht lebensnotwendig, kann der Zugang zu Bildung als für die Würde des Menschen unabdingbar angesehen werden und somit, im Fall von limitierten Bildungsmöglichkeiten, absolut knapp sein. Final kann hier nicht geklärt werden, welche imaginäre Bedürfnisse erfüllenden Güter als absolut oder relativ knapp einzustufen sind. Dies muss jeweils am konkreten Fall diskutiert werden, auch unter philosophischen Gesichtspunkten.

Zu 2. Eine nicht-Substituierbarkeit von Gütern kann auch die Angebotsseite betreffen. In bestimmten Fällen ist es möglich, in ausreichender Menge vorhandene Güter verfügbar zu machen oder gleichwertig zu ersetzen. Dies kann durch die Anwendung bestimmter Technologien erfolgen. Zum Beispiel könnte die absolute Knappheit von Wasser in der Wüste durch den Bau eines Brunnens teilweise aufgehoben werden. Allerdings unterliegt jede Technologie physikalischen Grenzen (vgl. Kap. 9 zu *Thermodynamik*), welche die Möglichkeiten zur Substitution eingrenzen. Weiterhin lehrt uns die Ökologie, dass bestimmte Dienstleistungen eines Öko-systems, wie zum Beispiel die der Bienen oder auch der Anblick einer schönen Landschaft, nicht gleichwertig ersetzt werden können; ein Grund dafür ist, dass wir ihre Funktionen in der Natur oft nicht vollständig kennen (vgl. Kap. 12 zu *Unwissen*). Die absolute Knappheit von Gütern lässt sich daher nur bedingt durch eine Substitution auf der Angebotsseite aufheben, in einigen Fällen ist dies nicht möglich.

14.5   Die Bedeutung des Konzeptes der absoluten und relativen Knappheit für den Umgang mit Umweltproblemen

Ob Umweltprobleme aus der Perspektive einer relativen oder absoluten Knappheit betrachtet werden, bestimmt maßgeblich, wie mit den jeweiligen Problemen umgegangen wird. Wir werden im Folgenden anhand einer praktischen Anwendung die Bedeutung des Konzeptes der *absoluten* und *relativen Knappheit* aufzeigen und diskutieren, wie sich die Einstufung der Knappheit als relativ oder absolut auf den Umgang mit dem betrachtetem Umweltproblem auswirkt. Dafür greifen wir auf ein Thema zurück, das im Zentrum der Klimadebatte steht: Das globale Restbudget an CO_2, welches emittiert werden kann, um die globale Erderwärmung auf unter 2° Grad zu beschränken.

Wir fragen: Welche Form der Knappheit – relativ oder absolut – ist dafür geeignet, das Problem zu beschreiben? Auch in den sich anschließenden Abschnitten werden wir das Thema des CO_2-Budgets nutzen, um an einem praktischen Beispiel orientiert, Antworten auf folgende Fragen zu geben: Wie prägt das in einer Gesellschaft dominierende Verständnis von Knappheit den Umgang mit Umweltproblemen? Wie kann das eigene Verständnis von Knappheit dabei helfen, Lösungsräume für Umweltprobleme zu erkennen? Wir weisen allerdings darauf hin, dass die folgenden Ausführungen weder Anspruch auf Vollständigkeit in der Betrachtung des Beispiels noch in der Beantwortung der beiden Fragen erheben, da dies den Rahmen dieses Buches sprengen würde.

14.6   Verbleibendes CO_2-Budget für das 2°C Ziel: Absolute oder relative Knappheit?

Auf der Weltklimakonferenz in Paris einigten sich die 195 teilnehmenden Länder (+ EU) am 12. Dezember 2015 darauf, die globale Erderwärmung auf deutlich unter 2°C zu beschränken, möglichst unter 1,5°C. Zum Zeitpunkt der Verfassung des ersten Entwurfs dieses Textes (Januar 2022), konnten noch etwa 1066 Giga-tonnen Treibhausgasemissionen (folgend TGE, gerechnet in CO_2 Äquivalenten[3], folgend CO_2-eq) freigesetzt werden, ohne die Erreichung des 2°C-Ziel mit hoher Wahrscheinlichkeit zu gefährden.[4] Zum Zeitpunkt der finalen Überarbeitung des Textes ein Jahr später waren es nur noch 1024 Gigatonnen. Dieses Budget ist, bei unveränderter aktueller Emissionsrate, (ca. 1337 Tonnen pro Sekunde), in etwas mehr als 24 Jahren aufgebraucht, also 2047. Da danach mit an Sicher-heit grenzender Wahrscheinlichkeit auch weiter nicht unbeträchtliche Mengen an CO_2emittiert werden, wäre das 2°C Ziel damit verfehlt.

Wie können wir das oben eingeführte Konzept der *absoluten* und *relativen* *Knappheit* auf das Thema des Restbudgets an TGE anwenden, welche Unklar-heiten und Schwierigkeiten ergeben sich dabei und was lernen wir daraus?

Das Emittieren von Treibhausgasen, worauf ein Großteil unserer heutigen Wirt-schaft basiert, können wir als Konsum einer Ressource, oder allgemeiner, eines Gutes ansehen. Was meinen wir damit? Die Umwelt hat die Fähigkeit, Schad-stoffe des Wirtschaftens, sei es aus Produktion oder Konsum, aufzunehmen und zu einem gewissen Teil so umzuwandeln, dass sie nicht mehr schädlich sind. Diese Menge nennt man die Aufnahmekapazität eines Umweltbereiches. Diese Aufnahmekapazität ist ein von der Umwelt bereitgestelltes Gut. In unserem Bei-spiel des CO_2-Budgets, stehen von diesem Gut – TGE, die von der Umwelt auf-genommen werden können, ohne dass es zu gravierenden Klimaveränderungen kommt – Anfang 2023 nur noch 1024 Gigatonnen zur Verfügung. Offensichtlich wird das Gut TGE von Menschen nachgefragt und ist – wenn wir die Einhaltung des 2°C Ziels als einzuhaltende Prämisse für das weltweite Wirtschaften ansehen – nur begrenzt verfügbar; wir können also sagen, das Gut TGE ist knapp.[5] Aber ist die Knappheit von TGE als relativ oder absolut anzusehen?

---

[3]CO_2 ist zwar das am meisten zur globalen Erwärmung beitragende Treibhausgas, aber nicht das einzige. Andere Treibhausgase sind Methan, Lachgas, Fluorchlorkohlenwasserstoffe, etc. Zur Vereinheitlichung werden die Emissionen dieser anderen, teils pro Gewichtseinheit eine höhere Treibhausgaswirkung aufweisenden Gase, in CO_2-Äquivalente umgerechnet. Im Folgenden sprechen wir stets von CO_2-Äquivalenten, wenn wir das Restbudget an TGE betrachten.

[4]Das aktuell verbleibende CO_2-Budget für das 2°C sowie das 1,5°C-Ziel kann tagesaktuell unter auf der Webseite des MCCs abgefragt werden: https://www.mcc-berlin.net/forschung/co2-budget.html.

[5]Selbst wenn wir jegliche Klimaziele in unserer Betrachtung ignorieren würden, wäre die Emission von Treibhausgasen noch immer knapp, da es auf der Erde nur begrenzte Vorkommen fossiler Energieträger gibt und zudem deren Abbau mit Kosten verbunden ist (Bohrinsel, Braun-kohlebagger etc.). Darüber zu diskutieren, dass uns Öl, Gas oder Kohle langfristig ausgehen könnten, eine im 20. Jahrhundert durchaus verbreitete Sorge, ist nach heutigem Wissens- und Technologiestand jedoch weitgehend überflüssig. Die damit einhergehende Erderwärmung würde uns bereits deutlich früher vor viel gravierendere Probleme als die Knappheit von Öl, Gas und Kohle stellen.

14.7   Treibhausgasemissionen als relativ knappes Gut: Emissionshandel

Im aktuellen politischen Diskurs ist die Herangehensweise an die Einhaltung des CO_2-Budgets überwiegend geprägt von einer Betrachtung der TGE als relativ knappes Gut. Auf dieser Sicht basiert beispielsweise das Instrument des Emissionshandels. Über den EU-Emissionshandel etwa wird eine begrenzte Anzahl an Emissionsrechten in Form von sogenannten Emissionszertifikaten ausgegeben, die auf dem europäischen Markt gehandelt werden können. In diesem System muss ein dem Emissionshandel unterliegendes Unternehmen für jede Tonne CO_2, die es emittiert, ein entsprechendes Emissionszertifikat einlösen. Dabei ist anzumerken, dass in bestimmte Branchen Unternehmen aus Wettbewerbsgründen ein gewisses Kontingent an Zertifikaten von der EU kostenlos zur Verfügung gestellt bekommen. Ein Unternehmen kann, in Abhängigkeit seiner Nachfrage bezüglich des Gutes TGE

- TGE verursachen und damit sein möglicherweise vorhandenes Kontingent an Zertifikaten aufbrauchen,
- Zertifikate zukaufen, um TGE verursachen zu dürfen, oder
- nicht benötigte Zertifikate verkaufen.

Das Instrument des Emissionshandels ermöglicht, dass im EU-Emissionshandel ein Akteur, etwa ein Unternehmen, die Freiheit hat, sich für oder gegen TGE zu entscheiden, wodurch die Knappheit relativ wird. Die Entscheidung für oder gegen TGE ist abhängig von den entstehenden Kosten bzw. Vorteilen, die dem Akteur durch den Konsum von TGE entstehen. Diese wiederum sind abhängig von dem gesamten Angebot und der gesamten Nachfrage, also dem restlichen Emissionsbudget und dem Gesamtbedarf an TGE aller Akteure.

Der EU-Emissionshandel basiert darauf, dass die Menge der jährlich herausgegebenen Zertifikate so gesetzt wird, dass sie mit den Klimazielen übereinstimmt. Sinkt die Menge an Zertifikaten, wird das Gut TGE knapper und der Preis, für eine emittierte Tonne CO_2-eq steigt. Dadurch – so die Idee des Emissionshandels – werden Akteure auf CO_2-neutrale bzw. CO_2-arme Technologien umstellen. Dass das nicht immer funktioniert, hat der EU-Emissionshandel seit seiner Einführung im Jahr 2005 gezeigt. Die Gründe dafür sind vielfältig und bedürfen einer genaueren Untersuchung. Ein Hauptgrund für die Unwirksamkeit es EU-Emissionshandels in den ersten 15 Jahren war allerdings die zu hoch angesetzte Menge an jährlich ausgegebenen Emissionszertifikaten, welche folglich die Menge an verursachten TGE häufig überstieg, und den Preis verfallen ließ (Umweltbundesamt, 2022).

Wir verwenden an dieser Stelle explizit den Begriff Akteur, da ein System des Emissionshandels nicht nur für Unternehmen denkbar ist, wie im Fall des EU-Emissionshandels, sondern auch für Staaten, Branchen oder einzelne Bürger verwendet werden kann.

Zusammenfassend gilt, dass im Rahmen des Emissionshandels TGE als ein relativ knappes Gut eingestuft wird.

14.8   Treibhausgasemissionen als absolut knappes Gut

Alternativ könnte auch argumentiert werden, dass TGE nicht als relativ, sondern als absolut knappes Gut betrachtet werden sollten. Was könnten Gründe für eine solche Sichtweise sein? Wie oben beschrieben, wird ein Gut absolut knapp, wenn die Wahlfreiheit zwischen diesem und anderen Gütern verlorengeht. Wir müssen also überlegen, ob es Fälle gibt, in denen TGE nicht substituierbar sind, weder auf der Angebotsseite noch auf der Nachfrageseite. Betrachten wir zunächst das Angebot des Gutes: die 1024 Gigatonnen Restbudget an Treibhausgasen im Jahre 2023. Wenn wir das 2°C Ziel als Prämisse ansehen, ist dieses Budget (das Angebot des Gutes) zumindest kurzfristig fixiert. Langfristig ist eine Erhöhung des Budgets denkbar, in dem wir im großen Stil der Atmosphäre CO_2 entziehen, durch Aufforstung, alternative Agrartechniken, Geoengineering wie DAC[6], oder den natürlichen, sich über lange Zeitläufe erstreckenden Abbau von Treibhausgasen in der Atmosphäre.

Auf der Nachfrageseite ist es nicht selbstverständlich, dass Akteure immer die Wahl haben zwischen TGE und dem Verzicht auf diese. Wenn wir etwa in Deutschland heute entscheiden würden, ab sofort auf Öl und Gas zu verzichten, dann wäre eine Konsequenz, dass Millionen Menschen im Winter ihre Häuser nicht heizen könnten. Natürlich könnten durch aufwendige Sanierungen und Energie aus erneuerbaren Quellen Gebäude ohne TGE geheizt werden, wofür aber aus verschiedenen Gründen (Fachkräftemangel, Verzögerungen im Netzausbau, mangelnder politischer Wille, etc.) Jahre bis Jahrzehnte vergehen würden. Zumindest kurzfristig würden viele Menschen im Winter zuhause frieren, krank werden und möglicherweise auch sterben. Die Befriedigung ihrer existentiellen Bedürfnisse wäre dadurch stark eingeschränkt, was TGE für sie zu einem absolut knappen Gut macht. Ähnlich lassen sich weitere Beispiele finden für unterschiedliche Bevölkerungsgruppen in Deutschland und global, für die TGE ein absolut knappes Gut sind.

Zusammenfassend lässt sich sagen, dass im Fall des CO_2-Budgets keine klare Unterscheidung vorgenommen werden kann, ob das Problem als Fall von *relativer* oder *absoluter Knappheit* anzusehen ist. Abhängig von verschiedenen Faktoren

---

[6]Eine häufig diskutierte und in vielen langfristigen Klimaszenarien bereits Berücksichtigung findende Technologie ist das Direct Air Capturing (DAC). Beim DAC wird CO_2 direkt der Luft entzogen. Großflächig eingesetzt, könnte die Technologie einen Beitrag zu den Klimazielen leisten. Allerdings unterliegt auch DAC den Gesetzen der Physik (vgl. Kap. 9 zu *Thermodynamik*) und benötigt viel Energie, um der Luft CO_2 zu entziehen, die wir nicht unbedingt zur Verfügung haben oder an anderer Stelle brauchen. Weiterhin ist DAC bislang noch nicht im großindustriellen Maßstab erprobt worden, auch muss das entzogene CO_2 wiederum in irgendeiner Form dauerhaft gespeichert werden, ohne dass es zu Lecks kommt. Es stehen also noch viele Fragezeichen hinter diesem Verfahren.

wie den betroffenen Akteuren, den örtlichen Gegebenheiten, dem Zeithorizont (vgl. Konzept *Zeit*) oder dem Natur- und Menschenbild des Betrachters kann bei vielen realen Umweltproblemen sowohl eine *relative* als auch eine *absolute Knappheit* vertreten werden.

Die jeweilige Beantwortung der Frage nach *absoluter* oder *relativer Knappheit* eines Umweltproblems zieht weitreichende Folgen im gesellschaftlichen Umgang mit dem Problem nach sich, die wir im folgenden Abschnitt diskutieren werden.

14.9 Konsequenzen der Einstufungen der Knappheit bei Umweltproblemen

Wir haben anhand des Beispiels der TGE gesehen, dass es Umweltprobleme gibt, die sowohl als Problem von *relativer Knappheit* als auch von *absoluter Knappheit* interpretiert werden können. Welche Interpretationsform von Knappheit in einer Gesellschaft vorherrscht, hat weitreichende Folgen für den Umgang mit dem Problem und damit für die betroffenen Akteure.

Betrachten wir zum Beispiel Implikationen, die sich aus einem deutschlandweiten, alle Bürger*innen betreffenden Emissionshandel, also einem relativen Verständnis der Knappheit von TGE, ergeben könnten. Angenommen alle Bürger*innen würden je eine bestimmte Menge an Emissionsrechten zugeteilt bekommen. Ein solcher Ansatz könnte effizient darin sein, die 2023 bei rund acht Tonnen CO_2-eq liegenden jährlichen pro Kopf Emissionen in Deutschland zu reduzieren. Über den Markt könnten Emissionsrechte gehandelt werden. Menschen, deren Emissionen die ihnen zugeteilten Rechte übersteigen, müssten Emissionsrechte zukaufen. Menschen, die weniger emittieren, könnten mit dem Verkauf ihrer Rechte sogar Geld verdienen. Die Menge an jährlich verfügbaren Emissionsrechten könnte stetig reduziert werden, um die Klimaziele zu erreichen.

Allerdings würde eine solche marktbasierte Politik – so effizient sie nach herkömmlichen wirtschaftswissenschaftlichen Kriterien auch sein mag – Fragen aufwerfen in Bezug auf

- ihre Gerechtigkeit,
- ihre politische Umsetzbarkeit sowie
- ihre technische Umsetzbarkeit.

Zusammenfassend ist zu sagen, dass es entscheidend für den Umgang mit Umweltproblemen sein kann, welche Form der Knappheit im gesellschaftlichen Diskurs dominiert, was wiederum Konsequenzen für die Menschen hat, die von den daraus folgenden Maßnahmen – wie etwa einem CO_2-Preis – betroffen sind.

Wie zu Anfang dieses Kapitels beschrieben, ist ein Verständnis von Knappheit grundlegend dafür, um nachzuvollziehen, wieso bestimmte Gegebenheiten und Veränderungen unserer Umwelt überhaupt zu Problemen für uns Menschen führen; also, warum es überhaupt Umweltprobleme gibt. Die Knappheit von

Gütern sowie die menschlichen Bedürfnisse, grundlegende wie imaginäre, geben darauf Antworten. Wir können fragen:

- Warum ist ein bestimmtes Gut knapp?
- Ist das Gut erforderlich für die Erfüllung existenzieller oder imaginärer Bedürfnisse?
- Ist das Gut substituierbar oder nicht (auf Angebotsseite und/oder Nachfrageseite)

Die Beantwortung dieser Fragen erleichtert es, das jeweils betrachtete Umweltproblem besser zu verstehen. Der gesellschaftlichen Umgang mit dem Problem kann eingeordnet – möglicherweise steht die persönliche Einschätzung der *Knappheit* eines Gutes im Dissens zur verbreiteten gesellschaftlichen Sichtweise – und somit letztlich auch Lösungen für das Problem entwickelt werden. Auf den Nutzen des Konzeptes der *absoluten* und *relativen Knappheit* für das Entwickeln von Lösungen gehen wir im folgenden Abschnitt noch einmal explizit ein.

14.10 Welche Lösungsräume werden mithilfe des Konzeptes der Knappheit erkennbar?

Es würde die Arbeit für Studierende, Wissenschaftler, Politikberaterinnen, Verwaltungsfachkräfte, Journalistinnen und andere erheblich erleichtern, gäbe es für die Lösung von Umweltproblemen nur jeweils einen Weg, ein bestimmtes Werkzeug, was angewandt werden muss, einen Masterplan. In der Praxis zeigt sich jedoch, dass dies selten der Fall ist. Wir können an dieser Stelle kein Beispiel für eine singuläre Lösung geben – da wir keines kennen – sondern nur für das Gegenteil. Das oben besprochene Beispiel des CO_2-Budgets zeigt: Lösungswege, die eingeschlagen werden könnten, gibt es viele, von CO_2-Steuern und Zertifikatehandel, über Rationierung und Verbote, bis zu freiwilligen Änderungen der Konsumgewohnheiten sowie technischen Neuerungen. Die Frage, die sich Menschen stellt, die sich mit Umweltproblemen beschäftigen, ist: Welcher Lösungsweg ist ein guter, vielleicht sogar, in Anbetracht der Umstände und des bestehenden Wissens, der beste?

Indem wir Umweltprobleme mit der Brille der *relativen* und *absoluten Knappheit* betrachten, können wir die Antwort auf diese Frage eingrenzen. Je nachdem, ob die Knappheit eines Gutes *relativ* oder *absolut* ist, vielleicht auch beides, kommen verschiedene Werkzeuge für eine Lösung infrage. Ist etwa das Treibhausgasproblem ein Problem der *relativen Knappheit,* dann kann es zielführend sein, ökonomische Werkzeuge wie eine CO_2-Besteuerung oder einen allumfassenden Handel von CO_2-Zertifikaten einzuführen. Kommen wir zu dem Entschluss, dass ein Umweltproblem auf *absolute Knappheit* zurückzuführen ist, dann werden andere Lösungen gebraucht. Diese müssten sowohl die absolute Begrenztheit des Gutes als auch dessen nicht-Substituierbarkeit auf der Nachfrageseite in Betracht ziehen. Möglicherweise ließe sich das Klimaproblem besser oder ergänzend durch eine strikte Rationierung von TGE lösen oder durch das Anschieben eines nachhaltigeren Lebensstils in den reichen Konsumgesellschaften.

Offensichtlich liefert auch ein Verständnis der beiden Formen der Knappheit meist keine eindeutige Auswahl an Lösungswegen. Oft ist zudem nicht klar zu trennen, ob eine Knappheit relativ oder absolut ist, was wiederum zu gemischten Lösungen führt. Das Klimaproblem etwa scheint weder mit einem reinen Ansatz der herkömmlichen Wirtschaftswissenschaften lösbar *(relative Knappheit),* noch allein durch Verbote, Rationierung und Stimulierung eines nachhaltigen Lebensstils *(absolute Knappheit).* In vielen Fällen mag eine Kombination der beiden Sichtweisen zielführend sein, um Werkzeuge zu finden, die das jeweilige Umweltproblem am effizientesten und am gerechtesten lösen.

Auch wenn das Verständnis von Knappheit nicht unbedingt zu einem Masterplan für Umweltprobleme führen mag, hilft es dennoch, wie wir dargelegt haben, Lösungsräume einzugrenzen und sich den besten Lösungen für Umweltprobleme anzunähern. Wir ermutigen an Umweltproblemen Arbeitende daher, in zukünftigen Betrachtungen von Umweltproblemen die Knappheitsbrille aufzusetzen, die relative sowie die absolute Perspektive auszuprobieren und zu entscheiden, welche der beiden geeignet ist, um das beobachtete Umweltproblem am schärfsten zu erkennen.

Abkürzungen:

TGE	Treibhausgasemission
CO_2-eq	Kohlenstoffdioxid-Äquivalente

Literatur[7]

Baumgärtner, S., Becker, C., Faber, M., & Manstetten, R. (2006). Relative and absolute scarcity of nature. Assessing the roles of economics and ecology for biodiversity conservation. *Ecological economics, 59*(4), 487–498.

Faber, M., & Manstetten, R. (2003). *Mensch-Natur-Wissen: Grundlagen der Umweltbildung.* Vandenhoeck & Ruprecht.

Umweltbundesamt. (2022). *Der Europäische Emissionshandel.* https://www.umweltbundesamt. de/daten/klima/der-europaeische-emissionshandel#teilnehmer-prinzip-und-umsetzung-des-europaischen-emissionshandels.

---

[7] Die Inhalte dieses Konzeptes basieren auf: Baumgärtner et al. (2006) und auf Faber, M., Frick, M., Zahrnt, D. (2019) MINE Website, Absolute & Relative Scarcity, www.nature-economy.com.

Bestände: Transformation braucht Zeit

15

Inhaltsverzeichnis

> ▶ **Worum geht's?**
> Es geht um Veränderung. In diesem Kapitel geht es um das Verständnis für die Dynamik von Natur, Wirtschaft und Gesellschaft. Das hier vorgestellte Konzept der Bestände ermöglicht eine produktive Perspektive auf diese Zusammenhänge. Die Beständeperspektive zeigt auf, wie sich Dinge über die Zeit verändern und warum manche sehr langsam auf Veränderung reagieren, also beständig sind.
>
> Was zunächst nur wie eine Beschreibung klingt, hat eine große praktische Bedeutung: Nur indem wir verstehen, was sich wie und insbesondere wie schnell verändert, verstehen wir auch, welche Handlungsmöglichkeiten sich ergeben. Darüber hinaus ergibt sich aus einer Analyse von Beständen eine Orientierung mit Blick auf die Frage, wie viel Zeit wir für gewisse Veränderungen einplanen müssen. Das hilft uns auch zu verstehen, wo wir möglichst schnell tätig werden sollten, um die notwendigen Veränderungen rechtzeitig anzustoßen.

© Der/die Autor(en), exklusiv lizenziert an Springer-Verlag GmbH, DE, ein Teil von
Springer Nature 2023
M. Faber et al., *Nachhaltiges Handeln in Wirtschaft und Gesellschaft,*
SDG – Forschung, Konzepte, Lösungsansätze zur Nachhaltigkeit,
https://doi.org/10.1007/978-3-662-67889-3_15

15.1   Die Beständeperspektive

Den Begriff des Bestandes kennen viele aus der Alltagssprache.[1] Wir sprechen von einem *Bestand,* wenn wir zum Beispiel auf den Vorrat an bestimmten Produkten verweisen. Oder wir führen eine *Bestandsaufnahme* durch, wenn wir uns einen Überblick darüber verschaffen wollen, wo wir stehen und welche Mittel uns beispielsweise für eine gewisse Aufgabe zur Verfügung stehen. Gleichzeitig nehmen wir in der Regel die zeitliche Dimension in den Blick, sprechen von der *Beständigkeit* von Dingen, die sich dadurch auszeichnen, dass sie sich auch über die Zeit nicht oder nur langsam verändern. Das kann positiv oder negativ gemeint sein: Wenn sich eine Organisation durch *Beständigkeit* auszeichnet, so kann darunter verstanden sein, dass sie auch in turbulenten Zeiten *verlässlich* ist, als Orientierung dient und Sicherheit gibt. Oder es kann gemeint sein, dass die Organisation unfähig ist, mit der Zeit zu gehen und sie die notwendigen Entwicklungen nicht so vollzieht, wie es eigentlich notwendig wäre. Doch was hat der Begriff des Bestandes, den wir aus der Alltagssprache kennen, mit der Frage nach dem Zusammenspiel von Natur, Wirtschaft und Gesellschaft zu tun? Wie kann er uns bei der Analyse von Umweltproblemen weiterhelfen?

Dass wir zunächst die Alltagsbedeutung des Begriffes präsentiert haben, hat damit zu tun, dass in dieser bereits das analytische Potenzial des Begriffes sichtbar wird, das wir für den Umgang mit Umweltfragen nutzen wollen. Sowohl in Alltagsfragen als auch bei der Analyse von Umweltproblemen hilft das Konzept der Bestände zunächst einmal dabei herauszufinden, *was ist.* Hinzu kommt, dass mit einer Perspektive der Bestände neben der *Bestandsaufnahme* auch die Untersuchung der *Veränderung dieses Bestandes über die Zeit* eng verbunden ist. Wenn wir also beispielsweise klären, welche Menge eines bestimmten Produktes wir genau jetzt auf Vorrat haben, zum Beispiel Bücher in einem Buchhandel, können wir auch direkt die Frage stellen, wie sich diese Menge verändern wird. Wo steht der Vorrat am Ende des Monats? Wie viele der Bücher werden verkauft, und mit welchen neuen Lieferungen ist zu rechnen? Hier wird deutlich, dass der Begriff des Bestandes zunächst auf den Stand zu einem gewissen Zeitpunkt schaut und uns im nächsten Schritt direkt ermöglicht, die Veränderung dieses Standes über die Zeit hinweg zu analysieren.

Diese Sichtweise ist bei der Analyse von Umweltfragen von zentraler Bedeutung. Im Zentrum der Nachhaltigkeitsdebatte steht die Frage, was wir für das langfristige Leben und Überleben der Menschheit benötigen. Wenn wir es ambitionierter formulieren wollen, lautet die Frage: „Was muss künftigen Generationen zur Verfügung stehen, um ihnen die Chance auf ein gutes Leben auf der Erde zu ermöglichen?"

---

[1] Das vorliegende Kapitel verdankt seinen Aufbau und seine zentralen Argumente dem zweiten Teil des Buches „Die Kunst langfristig zu denken. Wege zur Nachhaltigkeit" (Klauer et al., 2013). Wir danken den Autoren für die Erlaubnis, ihre zentralen Einsichten für dieses Buch verwenden zu dürfen.

Wer darauf eine Antwort sucht, wird zunächst einmal die Dinge nennen, die essenziell wichtig für das Leben und Überleben sind: Ausreichend Wasser, Luft und Nahrungsmittel, Baustoffe für die Errichtung von Häusern, Energieträger, um diese Häuser zu heizen oder Produktion zu ermöglichen. Das alles sind materielle Grundlagen unseres Lebens – die in vielen Fällen direkt von der Natur „produziert" und uns zur Verfügung gestellt werden. Mithilfe der Beständeperspektive können wir diese Dinge unter dem Begriff der *materiellen Bestände* zusammenfassen. Aber auch andere, nicht materielle Dinge sind essenziell wichtig für uns. Für unser Leben und Wohlergehen ist entscheidend, wie unser Zusammenleben organisiert wird. Zu diesem Zweck bestehen die Institutionen des Rechts, der Politik, der Wirtschaft, der Wissenschaft, Kultur und Religion. Damit das komplexe Zusammenwirken in unseren Gesellschaften funktioniert, müssen beispielsweise Verträge eingehalten, gute Gesetze erlassen und durchgesetzt, Wissen generiert und weitergegeben werden. Die Gesamtheit der gesellschaftlichen Einrichtungen, die dies gewährleisten, also beispielsweise Verfassungen, Wirtschaftsweisen, Gesetze, Traditionen, Konventionen, Regeln, und Institutionen, bezeichnen wir als *immaterielle Bestände* (vgl. Klauer et al., 2013).

Bisher haben wir nur solche Bestände betrachtet, die für das Leben der Menschen notwendig oder wünschenswert sind. Es gibt aber auch materielle und immaterielle Bestände, die für uns ein Problem darstellen: Das CO_2 und weitere klimaschädliche Gase in der Atmosphäre, der Bestand an Abfällen, mit denen wir umgehen müssen, etwa Plastik im Meer; auf der Ebene der immateriellen Bestände: der Bestand an Regulierungen, Abläufen und Verhaltensmustern, die beispielsweise fossile Produktionsprozesse gegenüber ressourcenschonenden Ansätzen begünstigen (vgl. Tab. 15.1).

Neben der Feststellung des Status Quo dieser Bestände fragt die Beständeperspektive danach, wie sich der jeweilige Bestand über die Zeit entwickelt, ob und in welchem Maße er zu- oder abnimmt. Für die Beschäftigung mit Nachhaltigkeitsfragen ist es von großer Bedeutung, ob überlebenswichtige materielle und immaterielle Bestände verfügbar sind und mit welcher Veränderung über die Zeit zu rechnen ist. Von nicht geringerer Bedeutung ist die Frage, wie sich materielle Schadstoffbestände und problematische immaterielle Bestände wie etwa umweltschädliche Verhaltensmuster erhalten und entwickeln und wie wir damit umgehen können.

Wichtig zu wissen: Was heißt es, eine „Beständeperspektive" einzunehmen?
- Die Beständeperspektive stellt *zeitliche Abfolgen* in den Mittelpunkt der Untersuchung
- Wie entwickelt/verändert sich ein bestimmter materieller oder immaterieller Bestand?
- Wie sind die Lebensdauern und Veränderungsrhythmen eines Bestandes?

Tab. 15.1 Unterscheidung von materiellen und immateriellen Beständen

Materielle Bestände	Immaterielle Bestände
Der Begriff *materielle Bestände* bezeichnet die Menge von gegenständlich greifbaren Dingen gleicher Art, die zu einem gewissen Zeitpunkt registriert werden kann. Hier einige Beispiele:	Der Begriff *immaterielle Bestände* zielt darauf ab, nicht-materielle Dinge gleicher Art in den Blick zu nehmen, die über eine gewisse Dauerhaftigkeit verfügen. Hier einige Beispiele:
• Bestand an Holz im Lager einer Schreinerei, • Bestand an verfügbaren Wohnungen in einem Wohnviertel, • Bestand der verfügbaren seltenen Erden auf dem Territorium einer Volkswirtschaft • Bestand von Plastikteilen und –Plastikpartikeln im Meer • Bestand an CO_2 in der Atmosphäre	• Bestand an Gesetzen, die den Umgang mit Industrieabfällen regeln, • Bestand an Verhaltensmustern und Konventionen, die dazu führen, dass in einem Land die Verschwendung von Trinkwasser reduziert wird, • Bestand an verfügbarem Wissen zum Aufbau der Energieversorgung einer Stadt mit erneuerbaren Energien • Subventionen von Braunkohleabbau
Auch Menschen können als *materieller Bestand* registriert werden, beispielsweise	
• qualifizierte Mitarbeiter eines Unternehmens, • Einwohner einer Stadt, • verfügbare Fachkräfte in einer Volkswirtschaft	

15.2   Natürliche Lebensgrundlagen: Wo wir uns Beständigkeit wünschen

Für ein gutes Leben auf der Erde heute und in Zukunft ist die ausreichende Verfügbarkeit natürlicher Ressourcen und die Vermeidung von Schadstoffen unerlässlich. Für eine nachhaltige Entwicklung unserer Gesellschaften ist es daher von großer Bedeutung, die Veränderung der Bestände natürlicher Ressourcen und von Schadstoffen im Blick zu haben. Die Entnahme von Ressourcen aus der Umwelt muss so geregelt werden, dass sich die Bestände über die Zeit auch wieder erholen können. Ebenso muss bei der Abgabe von Abfällen in die Umwelt darauf geachtet werden, dass deren Aufnahmekapazitäten nicht überschritten werden. Die Natur ist ein entscheidender Dienstleister für uns, sorgt sie doch bei angemessener Behandlung dafür, dass lebensnotwendige natürliche Ressourcen und Aufnahmekapazitäten in ausreichendem Maße vorhanden sind. Damit dies so bleibt, ist es jedoch wichtig zu verstehen, welche Mengen an natürlichen Ressourcen wir „aus dem Bestand" entnehmen können, ohne Gefahr zu laufen, diese so in Anspruch zu nehmen, dass sie sich nicht mehr regenerieren können. Die Menschen teilen sich den Lebensraum Erde mit anderen Lebewesen, die an unserer natürlichen Lebensgrundlage teilhaben und für uns teilweise selbst zur Lebensgrundlage werden. In der Fachsprache spricht man von einer *Biozönose, einer natürlichen Lebensgemeinschaft,* und verweist dabei insbesondere auf ein Geflecht aus Wechselbeziehungen, die die unterschiedlichen Lebewesen in einem bestimmten Lebensraum wie einem Waldgebiet oder einem See mit seiner Uferlandschaft miteinander verbinden und in dem sie füreinander von Bedeutung sind.

Versteht man den gesamten Planeten als Lebensgemeinschaft, so ist es durchaus erstaunlich, dass die Erde in ihrer Geschichte auch angesichts großer Veränderungen und Entwicklungen immer ein Ort war, der ausreichende natürliche Grundlagen zur Verfügung stellen konnte, um Leben zu gewährleisten. Bleibt diese Tatsache auch angesichts der Veränderungen gewährleistet, die der Mensch auf der Erde verursacht? Wie für andere Lebewesen hat auch für den Menschen die Erfüllung seiner Bedürfnisse Priorität. Doch im Gegensatz zu anderen Lebewesen ist es dem Menschen in seiner Eigenschaft als rational planendes Lebewesen gelungen, die Natur und mit ihr auch andere Lebewesen den menschlichen Zielen zu unterwerfen. Mehr als jedes andere Lebewesen ist der Mensch dazu in der Lage, auf fundamentale Art und Weise Einfluss auf seine Umwelt zu nehmen. Und obwohl auch andere Lebewesen in der Lage sind, natürliche Ressourcen zu „übernutzen", hat die Übernutzung durch den Menschen eine weit größere Tragweite und kann letztlich auch zur Bedrohung für den Menschen selbst werden. Entscheidend für die Stabilität der Wechselwirkungen zwischen Menschen und den natürlichen Lebensgrundlagen ist, dass diese maßvoll genutzt werden.

Unter den immateriellen Beständen sind diejenigen besonders wichtig, die die Handlungsfähigkeit einer Gesellschaft erhalten. Hier ist besonders die Verfassung zu nennen, die idealerweise den Rahmen bietet, innerhalb dessen Auseinandersetzungen und Dialoge über Nachhaltigkeit und Gerechtigkeit geführt werden können, und zwar so, dass daraus erfolgreiches politisches Handeln hervorgeht.

15.3   Umweltschädliche Produktions- und Verhaltensweisen: Wo die Beständigkeit ein Problem ist

Beständigkeit ist ein Problem zum einen, wenn Bestände, die die natürlichen und sozialen Lebensgrundlagen der Menschen schädigen oder gefährden, fortbestehen oder gar quantitativ zunehmen. Hier muss zunächst die Ist-Situation analysiert und dann die Frage nach der Veränderlichkeit dieser Umstände gestellt werden: Wie schnell können wir beispielsweise den Bestand an Abfällen reduzieren, indem wir vorhandenen Abfall recyceln und dafür sorgen, dass weniger neuer Abfall produziert wird? Wie schnell können wir neue Regeln entwickeln und durchsetzen, die ressourcenschonende Wirtschaftsweisen fördern? Auf welche Weise und wie schnell können wir dafür sorgen, dass lange eingeübte umweltschädliche Verhaltensweisen durch umweltschonende Verhaltensmuster ersetzt werden? Sowohl bei den materiellen als auch bei den immateriellen Beständen ist eine entscheidende Frage für die Umsetzung von Veränderungen, wie und in welchem Zeitraum es gelingen kann, „die Bestände in Bewegung zu bringen." Wie dramatisch diese Fragen sind, zeigt das Klimaproblem. Selbst wenn Menschen keine weiteren klimaschädlichen Gase in die Atmosphäre abgeben würden, muss man die bereits in der Atmosphäre vorhandenen Gase mit ihren Auswirkungen auf lange Zeit in Rechnung stellen. Was ihre natürliche Verringerung angeht, sind sie sehr beständig, denn es dauert tausende Jahre, bis durch den Menschen emittiertes CO_2 in der

Atmosphäre durch die natürlichen physikalischen und biogeochemischen Prozesse wieder vollständig abgebaut wird (Umweltbundesamt, 2022). Daran erkennt man die Trägheit natürlicher Bestände. Zum Klimaproblem trägt aber vor allem eine Trägheit bei, die im Verhalten der Menschen liegt. Jährlich werden große Mengen von CO_2 und anderen Treibhausgasen aus Produktion und Konsum weltweit in die Atmosphäre abgegeben. Die Verhaltensänderungen, die zum Erreichen der Klimaneutralität erforderlich sind, lassen sich nicht von heute auf morgen bewirken, denn sowohl politische Prozesse, wie beispielsweise Gesetzesänderungen als auch die Umstellungen von Produktionsprozessen und Konsummustern brauchen Zeit.

Beständigkeit ist ebenfalls ein Problem, wenn Bestände, deren Erhaltung erforderlich oder wünschenswert ist, in ihrer Beständigkeit gefährdet sind. So gibt es in der Natur viele Bestände, die sich über lange Zeit von selbst reproduzieren, z. B. tropische Regenwälder oder die Tier- und Pflanzenarten in ihrer Vielfalt. Der Mensch muss für diese Bestände scheinbar nichts tun, weil sie von selbst da sind und sich erneuern. Aber im Laufe der Zeit nehmen derartige Bestände erst unmerklich, dann aber nach und nach immer auffälliger an Zahl und Qualität ab. Ursache ist menschliches Verhalten, das, ohne auf die Gefährdung zu achten, oder diese billigend in Kauf nehmend, die Lebensgrundlagen von Arten und Ökosystemen schädigt und zerstört. Der Fortbestand wichtiger Bestände in der Natur ist nicht mehr von selbst gegeben, sondern erfordert weitreichende Verhaltensänderungen und entschiedenes gesellschaftliches und politisches Handeln (vgl. Kap. 6 zu *Verantwortung*).

Wichtig zu wissen: Was leistet die Beständeperspektive?
- Die Beständeperspektive ermöglicht ein Verständnis des dynamischen Zusammenspiels von Natur, Wirtschaft und Gesellschaft. Es wird deutlich, wo Trägheit besteht, aber auch, wo und wann sich Zeitfenster öffnen, um Veränderungen anzustoßen.
- Mit Blick auf die Erwartungshaltung der handelnden Menschen hilft die Beständeperspektive, Frustrationen vorzubeugen. Sie zeigt, dass oft ein hohes Maß an Geduld erforderlich ist, indem sie die Zeiträume bewusstmacht, innerhalb derer eine Veränderung stattfinden kann (vgl. Kap. 7 zu *Urteilskraft*). Damit soll nicht gerechtfertigt werden, dass notwendige Veränderungen beispielsweise von Interessensgruppen ausgebremst werden. Vielmehr soll die Beständeperspektive helfen zu erkennen, mit welcher Voraussicht Veränderungen in Angriff genommen werden müssen, damit sie rechtzeitig wirken (vgl. die Dimension der *inhärenten Zeit* im Kap. 8 zu *drei Zeitbegriffen*).

Inwiefern es hilfreich ist, die Beständeperspektive zur Analyse von Umweltproblemen anzuwenden, möchten wir im Folgenden anhand des Beispiels der Reinigung des Flusses Emscher erläutern, das wir bereits im Kap. 6 zu *Verantwortung* zur Veranschaulichung herangezogen haben. Ehe wir jedoch in die Analyse einsteigen, hier die wichtigsten Fakten:

Die Emscher ist ein Fluss in Nordrhein-Westfalen, der von seiner Quelle bei Dortmund bis zur seiner Mündung in den Rhein bei Dinslaken weite Teile des Ruhrgebietes durchquert. Mit ihren ca. 100 km Länge durchfließt sie die historisch bedeutendste Industrieregion Deutschlands. Ökologische Probleme, die mit der industriellen Produktion von Gütern einhergehen, lassen sich in dieser Region besonders anschaulich erkennen, so auch am Beispiel der Emscher, die sich im Laufe der Industrialisierung von einem natürlichen, sauberen Wasserlauf zum wohl dreckigstem Fluss Deutschlands entwickelte.

Die Nutzung und Verschmutzung des Flusses begann ab ca. 1800, und mit der Intensivierung der industriellen Produktion im Ruhrgebiet stieg auch die Belastung des Flusses: Mit der Erschließung des Ruhrgebiets als Bergbau- und Industrieregion ab 1850 wurden nicht nur riesige Produktionsanlagen gebaut, unterirdische Kohlegruben sowie überirdische Eisenhütten angelegt und Transportwege erschlossen, sondern es mussten auch hunderttausende Arbeiter und ihre Familien angesiedelt und versorgt werden. In den Flüssen der Region mischten sich Industrieabfälle und Rückstände des Bergbaus mit menschlichem Unrat und Fäkalien, der Zustand ganzer Gewässersysteme sowie der Flora und Fauna an ihren Ufern verschlechterte sich mit jedem Jahr.

Wie wir im Kapitel *Verantwortung* ausführlich beschrieben haben, griff erst 1899 mit der sogenannten Emschergenossenschaft eine staatliche Institution aufgrund der unhaltbaren hygienischen und gesundheitlichen Situation in die unregulierte Nutzung und Verschmutzung der Flüsse des Ruhrgebietes ein. Im Anschluss an diese Intervention dauerte es wiederum sehr lange, bis in den 1990er-Jahren, fast 200 Jahre nach Beginn der Verschmutzung, ein umfassendes Säuberungs- und Renaturierungsprogramm gestartet wurde, das 2020 endete. Dass von der Entstehung eines scheinbar so klar zu erkennenden und regional begrenzten Problems wie der Verschmutzung eines Flusses über die Erkenntnis des Handlungsbedarfes bis zur Lösung des Problems so viel Zeit vergeht, wirkt zunächst einmal empörend und für Menschen, denen eine intakte Umwelt am Herzen liegt, ist dieser lange Zeitraum fraglos frustrierend. Diesen Gefühlen möchten wir in den folgenden Erläuterungen auch nicht widersprechen. Wir plädieren aber dafür, jenseits der berechtigten Verärgerung über die lange so unhaltbaren Zustände mithilfe der Beständeperspektive zunächst einmal zu analysieren, wie sich die Lage darstellt. Eine solche „Bestandsaufnahme", so unsere These, hilft zu erkennen, wie Veränderungen schneller bewirkt werden können. Der Handlungsbedarf kann besser eingeschätzt und dabei, mit Blick auf die notwendigen Veränderungen, eine realistische Zeitplanung angesetzt werden.

15.3.1 Das Problem wird erkannt: Materielle und immaterielle Bestände geraten in Bewegung

Spätestens mit der Erschließung der Kohlebergwerke im Ruhrgebiet ab 1850 wurden die Flüsse der Region, in deren Verlauf bis dahin hauptsächlich in Form von Begradigungen und Trockenlegung für landwirtschaftliche Zwecke eingegriffen wurde, zu Aufnahmegewässern von Industrieabfällen, Abwässern und anderem Unrat. Unerwünschte Neben- bzw. *Kuppelprodukte* des menschlichen Lebens und Wirtschaftens im Ballungsraum Ruhrgebiet fanden ihren Weg in die Flüsse der Region und bauten sich dort zu unerwünschten, hochproblematischen *materiellen Beständen* auf. Die ursprünglichen Bestände an Frischwasser, Tier- und Pflanzenwelt in den Flüssen des Ruhrgebietes wurden hingegen in wenigen Jahrzehnten zerstört. An ihre Stelle traten offene, die Region durchziehende Kloaken, in denen sich kein Leben behaupten konnte. Dieser Zustand, der nicht zuletzt aufgrund der Bedrohung der Gesundheit der Anwohner durch Infektionskrankheiten wie Typhus oder Cholera untragbar wurde, führte dazu, dass der Bestand an Abwässern und Abfällen in Ruhr, Lippe und Emscher zu einer drängenden, nicht zu übersehenden Herausforderung für die Städte und Gemeinden wurde. Doch zunächst fühlte sich niemand für das Problem verantwortlich. Es gab keine Regeln, Gesetze oder andere Vorschriften, die festlegten, wer sich der Suche nach einer Lösung annehmen musste. In den Städten und Kommunen selbst wusste man zwar um das Problem, ignorierte es jedoch. Ebenso wie auf der materiellen Ebene die Abfälle und Abwässer hatten sich auch auf der Ebene des menschlichen Verhaltens Bestände gebildet: Jahrelang eingeübte Untätigkeit der politisch Verantwortlichen bildete einen *immateriellen Bestand,* der aufgelöst werden musste. Um eine Lösung des Problems anzustoßen, war es daher zunächst notwendig, klare Regeln zur Verantwortlichkeit zu definieren und Institutionen zu schaffen, die diese Regeln durchsetzen konnten. Der Knoten wurde 1899 durchschlagen, indem die *Emschergenossenschaft* gegründet und mit dem notwendigen Wissen sowie den exekutiven Kompetenzen ausgestattet wurde, um eine Lösung für das (Ab-)Wassermanagement im Ruhrgebiet zu entwickeln und auch umzusetzen.

Bevor die definierten materiellen und immateriellen Bestände in Bewegung gebracht wurden und Lösungen umgesetzt werden konnten, mussten zunächst neue immaterielle Bestände aufgebaut werden: Wissen- und Fähigkeiten, Regeln und Gesetze sowie funktionierende politische und bürokratische Prozesse. Als die Emschergenossenschaft schließlich die Arbeit am konkreten Problem aufnahm, gerieten auch materielle Bestände in einem gewaltigen Ausmaß in Bewegung: Es wurde beschlossen, die Emscher als eigenständigen Flusslauf zu opfern und sie zum Entwässerungskanal des Ruhrgebietes zu machen. Im Gegenzug wurden die Flüsse Ruhr und Lippe so saniert, dass sie die Frischwasserzufuhr der Region gewährleisten können. Die Emscher wurde drei Meter tiefer gelegt und von ihren ursprünglich 109 km Länge auf 83 km verkürzt. Es wurde planerisches Wissen und Geschick zusammengebracht, um viele tausend Tonnen Erdreich in einer Region zu bewegen, die aufgrund des Bergbaus von Stollen und Gruben durchzogen ist. Und schließlich wurde der Flusslauf auf seinen nun 83 km in einen Kanal aus Zement gebettet, um seine Fließgeschwindigkeit zu erhöhen und die Abwässer schnell abtransportieren zu können.

Wenn wir hier also davon sprechen, dass zur Einrichtung eines funktionierenden Abwassermanagements im Ruhrgebietes Ende des 19. Jahrhunderts materielle Bestände in Bewegung versetzt werden mussten, so ist das ganz wörtlich gemeint. Und erst im Anschluss an diesen enormen zunächst immateriellen und anschließend materiellen Kraftakt traten Verbesserungen mit Blick auf jene Bestände ein, um die es hier eigentlich geht: die Abfall- und Abwasserbestände in den Flüssen des Ruhrgebietes.

Die pragmatische Entscheidung der Emschergenossenschaft funktionierte technisch gesehen während des gesamten 20. Jahrhundert gut. Doch auch wenn sie mit Blick auf das gesamte Ruhrgebiet eine Verbesserung darstellte, blieb sie lokal gesehen eine ökologische und hygienische Zumutung. Die Emscher zog sich als stinkende, giftige Kloake durch die Städte. Eine Tier- und Pflanzenwelt im und am Fluss gab es nicht mehr und für die Menschen ergaben sich neben der Geruchsbelastung erhebliche Gesundheitsgefahren. Hohe Konzentrationen von Schwermetallen, wie sie im Fluss gemessen wurden, können bei Menschen, die in Kontakt mit dem Wasser kommen, Beschwerden wie Schlafstörungen, Atemwegserkrankungen, Hauterkrankungen, Darmerkrankungen und ähnliches hervorrufen. Bei Heranwachsenden können Schwermetalle wie Blei oder Chrom den Kreislauf und das zentrale Nervensystem schädigen sowie auch zu massiven Lernschwierigkeiten führen.

15.3.2 Das Anfang vom Ende der Zwischenlösung: Gesetze werden verändert

Diese Gesundheitsrisiken waren es dann auch, die 1991 – fast 200 Jahre nach dem Beginn der menschlichen Eingriffe in das Flusssystem Emscher und knapp 92 Jahre nach Gründung der Emschergenossenschaft – dazu führten, dass die Reinigung und Renaturierung der Emscher in Angriff genommen wurden. Das war ein hochkomplexes Unterfangen, an dessen Beginn erneut die Notwendigkeit des Aufbaus immaterieller Bestände in Form von klug formulierten Gesetzen (vgl. Kap. 7 zu *Urteilskraft*) und der Entwicklung von effektiven Verfahren standen. Ausgangspunkt für die Renaturierung der Emscher war die sogenannte Europäische Wasserrahmenrichtlinie der EU (verabschiedet im Jahr 2000), ein verbindlicher Rahmen für nationale Gesetzgebungen, der im Laufe der Zeit (vgl. Kap. 8 zu *drei Zeitbegriffen*) scharfe Grenzwerte für die Belastung von Gewässern innerhalb der Europäischen Union einführte. Der Zustand der Emscher, wäre er unverändert geblieben, hätte spätestens 2015 von Brüssel als eklatanter Verstoß gegen die Grenzwerte der Wasserrahmenrichtlinie bewertet und gegebenenfalls mit hohen Geldbußen bestraft werden müssen. Das Gesetzeswerk schaffte eine Situation, in der die politisch Verantwortlichen sich zum Handeln gezwungen sahen. Nachdem für fast 200 Jahre der missliche Zustand der Emscher als pragmatische Lösung akzeptiert worden war, musste nun *politische Verantwortung* übernommen werden. Das eine solche Situation mithilfe eines Gesetzes tatsächlich hergestellt wurde, kann rückblickend als Beleg dafür gewertet werden, dass die Urheber der Europäischen Wasserrahmenrichtlinie mit Urteilskraft zu Werke gingen.

Denn so wie zu ihrer Zeit die Gründung der Emschergenossenschaft zu langfristig wirksamen Änderungen materieller und immaterieller Bestände geführt hatte, so hat mit der Bekanntmachung des Stichjahres 2015 für die verpflichtende Einhaltung der europäischen Grenzwerte für Wasserqualität ein Prozess eines grundlegenden Wandels begonnen, worin sich zunächst immaterielle und dann auch materielle Bestände Schritt für Schritt verändert haben. Das Projekt *Blaue Emscher* wurde ins Leben gerufen, das Wissen, Fähigkeiten und finanzielle Mittel zusammenbringt, um das größte Wasserinfrastrukturprojekt Europas anzu-stossen: Eine unterirdische Kanalisation aus 35.000 Kanalrohrsegmenten wurde gebaut und in 30 m Tiefe durch 12 Städte geführt. An über 260 Einzelbaustellen wurde ein Abwassersystem installiert und an vier neu errichtete Kläranlagen angeschlossen. Für dieses gewaltige Unterfangen wurden mehr als 4,4 Mrd. Euro mobilisiert. Diese Zahlen machen deutlich, wie viel Material bewegt, wieviel Geld ausgegeben, wie viele Menschen mobilisiert, wie viel Wissen gebündelt und wie viele Entscheidungen zur richtigen Zeit auf die richtige Weise getroffen werden mussten, um ein vergleichsweise überschaubares regionales Problem zu lösen.

2009 beschloss die Emschergenossenschaft schließlich, über die Reinigung des Flusswassers der Emscher hinaus auch die Renaturierung des gesamten, 350 km langen Flusssystems mit den Zuläufen und Nebenarmen der Emscher anzugehen. Diese Entscheidung konnte realisiert werden, weil ein anderer, entscheidender Bestand sich in den vergangenen Jahrzehnten immer stärker verringerte: Die Schwerindustrie, die über fast zwei Jahrhunderte elementarer Bestandteil der Wirt-schaft des Ruhrgebietes war und dessen Geschichte maßgeblich prägte, hat sich heute zu großen Teilen aus dem Ruhrgebiet zurückgezogen und in andere Welt-regionen verlagert. Dies ist eine Veränderung, die für die Städte und Gemeinden dieser Region enorme wirtschaftspolitische und soziale Herausforderungen mit sich brachte, die Belastung der Umwelt aber stark reduzierte.

Und so gibt es Hoffnung, dass sich die Bestände an pflanzlichem und tierischem Leben im Fluss und an seinen Ufern weiter erholen und sich ein funktionierendes Ökosystem bildet – eine Entwicklung, die der Mensch trotz der Mobilisierung beeindruckender immaterieller und materieller Bestände nur teil-weise beeinflussen und nur geringfügig beschleunigen kann.

Zusammenfassung
Die Beständeperspektive liefert eine Methode, um die notwendigen Bedingungen für Veränderungen zu analysieren. Dabei müssen folgende Fragen gestellt werden:

- Welche materiellen und immateriellen Bestände sind für ein Verständnis des zu bearbeitenden Problems wichtig?
- Inwiefern manifestieren diese Bestände den Status Quo?
- Welche Dynamiken müssen angestoßen werden, um eine intendierte Ver-änderung zu erreichen?
- Über welche inhärenten Zeiten/Eigenzeiten verfügen diese Bestände?

- Was bedeuten diese Eigenzeiten für den Zeitrahmen, der insgesamt für die Umsetzung der intendierten Veränderung angesetzt werden muss?
- Lassen sich Bedingungen formulieren, die dabei helfen, den *Kairos* (siehe Kap. 8 zu *drei Zeitbegriffen*), also das richtige Zeitfenster für bestimmte Schritte zu erkennen?

Literatur[2]

Klauer, B., Manstetten, R., Petersen, T., & Schiller, J. (2013). *Die Kunst langfristig zu denken: Wege zur Nachhaltigkeit*. Nomos.

Umweltbundesamt. (2022). *Die Treibhausgase* [Text]. Umweltbundesamt. https://www.umwelt-bundesamt.de/themen/klima-energie/klimaschutz-energiepolitik-in-deutschland/treibhausgas-emissionen/die-treibhausgase.

Leseempfehlungen zur weiterführenden Lektüre zu Teil 4 „Das Zusammenspiel von Mensch und Natur"

Daoud, A. (2018). Unifying studies of scarcity, abundance, and sufficiency. *Ecological Economics, 147,* 208–217. [Knappheit]

Dasgupta, P. (2021). *The economics of biodiversity: The Dasgupta review.* Hm Treasury. [Bestände]

Dyckhoff, H. (2023). Proper modelling of industrial production systems with unintended outputs: A different perspective. *Journal of Productivity Analysis, 59*(2), 173–188. [Kuppelproduktion]

Funtowicz, S. O., & Ravetz, J. R. (1990). *Uncertainty and quality in science for policy.* Springer Science & Business Media. [Unwissen]

Gleick, J. (1988). *Chaos: Making a New Science.* Heinemann. [Unwissen]

Norgaard, R. B. (1990). Economic indicators of resource scarcity: A critical essay. *Journal of Environmental Economics and Management, 19*(1), 19–25. [Knappheit]

Raina, R. S., & Dey, D. (2020). How we know biodiversity: Institutions and knowledge-policy relationships. *Sustainability science, 15*(3), 975–984. [Bestände]

Shackle, G. L. S. (1955). *Uncertainty in Economics.* Cambridge University Press. [Unwissen]

Smithson, M. (1988). *Ignorance and Uncertainty: Emerging Paradigms.* Springer-Verlag. [Unwissen]

Taleb, N. N. (2010). *The black swan: The impact of the highly improbable.* Random House Trade. [Unwissen]

---

[2] Die Inhalte dieses Konzeptes basieren auf: Faber, M., Frick, M., Zahrnt, D. (2019) MINE Website, Basics of Life – Stocks, Stores & Funds, www.nature-economy.com.

Teil V
Die Einheit und Unvereinbarkeit von Mensch und Natur

Grundlagen des Lebens, Ordnungen des Lebendigen und Orientierungen der Menschen

16

Inhaltsverzeichnis

16.1 Die erstaunliche Nachhaltigkeit des Lebens

Vor dem Auftreten des Menschen hat das Leben auf der Erde sich als nachhaltig erwiesen, ohne dass es rationaler Planung bedurft hätte. Trotz massiver Störungen – z. B. mit massenhaftem Artensterben verbundene Meteoriteneinschläge – hat sich das Leben so reproduziert, dass im Verlaufe seiner Evolution (siehe Kap. 11 *Evolution*) eine Vielfalt von immer komplexeren Gestalten in Erscheinung treten konnte. Seine Grundlagen haben sich während mehrerer Milliarden Jahre kontinuierlich erhalten oder erneuert.

Bereits unter den ersten Lebewesen gab es solche, die, wie die einzelligen, zellkernlosen Blaualgen (Prokaryoten), von damals bis heute eine entscheidende Rolle für die Erhaltung und Entwicklung allen Lebens spielen. In die Ur-

Atmosphäre der Erde, in der Sauerstoff in freier Form nicht vorkam, gaben sie als Kuppelprodukt ihres Stoffwechsels freien Sauerstoff ab (siehe Kap. 13 *Kuppelproduktion*), der sich nach und nach zu einem bedeutenden Bestand von Sauerstoff in der Atmosphäre aufbaute (siehe Kap. 15 *Bestände*). Dieser war und ist die Voraussetzung dafür, dass Lebewesen mit *aerober* (d. h. über Sauerstoff vermittelten) Atmung auftraten und bis heute die Erde prägen. Die Sauerstoffatmung ist typisch für alle komplexen mehrzelligen Organismen *(Eukaryoten)*. Heute tragen neben den Blaualgen Pflanzen mit ihrer Photosynthese zum Fortbestand der Sauerstoffatmosphäre bei.

Während sich ein einzelnes Bakterium von seinesgleichen und seiner Umwelt allenfalls unter dem Mikroskop wahrnehmbar als Individuum abhebt, hat die Evolution nach und nach ausgedehntere und in sich differenziertere Lebewesen hervorgebracht, die sich als pflanzliche und tierische Organismen deutlich voneinander unterscheiden und ihr jeweils besonderes Dasein zu erhalten bestrebt sind. Sie leben ein Leben nicht nur für andere, sondern auch für sich. Sie entstehen, wachsen, erhalten sich in ihrer ausgebildeten Gestalt und reproduzieren sich, leiden und sterben. Vor allem tierische Organismen zeigen die Tendenz, ihr Leben nach Möglichkeit zu bewahren, schädliche Einwirkungen zu meiden und vor Bedrohungen zu fliehen. Eine weitere Tendenz von solchen Organismen ist es, ihr Leben in der geschlechtlichen Fortpflanzung an eine nächste Generation weiterzugeben. Eine dritte Tendenz, die wir bereits bei den Blaualgen konstatierten, bleibt dem Leben aller Organismen unvermeidlich von ihrer Umwelt aufgeprägt: Mit ihrem Leben, nicht selten auch mit ihrem Sterben und über den Tod hinaus leisten sie Beiträge für den Bestand des jeweiligen Ökosystems[1], insofern sie einen Teil von dessen Lebensgrundlage bilden.[2]

Wichtig zu wissen: Die Vernetzung des Lebendigen
Organismen leben nicht alleine für sich, sondern leisten Beiträge für die Fortdauer ihres Ökosystems und für den Fortbestand des Lebens insgesamt.

16.2   Die drei Tele

Individuelle Lebewesen, Arten und Lebensgemeinschaften sind stets in ihren wechselseitigen Abhängigkeiten zu begreifen. Demgemäß kann man ein Lebewesen in drei Hinsichten betrachten: 1) In seiner Beziehung auf sich selbst, d. h.

---

[1] Ein Ökosystem ist eine Lebensgemeinschaft von Organismen mehrerer Arten in einem bestimmten Raum, etwa einem See mit seiner Uferlandschaft oder ein Waldgebiet. Es besteht daher aus belebten und unbelebten Komponenten.

[2] Eine ausführliche Darstellung der in diesem Kapitel dargestellten Zusammenhänge findet sich in Faber und Manstetten (2003, Kap. 10–12).

in seiner Individualität oder Einzigartigkeit, 2) in seiner Beziehung zu seiner Fort-
pflanzungsgemeinschaft (Population oder Art) und 3) in seiner Beziehung auf eine
größere Gemeinschaft von Lebewesen, etwa auf eine natürliche Lebensgemeinschaft oder auf die Gemeinschaft alles Lebendigen auf der Erde. Daraus ergeben
sich für ein Lebewesen drei Relationsfelder. Innerhalb dieser Felder werden
Dasein und Entwicklung eines Lebewesens von drei Tendenzen bestimmt, die
wir im Folgenden als *Tele* bezeichnen. *Tele* ist der Plural des griechischen Wortes
Telos. Es bedeutet im griechischen Zweck, Ziel, Ende oder Ausgang einer Sache,
in einem weiteren Sinne auch die Ordnung, die für die zeitliche Entwicklung einer
Sache und ihren Abschluss ausschlaggebend ist (siehe Kap. 8 *Zeit*). In unserem
Zusammenhang kann man Telos als Bestimmung, bestimmende Ordnung oder
bestimmende Ausrichtung auffassen. Wir sprechen im Folgenden von den drei
Tele eines Lebewesens (Faber & Manstetten, 2003, S. 116–136; Spaemann &
Löw, 1991).

Wichtig zu wissen: Die drei Tele
1. Die Selbsterhaltung und Selbstentfaltung: Dies ist das Telos, wodurch sich
   ein Lebewesen auf sich selbst bezieht und sich selbst organisiert. Durch
   dieses Telos konstituiert sich der einzelne, abgegrenzte Organismus.
2. Die Selbstwiederholung bzw. Selbsterneuerung durch die Fortpflanzung:
   Dies ist das Telos, worin sich ein Lebewesen auf seine Population bzw.
   Art bezieht und zu deren Selbstorganisation beiträgt. Durch dieses Telos
   konstituiert sich die Art.
3. Das Dienen, die Entäußerung und Selbstentäußerung in Bezug auf andere
   Lebewesen: Dies ist das Telos, wodurch ein Lebewesen auf Lebewesen
   anderer Arten bezogen ist. Durch sein Leben und auch durch sein Sterben
   wird ein Lebewesen Teil der Lebensgrundlage anderer Arten, trägt zu
   deren Entwicklung und zur Selbstorganisation seiner natürlichen Lebensgemeinschaft bei. Durch dieses Telos konstituiert sich ein Ökosystem.

Diese drei Tele müssen einem Lebewesen nicht bewusst sein, es realisiert sie
einfach durch sein bloßes Dasein. Eine besondere Rolle spielt das dritte Telos.
In seiner Perspektive weist das Leben des Individuums über die Erhaltung
seiner selbst und seiner Art hinaus. Dieses Dienen kann in Gestalt einer friedlichen Beziehung zwischen unterschiedlichen Arten stattfinden (Symbiose[3],
Kommensalismus[4]). So dienen Blütenpflanzen Bienen und anderen Insekten,
indem sie Nektar bereithalten. Die Insekten übertragen Pollen und ermöglichen

---

[3] Symbiose bezeichnet eine Interaktion zwischen Individuen zweier Arten, die für beide von Vorteil ist.

[4] Kommensalismus bezeichnet eine Interaktion zwischen Individuen zweier Arten, die für
Angehörige der einen Art von Vorteil ist und für die andere keine Auswirkungen hat.

damit den Blütenpflanzen die Realisierung des zweiten Telos, der Fortpflanzung. Das Gras gibt seine Blätter, die den Weidetieren Nahrung bieten. Nicht selten jedoch beendet die Realisierung seines dritten Telos für ein Lebewesen die Möglichkeit, sein erstes und zweites Telos weiterhin zu realisieren. Damit die Antilopen in der Wildnis Löwen als Lebensgrundlage dienen, müssen sie am Ende einer Jagd als Beute einen oft schmerzhaften Tod erleiden. Aber die Dienste der Antilopen sind nicht einseitig, denn auch die jagenden Tiere dienen – sowohl dem Ökosystem insgesamt als auch den Arten, die auf dieses System angewiesen sind. Raubtiere sorgen dafür, dass die Populationen der Beutetiere nicht überhandnehmen. Zudem dienen sie Aasfressern, die sich von den Überresten der getöteten Tiere ernähren. Darüber hinaus werden auch die Raubtiere selbst mit ihren Exkrementen, schließlich auch mit ihren Leichnamen zur Lebensgrundlage zahlloser Kleinstlebewesen. Fehlen derartige Dienstnehmer, d. h. die Raubtiere, können daraus grundlegende Störungen im Ökosystem resultieren. Das zeigt die Geschichte der Kaninchen in Australien, die dort von keiner Tierart als Beute wahrgenommen wurden und nicht nur für die Menschen, sondern auch für die dortige Flora und Fauna zu einem großen Problem wurden. Generell können Arten, die sich stark vermehren, überhand nehmen, wenn es in dem entsprechenden Ökosystem keine natürlichem Fressfeinde gibt. Unter anderem mit dem Argument, das natürliche Gleichgewicht in naturnahen Wäldern müsse wiederhergestellt werden, wird gegenwärtig in Mitteleuropa die Präsenz von Wildkatzen, Luchsen und Wölfen oder die Einwanderung von Braunbären gefördert.

Die Realisierung der drei Tele in einem Ökosystem und damit die Gestalt des Ökosystems selbst ist wandelbar in der Zeit. Wenn im Verlauf der Evolution (siehe Kap. 11 *Evolution*) eine neue Art auftritt, dann kann sie neue Dienste zu ihrer Selbsterhaltung und Selbstentfaltung erschließen, kann aber auch selbst wieder als eine Geberin von neuen Diensten wahrgenommen werden.

16.3 Das dritte Telos und die Grundlagen des Lebens – das Konzept der Fonds

Im vorigen Kapitel *Bestände* haben wir erwähnt, dass manche Bestände Vorräte für Lebewesen sind. Im Folgenden wollen wir fragen: Wo kommen Vorräte her? Dazu ist es zweckmäßig, Leistungen von Lebewesen zu betrachten, die dem Leben anderer Lebewesen direkt oder indirekt dienen; diese wollen wir als Dienste bezeichnen, die empfangenden Lebewesen als Dienstnehmende. Diese Dienste können sowohl von Lebewesen (z. B. Tieren oder Pflanzen) als auch von nicht lebendigen Quellen (z. B. der Sonne oder Kapitalgütern wie Häuser und Maschinen) geleistet werden. Eine solche Quelle von Diensten für eine oder mehrere Arten von Lebewesen nennen wir einen *Fonds*. Das Wort ›Fonds‹ stammt vom lateinischen Wort *fundus* und bedeutet ›Grund und Boden‹, kann aber auch die wesentlichen Grundlagen einer Sache meinen. Anhand des Begriffspaars ›Fonds‹/›Dienst‹ (englisch: *fund/service*) kann die Frage nach den Lebensgrundlagen folgendermaßen formuliert werden: Welche Fonds und welche Dienste sind für den Bestand einer natürlichen Lebensgemeinschaft, einer Art oder eines einzelnen Lebewesen notwendig?[5]

Bestimmte primäre Fonds sind notwendige Lebensgrundlagen für alle Arten. So liefert die Sonne Dienste in Form von Energie (Wärme und Licht), der Wasserkreislauf der Erde mit Meeren, Wolken, Wasserläufen, Seen, Grundwasser etc. ist unentbehrliche Grundlage allen Lebens. Weitere primäre Fonds, die für sehr viele Lebewesen von Bedeutung sind, lassen sich unter den Begriffen ›Boden‹ und ›Luft‹ zusammenfassen. Die meisten Fonds sind jedoch abhängig von den Diensten, welche Arten innerhalb einer bestimmten Lebensgemeinschaft leisten bzw. in Anspruch nehmen. Abgesehen vom Lebensraum, dem Biotop, benötigen vor allem tierische Arten Pflanzen oder auch andere Tiere als Lebensgrundlagen. Ihre Fonds sind also selbst Arten. Diese gehören in der Regel der gleichen Lebensgemeinschaft an wie die Lebewesen der dienstnehmenden Art. Manche Dienste von Fonds werden so gebraucht, dass sie das Leben der in ihnen enthaltenen Lebewesen unberührt und unverletzt lassen. Ein solcher Dienst ist etwa der Schatten, den Bäume spenden. Oft aber sind die Dienste bestimmte Teile von Lebewesen, etwa die Früchte, Blüten und Blätter einer Pflanze, die durch die dienstnehmende Art verletzt werden. Nicht selten aber ist der Dienst ein ganzes Lebewesen selbst, wenn dieses zur Ernährung eines anderen Lebewesens dient und dabei selbst den Tod erleidet.

Zu beachten ist weiterhin die Zeitstruktur von Fonds (siehe Kap. 8 *Zeit*). Abgesehen von primären Fonds wie der Sonne haben sie, da sie selbst dem Leben angehören, kein dauerhaftes Substrat. Ihre Kontinuität geht aus der ständigen Erneuerung der Elemente des Fonds hervor. Damit setzen sie das erste und zweite Telos der Lebewesen voraus, also die Tele, durch die eine Art, vermittelt über die Individuen, sich selbst erhält und erneuert. Mit dem ersten Telos ist ein ständiger Durchlauf von Materie und Energie (siehe Kap. 9 *Thermodynamik*) verbunden, mit dem zweiten Telos aber Tod und Geburt, das Verschwinden von Individuen, an deren Stelle neue treten. Im Kommen und Gehen der Individuen hat ein Ökosystem seine Beständigkeit, d.h., seine Fonds können über längere Zeit in wechselnder Zusammensetzung stabil bleiben.

Wichtig zu wissen: Fonds und Dienste
Ein Fonds ist eine Quelle von Diensten für eine oder mehrere Arten von Lebewesen. Pflanzen- und Tierarten innerhalb eines Ökosystems können sowohl Fonds als auch Dienstnehmer sein. Als Dienstnehmende erscheinen sie unter der Perspektive des ersten und des zweiten Telos. Aus der Perspektive des dritten Telos werden sie als Fonds angesehen. Für

---

[5] Die im Folgenden dargestellten Überlegungen zu einer Theorie der Fonds verdankt wesentliche Anstöße dem Kap. 9 aus Georgescu-Roegens bahnbrechendem Buch „The Entropy Law and the Economic Processs" (1971).

den Fortbestand eines Fonds sind das erste und das zweite Telos der daran beteiligten Lebewesen notwendige Voraussetzungen. Mit der Untersuchung von Fonds in ihrer zeitlichen Entwicklung kann man wichtige Einsichten in die Nachhaltigkeitsbedingungen von Ökosystemen gewinnen.

Es ist das Zusammenspiel aller Arten innerhalb einer Verflechtung von Diensten, das in einer natürlichen Lebensgemeinschaft zu einem Gleichgewicht führen kann. Entfernt man wesentliche Dienste aus einer solchen Lebensgemeinschaft, kann es zu einem explosionsartigen Wachstum bestimmter Arten kommen, oder es gehen Arten, denen die Lebensgrundlage fehlt, zugrunde; beides kann auch gleichzeitig stattfinden. Es bedarf immer wieder neuer Forschungen, um innerhalb von Ökosystemen die Vielfalt der Fonds und der entsprechenden Qualität von Diensten zu erkennen. So sind Bäume Fonds in vielfacher Hinsicht. Nicht nur die Blüten und Früchte, sondern auch die Blätter, die Rinde, der Schatten, den sie spenden, sind Dienste für eine Vielzahl von Lebewesen. Nach ihrem Sterben bietet auch, sofern der Mensch nicht eingreift, ihr Totholz weitere Dienste. Das gleiche gilt für den Erdboden, dessen Oberfläche stellenweise schon in einem einzigen Lehmklumpen eine unübersehbare Anzahl von Kleinstlebewesen enthält. Insbesondere sind jene Dienste von Fonds hervorzuheben, die alles, was aus menschlicher Sicht als Abfall erscheinen könnte, wieder in natürliche Kreisläufe zurückführen. Bei der natürlichen Entsorgung spielen insbesondere eine große Anzahl unterschiedlicher Bakterien und Pilze eine Rolle. Die Entsorgung in der Natur ist als ein Recycling im Sinne eines vollkommenen Stoffkreislaufes anzusehen. Die in einem Zeitraum produzierte Menge an Biomasse, d. h. die Masse, die in die Körper von Lebewesen eingeht, muss mit einer annähernd gleich großen Menge an zu »entsorgender Masse korrespondieren. Letztlich geht alles, was in der Natur einmal produziert worden ist, in einen Kreislauf ein, in den es als Dienst aufgenommen wird. Alle Fäulnis- und Zersetzungsprozesse sind zugleich Lebensprozesse von Lebewesen. In der Natur kann man daher Produktion, Konsum und Entsorgung nicht trennen, diese Trennung gilt nur für die menschliche Wirtschaft.

Ein weiteres Kennzeichen der Fonds in der Natur ist die Kuppelproduktion (siehe Kap. 13 *Kuppelproduktion*). In der Regel bringen nämlich Fonds mehr als einen Dienst gleichzeitig hervor. Ein Baum produziert in der Realisierung seiner ersten beiden Tele notwendig Blätter und Früchte, Rinde und Schatten als Dienste für andere Lebewesen. Ein überaus wichtiger Dienst, der bei allen grünen Pflanzen als Kuppelprodukt bei ihrer Photosynthese anfällt, ist der Sauerstoff, den andere höhere Lebewesen zur Atmung benötigen. Manche natürliche Lebensgemeinschaften, wie z. B. die tropischen Regenwälder, ›produzieren‹ im Zusammenspiel ihrer Fonds sogar ihr Klima selbst.

Alle diese Aussagen gelten nicht mehr, wenn in natürlichen Lebensgemeinschaften eine dominante Art auftritt, die mit ihren technischen Fähigkeiten andere Arten nach Belieben dienstbar machen und ausbeuten kann und dabei sich selbst fast weitgehend aus den Ordnungen des Dienens herausnimmt. Wenn eine solche

Art sich global ausbreitet, wird sie das Leben der anderen Arten und damit auch ihr eigenes gefährden und im Extremfall die Evolution des Lebendigen selbst auf Spiel setzen. Ist der Mensch als eine solche Art anzusehen?

Wichtig zu wissen: Natur ohne Mensch – ein Idealzustand?
Die Natur darf nicht glorifiziert werden. Massenhaftes Sterben durch Katastrophen wie Erdbeben, Vulkanausbrüche, Überflutungen, Klimaveränderungen und Meteoriteneinschläge gehört zur Evolution. Im Gleichgewicht der natürlichen Ökosysteme ist „Fressen und Gefressen-Werden" enthalten. Das bedeutet für Beutetiere eine ständige Bedrohung sowie Schmerz und Leid, wenn sie zur Beute ihrer Fressfeinde werden.

16.4 Die drei Tele und der Mensch

Wenn wir ein Tier in der Wildnis aufwachsen sehen, können wir die Grundstrukturen seines Daseins sowie seine Verhaltensmuster bereits im Vorhinein ungefähr bestimmen. Das ermöglicht uns, gewisse Aussagen über seine Selbsterhaltung und Selbstentfaltung, sein erstes Telos, zu machen: Wir wissen, welchen Lebensraum es beansprucht, welche Tiere oder Pflanzen es verzehren wird, welche Feinde ihm gefährlich werden, wie es sich charakteristischerweise bewegt, wieviel Nachkommen es unter normalen Umständen hervorbringen wird, wie alt es werden kann. Auch der Mensch ist als Lebewesen durch die drei Tele bestimmt. Aber etwas Entscheidendes ist beim Menschen anders. Der Mensch bestimmt sich selbst, er versucht es zumindest. Menschen wollen selbst frei wählen, wie sie ihr Leben führen, es erhalten und entfalten – für sich und in Gemeinschaft mit anderen Menschen. Die Idee der individuellen Freiheit, die den Kern der Selbstbestimmung bildet, ist der Grund dafür, dass sich die persönliche Form der Selbsterhaltung und Selbstentfaltung eines Menschen – im Unterschied etwa zu der einer Fliege, einer Robbe oder eines Zebras – im Vorhinein nicht leicht bestimmen lässt.

Ähnliches gilt auch für die Fortpflanzung, das zweite Telos in seiner Ausprägung durch den Menschen. Wenn ein Fasan oder eine Katze sich nicht fortpflanzt, dann liegt dies in der Regel daran, dass diese Wesen durch äußere Umstände oder einen physischen Defekt daran gehindert werden. Wenn dagegen ein Mensch kinderlos bleibt, kann es sein, dass er sich aufgrund bewusster Wahl nicht fortpflanzen will und sich somit aus freier Selbstbestimmung gegen das zweite Telos stellt. Erst recht kann er sich dem dritten Telos, dem Dienen, entgegenstellen, soweit es in seiner Macht steht. Ist es nicht geradezu ein Wesenszug des Menschseins, dass eine Person sich nach Möglichkeit dagegen wehrt, anderen Lebewesen als Lebensgrundlage zu dienen? Ohne dass der Mensch sich ganz aus den drei Tele herausnehmen kann, steht er zu ihnen in einem besonderen Verhältnis. Dieses Verhältnis wollen wir mit dem Ausdruck *Interesse* ansprechen.

Wenn das Leben, soweit es sich innerhalb der drei Tele darstellen lässt, intrinsisch nachhaltig angelegt ist, kann man fragen: Was bedeutet es, wenn in diesen Bereich der Tele der Faktor Interesse gelangt, der, so wie wir ihn definieren, insbesondere dem Menschen zukommt? Die Nachhaltigkeit des Lebens, die vom bloßen Leben her selbstverständlich erscheint, kann durch den Menschen gefährdet werden.

16.5 Die Interessen der Menschen

Aufgrund seiner Selbstbestimmung gibt der Mensch den drei Tele unterschiedliche Ausprägungen. In den Erscheinungsformen, welche die drei Tele annehmen, werden sie modifiziert. Dabei kann es geschehen, dass sie bis zur Unkenntlichkeit überformt werden oder geradezu in ihr Gegenteil umschlagen können. Diese Form ist das Interesse.

Das Wort *Interesse* stammt vom Lateinischen *interest;* dieser Ausdruck bedeutet: Etwas *ist von Wichtigkeit.* Indem ein Mensch sein Interesse wahrnimmt, wird er sich bewusst, stellt sich vor oder bildet sich ein, dass etwas für ihn wichtig ist. Interessen sind handlungsleitend: Eine Person entscheidet sich zu handeln gemäß dem, was ihr wichtig erscheint. Das Sich-bewusst-Werden oder Vorstellen gehört zum Bereich des Denkens, das Entscheiden zum Bereich des Wollens. Denken und Wollen bringen bei jedem Interesse das Moment der Freiheit ins Spiel – wenngleich stets innerhalb weiterer oder engerer Spielräume.

Statt von *Tele* lässt sich mit Bezug auf den Menschen von bestimmten *Klassen von Interessen* sprechen. Im Zusammenhang unserer Überlegungen verweist auch der Ausdruck *Interesse,* wie der Ausdruck *Telos,* auf Tendenzen oder Ordnungen hin, in denen der Mensch sein Leben und sich selbst vorfindet. Anders als *Telos* drückt Interesse jedoch stets ein mehr oder weniger freies Sich-Verhalten aus, ein Zustimmen, Umgestalten oder Ablehnen vorgefundener Tendenzen. Das Interesse enthält zwar eine bestimmte Tendenz (i.e. das Telos), aber zugleich auch die Möglichkeit, sie frei zu gestalten oder sich von dieser Tendenz partiell oder sogar insgesamt zu distanzieren. Das ist der Grund, warum sich über konkrete Interessen verhandeln lässt. Ein Mensch kann sich entscheiden, seine Interessen zurückzunehmen oder neu und anders festzulegen.

Wichtig zu wissen: Die drei Klassen von Interessen
Mit den drei Klassen von Interessen beschreiben wir drei Grundformen, in denen der Mensch die drei Tele gestalten kann. Interessen können sich auf die je eigene Person, auf Gruppen und Gemeinschaften, oder auf die ganze Menschheit in ihrer Verbindung zur Natur beziehen. Demgemäß unterscheiden wir drei Klassen von Interessen, die im Folgenden abgekürzt als Interessen bezeichnet werden:

1. Das erste Interesse geht aus vom Gesichtspunkt der eigenen Person: das Eigeninteresse.
2. Das zweite Interesse steht unter Gesichtspunkt des Gemeinschaftlichen: das Gemeinschaftsinteresse.
3. Das dritte Interesse nimmt den Gesichtspunkt der Nachhaltigkeit auf. Es ist das Interesse am Erhalt der natürlichen Lebensgrundlagen und am guten Leben der Menschen zusammen mit allen Mitgeschöpfen: das Menschheitsinteresse.

16.6   Das erste Interesse – Eigeninteresse

Das Eigeninteresse bezieht sich, wie das erste Telos, auf die Selbsterhaltung, die Selbstentfaltung und die Selbstverwirklichung eines Menschen. Aber die Entscheidung, in welcher Weise und mit welchen Zielen ein Mensch sich zu erhalten, zu entfalten und zu verwirklichen glaubt, liegt, soweit es die Umstände erlauben, bei ihm selbst, sie ist nicht objektiv festgelegt. Das Eigeninteresse umfasst die Wahl derjenigen Ziele, Mittel, Wege und Umstände, die ein Mensch jeweils als förderlich zur Realisierung seines ersten Telos ansieht. Durch diese Wahl aber unterscheidet es sich vom Telos, das eine vom Lebewesen fraglos angenommene Bestimmung ist. Menschen können fragen: Welche tägliche Nahrung möchte ich, welchen Beruf soll ich wählen? Ist die Flugreise in den Urlaub wichtig für mein Wohlergehen? Wie immer man diese Fragen für sich beantwortet – die meisten Menschen sehen ihre Freiheit darin, dass sie selbst dasjenige Leben wählen können, das ihrer Überzeugung nach für sie gut ist. Leben Menschen in Zuständen, in denen sie durch Armut, Hunger und Elend diese Freiheit nicht haben, so gelten solche Zustände als nicht menschenwürdig. Diese Menschen können ihr erstes Interesse nicht oder zu wenig zur Geltung bringen.

Die Perspektive des Eigeninteresses ist nicht langfristig angelegt, da ihr Zeithorizont oft kaum über die erwartete Lebenszeit des jeweiligen menschlichen Individuums herausreicht. Ein Mensch kann daher glauben, für sich ein gutes Leben führen zu können, auch wenn die Folgen dieser Lebensführung die natürlichen Lebensgrundlagen und damit das Leben zukünftig lebender Menschen schädigen. Wenn diese Folgen sein Privatleben nicht berühren werden, genügt es ihm.

Die tendenzielle Kurzfristigkeit des Eigeninteresses erfordert Gegensteuerung, wenn eine nachhaltige Wirtschaft und Gesellschaft erreicht werden soll. Wenn man mit der konventionellen Ökonomik annimmt, dass Menschen als Homines oeconomici ausschließlich vom Eigeninteresse geleitet werden, muss eine regulierende Instanz wie der Staat ihre Maßnahmen so vornehmen, dass auch egoistische Menschen ein Interesse an der Schonung der Lebensgrundlagen entwickeln (Manstetten, 2000). Der einfachste Weg führt über den Geldbeutel. Die

Erhebung von Abgaben auf Klimagase, Abwässer und Abfälle bewirkt eine spür-
bare Kostenerhöhung für die Entsorgung von Schadstoffen. Das führt dazu, dass
die Menschen aus Eigeninteresse weniger davon produzieren oder konsumieren.
Mit diesem Instrument scheint Nachhaltigkeit auch dann erreichbar, wenn die
große Mehrzahl der Menschen auf ihr egoistisch verstandenes Eigeninteresse
fixiert sein sollten. Es stellt sich aber die Frage, woher in einer Gesellschaft aus
ausschließlich eigeninteressierten Wesen der Impuls für die Einführung von
Umweltabgaben kommen sollte, wenn dadurch das Leben für alle Egoisten teurer
wird, während der Nutzen dieser Abgaben in ihr privates Wohlergehen möglicherweise überhaupt nicht einfließt. Denn eine demokratisch verfasste Gesellschaft
braucht für die Verabschiedung von politischen Instrumenten wie den Umweltabgaben ein Bewusstsein für die Notwendigkeit, das Eigeninteresse einzuschränken (vgl. Kap. 5 zu *Menschenbildern*).

16.7   Das zweite Interesse – Gemeinschaftsinteresse

Wie jede Art von Lebewesen erhält sich auch die Menschheit in ihrem Bestand
durch Fortpflanzung. Jedoch realisiert die Menschheit ihr zweites Telos in
einer Weise, die im Bereich des Lebendigen keine Parallelen hat. In den letzten
Jahrtausenden hat die Anzahl der Exemplare der Spezies Mensch massiv
zugenommen, sodass inzwischen statt einigen Millionen mehr als acht Milliarden
Menschen die Erde bevölkern. Der Mensch kann sein zweites Telos aber nicht nur
derart zum Interesse machen, dass er möglichst viele Nachkommen hervorbringt
und aufzieht, sondern eine Person kann sich auch bewusst dagegen stellen, überhaupt Nachkommenschaft zu haben. Auch Institutionen können das zweite Telos
der Menschen überformen, etwa indem ein Staat verbietet, dass eine Frau mehr
als ein Kind bekommen darf, wie es lange Zeit in der Volksrepublik China der Fall
war.

   Der Horizont für das zweite Telos ist beim Menschen das Gemeinschaftsinteresse. Denn Menschen sind in hohem Maße auf Gemeinschaften angewiesen
und von ihnen abhängig. Vom Individuum aus gesehen fordert das Gemeinschaftsinteresse, nicht im privaten eigenen Sinn, sondern im Sinne einer Gemeinschaft,
der man angehört oder sich zurechnet, zu handeln. Das Gemeinschaftsinteresse
entfaltet sich in unterschiedlichen Gestalten.

Wichtig zu wissen: Formen des Gemeinschaftsinteresses
- In den meisten Kulturen besteht die ursprünglichste Form der Gemeinschaft in der Familie oder in familienähnlichen Strukturen. Gemeinschaften, die sich durch die Weitergabe menschlichen Lebens konstituieren,
  bilden den Rahmen für das zweite Telos, wie es Menschen realisieren.
- Fast jeder Mensch ist heute im Privatleben wie im Beruf Teil von Gemeinschaften wie Vereinen, Betrieben, Organisationen in Wirtschaft, Ver-

waltung, Wissenschaft und Recht. Die Interessen dieser Gemeinschaften wirken sich mehr oder weniger prägend auf die Lebensführung aus.

- Der Staat, als dasjenige Gemeinwesen, in dessen Grenzen, in dessen Institutionen und unter dessen Gesetzen eine Person lebt, ist eine besonders bedeutsame Form von Gemeinschaft, die eigenständige Interessen ausbildet.

Jede Gemeinschaft stellt moralische Ansprüche an die ihr zugehörigen oder ihr verbundenen Individuen: Erwartet wird die Bereitschaft, die Verwirklichung das Eigeninteresse in die Belange der Gemeinschaft einzuordnen oder sie eventuell ganz zugunsten der Gemeinschaft zurückzustellen. Verantwortung (vgl. Kap. 6 *Verantwortung*) kann in der Regel nur im Austausch mit anderen Menschen und damit in Beziehung auf eine Gemeinschaft oder Gesellschaft wahrgenommen werden. Die Fähigkeiten, die für ein gutes mitmenschliches Zusammenleben erforderlich sind, werden in der Regel nur in Gemeinschaften erlernt und können auch nur in Gemeinschaft praktiziert werden.

Allerdings ist das Gemeinschaftsinteresse aus ethischer Sicht nicht notwendig gut. Denn Gemeinschaften neigen dazu, eine Art Wir-Gefühl zu produzieren, indem sie bestimmte Vorstellungen von ihrer Identität ausbilden. Diese behauptete Identität ermöglicht ihnen, sich von anderen Gemeinschaften und deren Mit-gliedern abzugrenzen. Der eigenen Identität kann dabei eine Sonderstellung oder ein Vorrang gegenüber anderen Identitäten zugesprochen werden. So geschieht es häufig, dass Menschen, die unterschiedlichen Gemeinschaften angehören, einander mit Respektlosigkeit, Diskriminierung, Verachtung, Hass und Feindschaft begegnen. Gemeinschaften können einander bekämpfen, oder, als Staaten, auch bekriegen.

16.8   Das Gemeinschaftsinteresse, der Staat und das Problem der Nachhaltigkeit

Gemeinschaftsinteressen sind strukturell auf Dauer angelegt. Denn in der Regel soll die Gemeinschaft nicht mit dem Ausscheiden bestimmter Mitglieder zugrunde gehen, sondern im Wechsel ihrer Mitglieder fortbestehen. Die Ausrichtung auf Dauer wird häufig in Regelwerken und Statuten der Gemeinschaft festgehalten, die den Umgang der Mitglieder untereinander regulieren sollen. Das gilt ins-besondere für den Staat und seine Institutionen. Die Verfassung moderner Staaten verpflichtet in der Regel die staatlichen Akteure, nichts zu unternehmen, was den Fortbestand des Staates gefährdet. Daraus folgt, dass ein Staat auf Nachhaltigkeit angelegt ist. Angesichts der Erkenntnisse über den menschengemachten Schwund der natürlichen Lebensgrundlagen ist der Staat mit seiner Macht, Regeln zu setzen, der geeignete Adressat für Forderungen einer weitreichenden Nachhaltig-keitspolitik.

Es zeigt sich jedoch, dass viele Staaten trotz dieser Verpflichtung auf Nachhaltigkeit oft nicht einmal den inneren Zusammenhalt ihrer Gesellschaft sichern können. Wenn ein Staat extreme Ungleichheit von Einkommen und Vermögen duldet, willkürlich Privilegien im Interesse bestimmter Gruppen verteilt und andere Gruppen benachteiligt, wenn notwendige Infrastrukturmaßnahmen unterlassen, Bildung und Gesundheit vernachlässigt werden. Wenn autokratische und diktatorische Regimes sich mehr für die Eigeninteressen der Herrschenden und ihrer Verbündeten als für Belange ihrer Bevölkerung engagieren, sind größere Anstrengungen für eine nachhaltige Entwicklung kaum zu erwarten. Größere Transformationen werden erst recht ausbleiben, wo Staaten bereit sind, mit Krieg zu drohen oder Krieg zu führen (Manstetten et al., 2021). Dass gegenwärtig Staaten mit beträchtlicher Macht und Wirtschaftskraft aufgrund ihres angeblichen nationalen Gemeinschaftsinteresses kriegerische Übergriffe auf benachbarte Territorien rechtfertigen, fordert die Staaten, denen diese Territorien unterstellt sind, zur Abwehrbereitschaft auf, die ihrerseits unter Umständen ebenfalls in Kriegsbereitschaft umschlagen kann. Das Ergebnis ist, dass Bemühungen, die für eine sozialökologische Wende dringend erforderlich wären, zu einem nicht geringen Teil in den Aufbau von militärischer Infrastruktur und Rüstungsanstrengungen investiert werden. Wenn dann in der Tat Kriege ausbrechen, überlagern die damit verbundenen Folgen fast völlig die Aufgabe, natürliche Lebensgrundlagen zu schützen und zu bewahren.

Wichtig zu wissen: Der Staat und das Interesse der Menschheit
Ein Staat ist verpflichtet, für seinen Fortbestand zu sorgen. Daraus ergibt sich die Aufgabe, natürliche Lebensgrundlagen zu bewahren. Viele Staaten nehmen diese Aufgabe jedoch allenfalls in Ansätzen wahr. Das gilt nicht nur für Staaten mit korrupten oder diktatorischen Regimes. Natürliche Lebensgrundlagen haben keine territorialen Grenzen, sodass ein Staat ohne Kooperation mit anderen Staaten oft wenig ausrichten kann. Außerdem wird der Einsatz für Nachhaltigkeit im Wahlzyklus von den Wählerinnen und Wählern nicht immer gewürdigt. Solange unterschiedliche Staaten und Gesellschaften sich nicht auf ein gemeinsames Interesse der Menschheit einigen, steht zu erwarten, dass einer staatlichen Gemeinschaft oder den in ihr herrschenden Gruppierungen Sondervorteile wichtiger sind als die Bewahrung der Lebensgrundlagen der Menschheit und das Leben der Natur.

16.9   Das Menschheitsinteresse

Von Menschen unberührte Ökosysteme, wie sie unter der Perspektive der drei Tele dargestellt wurden, sind inzwischen auf der Erde die Ausnahme, und ihre Anzahl nimmt weiter ab. Die natürlichen Strukturen eines Ausgleichs von Dienstgabe und Dienstnahme, wie sie vor dem Auftreten des Menschen vorfindlich waren, existieren heute fast nur noch als Idee. Zugleich kann sich der Mensch als biologische Art dem dritten Telos in beispielloser Weise entziehen. Die Dienste, die der Mensch den gegenwärtigen Ökosystemen auf der Erde leistet, lassen ihn nur in Ausnahmefällen als einen Fonds für das Leben, im Normalfall aber als eine Quelle von Schadleistungen erscheinen.

Wegen des ungeheuren Gefahrenpotenzials für die natürlichen Lebensgrundlagen, dass von der Spezies Mensch ausgeht, trägt sie eine besondere Verantwortung für das Leben auf der Erde und seine weitere Entwicklung. Es wird gelegentlich die Frage gestellt, ob es wünschbar wäre, die Natur wieder in einen Zustand zurückzuführen, worin die Überformungen durch die Interessen der Menschen ganz verschwinden würden. Das liefe wahrscheinlich auf das Verschwinden der Art Mensch hinaus. Es ist zwar denkbar, dass dies geschieht, aber dass die die Menschheit ihr eigenes Aussterben als Ziel anstrebt, ist widersinnig. Dagegen spricht schon, dass der Mensch als Lebewesen nie ganz aus den drei Tele heraustreten kann. So gilt für seine Art wie für alle andere Arten die Tendenz, den Bestand der Spezies zu erhalten. Bereits vom zweiten Telos aus gesehen, muss es ein Interesse der Menschheit an ihrem Fortbestand geben.

Aus der Perspektive des zweiten Telos kann man sich jedoch vorstellen, dass die Menschheit in Zukunft durch umweltfreundlichen Konsum und schonende Technologien, zu einer nachhaltigeren Nutzung der Natur gelangt. Dadurch könnten direkte Schädigungen zukünftiger Generationen vermieden, aber möglicherweise alle nicht zwingend lebensnotwendigen, aber doch lebenswerten Bereiche des Natürlichen zerstört werden. Diese Rechnung geht jedoch nicht auf. Denn es besteht prinzipielles Unwissen (siehe Kap. 12 zu *Unwissen*) darüber, ob nicht gerade das Natürliche, das man in dieser Weise zerstört oder seinem Untergang überlässt, sich als notwendig für die Menschheit erweisen könnte. Überdies erscheint die ganze Menschheit in dieser Idee eines solchen Interesses wie ein ungeheurer, aus allen Menschen zusammengesetzter Homo oeconomicus, dem es ohne Rücksicht auf seine Mitgeschöpfe nur um maximale Bedürfnisbefriedigung geht, wobei die anderen Arten nur in dem Maße berücksichtigt würden, wie es unvermeidlich wäre.

Eine solche Idee des Interesses der Menschheit knüpft nahtlos an den mit dem Beginn des 17. Jahrhunderts ansetzenden, bis heute fortgesetzten Versuch, durch maximale Beherrschung und Ausbeutung der Natur das Wohlergehen der Menschheit zu sichern. Es ist nicht zu bestreiten, dass es seither weltweit durch kontinuierlichen technischen und wirtschaftlichen Fortschritt zu einer gesteigerten Lebenserwartung der Menschen und einem hohen Niveau der Bedürfnisbefriedigung in den reicheren Ländern der Erde gekommen ist. Der Anteil der Hungernden an der Weltbevölkerung ist in den letzten fünfzig Jahren insgesamt gesunken, ausreichende Ernährung, medizinische Versorgung und Bildung sind weltweit einer größeren Anzahl Menschen zugänglich als zu anderen Zeiten.

Die Menschheit hat diesen Weg der Naturbeherrschung unter einer Perspektive unternommen, die insbesondere für die Ökonomik bis in unsere Zeit wegweisend war: Das Interesse der Menschheit wurde und wird in *Verbesserung der Lebensbedingungen* der Menschen gesehen. Dieses Ziel wurde von dem Begründer der klassischen Ökonomik, Adam Smith, ausdrücklich formuliert. Während aber Smith die Bedeutung eines universellen Wohlwollens hervorhob, das sich auf alle fühlenden Wesen und nicht nur auf Menschen erstreckt, brachte die Folgezeit eine einseitige Fixierung auf das Wohlergehen der Spezies Mensch (Faber & Manstetten, 2014, S. 106–107). Die Einseitigkeit des in dieser Weise verstandenen Interesses der Menschheit zeigt sich im Ausschluss der anderen fühlenden Wesen. Die Tiere, soweit ihre Anzahl und Artenvielfalt nicht durch Überjagung, Überfischung und Zerstörung von Lebensräumen dezimiert wird, leiden im Machtbereich des Menschen unter Massentierhaltung, maschinenmäßigem Sterben und wissenschaftlichen Versuchen, die in ihren Leib und ihr Leben eingreifen.

> **Wichtig zu wissen: Das Interesse der Menschheit und die Beherrschung der Natur**
> Naturbeherrschung durch Technik gehört zu den Grundlagen des Lebens moderner Gesellschaften weltweit. In der Art, wie sie in den letzten Jahrhunderten praktiziert wurde, ist sie nicht nachhaltig. Die Entwicklung und der Einsatz von ressourcensparenden und umweltschonenden Technologien in großem Stil sind unverzichtbar für sozial-ökologische Transformationen. Diese Transformationsprozesse dürfen jedoch nicht auf die langfristige Erhaltung der gegenwärtigen Formen der Bedürfnisbefriedigung von Mitgliedern der Spezies Mensch fixiert sein. Denn darin liegt eine fundamentale Ungerechtigkeit gegenüber dem Leben der nicht-menschlichen Arten sowie gegenüber der Natur.

16.10 Das Menschheitsinteresse als Verantwortung für die Schöpfung – Ideen von Albert Schweitzer und Hans Jonas

Noch bevor die Umweltkrise sichtbar wurde, formulierte Albert Schweitzer eine Ethik, deren Basis die Ehrfurcht vor dem Leben darstellt. Erfülltes Menschsein – so erfuhr es Schweitzer – ist nur in der Gemeinschaft aller Kreaturen möglich, also in Verbundenheit mit allem pflanzlichen und tierischen Leben. Das recht verstandene Interesse der Menschheit schließt im Sinne Schweitzers ausdrücklich das dritte Telos der Lebewesen mit ein, denn Menschsein bedeutet, sich frei und bewusst in den Dienst nehmen zu lassen für die weitere Entfaltung des Lebens auf der Erde. Hans Jonas (1903–1993) sah bereits 1979 die Bedrohungen für das Überleben der Menschheit. Die Verantwortung, die die Menschen auf sich nehmen müsse, beziehe sich auf die Existenz der Menschheit: „Handle so, dass die Wirkungen deiner Handlung verträglich sind mit der Permanenz echten menschlichen Lebens auf Erden. Oder negativ ausgedrückt: Handle so, dass die Wirkungen deiner Handlung nicht zerstörerisch sind für die künftige Möglichkeit solchen Lebens" (Jonas, 1979, S. 36). Was Jonas echtes menschliches Leben nennt, ist ein Leben, das sich nicht gegen andere Arten und die Entwicklung der Natur richtet, sondern vielmehr auf der Anerkennung eines Eigenrechtes des Natürlichen beruht.

16.11   Was folgt aus dem Interesse der Menschheit?

Das Interesse der Menschheit ist nicht gleichbedeutend mit dem einem Interesse, dem alle auf der Erde lebenden Menschen oder eine Mehrheit der acht Milliarden Menschen die Zustimmung geben. Will man wissen, was das Eigeninteresse einer Person ist, kann man sie um Auskunft bitten. Das Gemeinschaftsinteresse manifestiert sich in den Beschlüssen, die im Namen der Gemeinschaft gefällt werden. In Staaten wie der Schweiz wird das Interesse der Personen, die diesem Staat angehören, durch Volksabstimmungen festgestellt. Es gibt jedoch kein Verfahren, eindeutig festzustellen, was das Interesse der Menschheit ist und welche Konsequenzen sich daraus ableiten lassen. Was lässt sich unter diesen Umständen über das Interesse der Menschheit aussagen?

Immanuel Kant forderte von jedem Menschen, die Menschheit in der eigenen Person so sehr zu achten, dass kein anderes Ziel über diese Menschheit gestellt werden dürfe (Kant, 1974, S. 61). Mit Kant gehen wir davon aus, dass, wenn auch vielleicht in einem undeutlichen und auch uneindeutigen Sinne, im Bewusstsein eines jeden Menschen die Dimension der Menschheit präsent ist. Inwieweit man daraus eindeutige Interessen, gar konkrete Handlungsanweisungen ableiten kann, wird Gegenstand von Kontroversen und politischen Auseinandersetzungen bleiben. Aber mit Sicherheit lässt sich sagen: Wo die Idee der einen Menschheit ernstgenommen wird, wo man sich ernstlich bemüht, das Handeln am Interesse dieser Menschheit zu orientieren, werden alle privaten Eigeninteressen und alle begrenzten Gemeinschaftsinteressen relativiert. Das Interesse der Menschheit verlangt, private Einzel- und partikuläre Gruppeninteressen nicht zu wichtig zu nehmen, sie zu überdenken, im Lichte höherer Gesichtspunkte anzupassen oder ganz zurückzunehmen. Formen der Bedürfnisbefriedigung und Konzepte des Wohlergehens, die für Einzelpersonen oder für ganze Gesellschaftsschichten selbstverständlich erscheinen, geraten auf den Prüfstand, und zugleich macht jedes Sich-Zurücknehmen offen für Neues. Neue Formen des Lebens der Menschen und des Mitlebens mit der Natur erscheinen am Horizont und was vorher undenkbar war, wird möglich.

Wichtig zu wissen: Zeichen der Veränderung

Am 20. August 2018, dem ersten Schultag nach den Ferien, platzierte sich die 15-jährige Schülerin Greta Thunberg mit einem Schild mit der Aufschrift „Skolstrejk för klimatet" („Schulstreik für das Klima") vor dem Schwedischen Reichstag in Stockholm. Das war eine entscheidende Wegmarke im Kampf gegen den Klimawandel. Was immer seitdem erreicht oder nicht erreicht wurde, Greta Thunbergs Schulstreik hat ein Zeichen gesetzt, das Hoffnung macht. Es wird immer, wenngleich unberechenbar und unvorhersehbar, Impulse geben, wie sie von individuellen Aktionen wie der von Greta Thunberg ausgegangen sind. Es ist möglich, dass solche Impulse Gesellschaften und Staaten verändern und entscheidend zu den anstehenden Transformationen beitragen.

Literatur[6]

Faber, M., & Manstetten, R. (2003). *Mensch-Natur-Wissen: Grundlagen der Umweltbildung*. Vandenhoeck & Ruprecht.

Faber, M., & Manstetten, R. (2014). *Was ist Wirtschaft?: Von der politischen Ökonomie zur ökologischen Ökonomie*. Verlag Karl Alber.

Georgescu-Roegen, N. (1971). *The entropy law and the economic process*. Harvard University Press.

Jonas, H. (1979). *Das Prinzip Verantwortung. Versuch einer Ethik für die technologische Zivilisation*. Suhrkamp.

Kant, I. (1974). *Kritik der praktischen Vernunft. Grundlegung zur Metaphysik der Sitten: Bd. VII* (W. Weischedel, Hrsg.; 2. Auflage), Suhrkamp.

Manstetten, R. (2000). *Das Menschenbild der Ökonomie: Der homo oeconomicus und die Anthropologie bei Adam Smith*. Karl Alber.

Manstetten, R., Kuhlmann, A., Faber, M., & Frick, M. (2021). Grundlagen sozial-ökologischer Transformationen: Gesellschaftsvertrag, Global Governance und die Bedeutung der Zeit. *ZEW-Discussion Paper, 21*(034).

Spaemann, R., & Löw, R. (1991). *Die Frage wozu? Geschichte und Wiederentdeckung des teleologischen Denkens*. Piper.

---

[6]Die Inhalte dieses Konzeptes basieren auf: Faber, M., Frick, M., Zahrnt, D. (2019) MINE Website, Absolute & Relative Scarcity, www.nature-economy.com.

Resümee und Ausblick

17

Inhaltsverzeichnis

Unsere Überlegungen haben 14 Konzepte zusammengeführt, die uns für das Verständnis und die Lösung von Umweltproblemen besonders wichtig erscheinen. Allerdings wurde hier kein Handbuch der Umwelt- und Nachhaltigkeitsproblematik vorgelegt, aus dem sich so etwas wie ein vollständiges Gesamtbild ergeben könnte. Stattdessen behandeln wir einzelne Aspekte. Zwar könnte es scheinen, als sei die Auswahl beliebig, denn eines der Auswahlkriterien war die Tatsache, dass ein bestimmtes Thema eine Zeitlang oder permanent Gegenstand der Forschungen der Gruppe um Malte Faber war. Aber hinter dieser Auswahl, wie sie sich im Einzelnen zufällig ergeben mochte, stand stets der Antrieb, ein Umweltproblem – sei es Abwasser, Abfall, oder Klima, sei es die Organisation von Umweltpolitik, so umfassend und gründlich zu erfassen, dass nach Möglichkeit kein relevanter Aspekt übergangen wurde. Daraus ergab sich, dass die Untersuchungen stets interdisziplinär angelegt waren und die Herangehensweise, auch wenn sie bei einem Spezialproblem ansetzte, darauf ausgerichtet war, allgemeine Strukturen offenzulegen. Alle behandelten Fragen und Themen wurden in den Horizont möglicher Praxis gestellt, und die gewonnenen Erkenntnisse sind zu einem nicht geringen Teil auch direkt in die Politikberatung eingeflossen. Daher sind wir überzeugt, dass unsere Konzepte, zusammengenommen, prinzipiell geeignet sind, auf unterschiedliche Weise wesentliche und für praktische Entscheidungen nützliche Gesichtspunkte von Umweltproblemen hervorzuheben.

M. Faber et al., *Nachhaltiges Handeln in Wirtschaft und Gesellschaft*,
SDG – Forschung, Konzepte, Lösungsansätze zur Nachhaltigkeit,
https://doi.org/10.1007/978-3-662-67889-3_17

In der Rückschau wollen wir einige wesentliche Punkte nennen, auf die es uns in den vorausgegangenen Überlegungen ankam.

- Wir haben skizziert, wie die vierzehn Konzepte unseres Buches für die Erschließung von konkreten Umweltproblemen genutzt werden können.
- Es wurde eine Schrittfolge vorgeschlagen, in der man diese Konzepte studieren und in ihrem inneren Zusammenhang erkennen kann.
- Es war uns ein besonderes Anliegen, durch unsere Herangehensweise die Leserinnen und Leser zu eigenständigem Nachdenken anzuregen und zu Transferleistungen zu ermuntern. Das gilt besonders für Themen wie *Thermodynamik*, *Kuppelproduktion*, *Urteilskraft* und *Unwissen*.
- Mit der Themenwahl haben wir Anstöße für einen Katalog an interdisziplinären Fragestellungen gegeben, mit dem Umweltprobleme analysiert werden können. Dabei sind Unterschiede zu beachten: Fragen der Kuppelproduktion und der Knappheit sind buchstäblich für jedes Umweltproblem von Relevanz. Unwissen ist gewissermaßen ein Merkposten, der immer zu berücksichtigen ist, um Reichweite und Wert der Erkenntnisse über Umweltprobleme angemessen einschätzen zu können. Zeitlichen Aspekten, wie *Irreversibilität*, *Chronos*, *Kairos*, *Sinn für Zeit* und *Beständen*, haben wir die Aufmerksamkeit gegeben, die gerade für Umweltprobleme erforderlich ist. *Entropie* und *Evolution* bilden einen zwar stets präsenten Hintergrund, müssen aber bei konkreten Untersuchungen spezifischer Umweltproble nicht in jedem Fall thematisiert werden. Die Bedeutsamkeit von Konzepten wie den letztgenannten besteht vor allem darin, dass sie einen Horizont bilden, innerhalb dessen konkrete Probleme sinnvoll eingebettet und betrachtet werden können.
- Unser Buch zielt auf Praxis. Es ist zwar der Form nach ein theoretischer Text, insofern Theorien und Ansätze aus unterschiedlichen Wissenschaften aufgegriffen und weiterentwickelt werden. Aber alle hier vorgestellten Konzepte sind im Hinblick auf mögliches Handeln angelegt. Aus diesem Grund haben wir zahlreiche Beispiele gegeben. Die Adressaten sind demgemäß Menschen, die Umweltprobleme umfassend verstehen wollen, um im Rahmen ihrer Möglichkeiten zu notwendigen Veränderungen beizutragen.
- Von den Konzepten unseres Buches bis zur konkreten Praxis ist ein beträchtliches Stück Weges zu gehen. Denn keines der Konzepte kann unmittelbar in Handeln übersetzt werden. Für die Vermittlung zwischen Theorie und Praxis sind Zwischenschritte zu vollziehen, die im Vorhinein nicht abzusehen sind. Da die Vermittlung von den Umständen und den darin sich eröffnenden Möglichkeiten abhängen, bedarf es dazu der *Urteilskraft*.

Dass manche Leserinnen und Leser in diesem Buch Themen und Fragen vermissen, die ihnen wichtig erscheinen, konnte nicht vermieden werden. Aber einiges, was zur Sache gehört und dennoch hier fehlt, möchten wir von unserer Seite her ansprechen. Da unser eigentliches Anliegen der Übergang von theoretischen Konzepten, welche die Probleme in ihren wesentlichen Zügen erschließen, zu praktischem Tun ist, wollen wir abschließend drei Problemfelder nennen, zu denen im Sinne unserer Intentionen etwas gesagt werden müsste, die aber in unserer bisherigen Forschung nicht angemessen bearbeitet wurden. Es handelt sich um

- die Bedeutung der Verteilung von Einkommen und Vermögen,
- das Problem der Medien,
- den Komplex der Macht.

17.1   Die Bedeutung der Verteilung von Einkommen und Vermögen

In globalem Maßstab sind Einkommen und Vermögen sehr ungleich verteilt. In vielen Staaten gibt es extreme Unterschiede zwischen Reich und Arm, und extreme Unterschiede gibt es auch zwischen reichen Ländern wie den USA oder der Schweiz und armen Ländern wie Mozambique oder Madagaskar. Ungleichheit ist, ganz unabhängig von Umweltproblemen und Nachhaltigkeitsfragen, eine Herausforderung innerhalb von Gesellschaften wie auch in globaler Perspektive. Einem scheinbar grenzenlosen Handlungsspielraum seitens der Besitzenden steht Ohnmacht, Unzufriedenheit, Resignation oder auch Empörung gegenüber von Seiten derer, die vom Reichtum – und damit von den Früchten dessen, was die Menschheit insgesamt oder die eigene Gesellschaft leistet -, ausgeschlossen sind. Abgesehen von moralischen Bewertungen ist zu bedenken, dass aus Ungleichheit soziale Spannungen resultieren, die immer wieder zu Krieg und Bürgerkrieg führen und Migrations- und Fluchtbewegungen auslösen. Die Ungleichverteilung von Einkommen und Vermögen hat auch Einfluss auf Machtstrukturen. Wir haben in unseren Überlegungen zum *Homo politicus* (vgl. Kap. 5 zu *Menschenbildern*) die Bedeutung von Mehrheitsfähigkeit und Konsens hervorgehoben. Aber abgesehen von den Möglichkeiten der Reichen, viele Menschen über die Medien zu beeinflussen, können sie schon durch ihre Finanzmacht und ihren Einfluss auf die Politik mit ihrer Lobby-Arbeit anstehende Veränderungen verzögern oder ganz verhindern, wenn sie nicht gar in ihrem Sinne Entwicklungen anstoßen, die den Zielen der Gerechtigkeit und Nachhaltigkeit direkt entgegenlaufen. Die Unterschiede zwischen Arm und Reich machen sich auch im Umgang mit den natürlichen Lebensgrundlagen deutlich bemerkbar. Verglichen mit den anderen Bevölkerungsschichten ist der Pro-Kopf-Verbrauch der Umwelt bei den Reichen um ein Vielfaches höher. Zugleich können sie sich deutlich besser als die Ärmeren gegen negative Umwelteinflüsse schützen. Überdies können die Eliten über Medien und Politik wirkmächtigen Widerstand gegen Umweltgesetzesänderungen organisieren. „Der Widerstand der Eliten ist ein unausweichliches Faktum, in der heutigen Epoche (mit ihren transnational operierenden Milliardären, die reicher als ganze Staaten sind) mindestens so sehr wie zur Zeiten der Französischen Revolution" (Piketty, 2022, S. 25).

Wenn vor allem linke Gruppierungen oft wenig Respekt vor den Institutionen des Rechtes zeigen, liegt das darin begründet, das bestehende Eigentumsverhältnisse in liberalen Rechtsstaaten prinzipiell durch Verfassung und Gesetzgebung geschützt werden. Einer schier grenzenlosen Vermehrung von Einkommen und Vermögen wird durch geltendes Recht keinerlei Schranken gesetzt. Recht und Gesetz bieten keine Handhabe für weitreichende Umverteilungen. Zugleich ist zu bedenken, dass radikale Umverteilungsmaßnahmen ihrerseits zu massiven Spannungen und Konflikten und damit zu sozialer Instabilität führen können.

17.2 Das Problem der Medien

Umwelt- und Nachhaltigkeitsprobleme müssen in einer Gesellschaft Aufmerksamkeit erlangen, damit sie als Probleme wahrgenommen und von Wirtschaft und Politik aufgegriffen werden. Essenziell für soziale Aufmerksamkeit ist die Art und Weise, wie Probleme kommuniziert werden. Am Anfang dieser Kommunikation stehen die Wissenschaften mit ihren Hypothesen, Theorien und in transparenten Verfahren überprüften Erkenntnissen. Von dort können Mahnungen, Warnungen und Vorschläge für Veränderungen ausgehen. Was davon aber bei politischen Parteien, Administrationen, Wirtschaftsunternehmen, kulturellen Organisationen sowie bei Bürgerinnen und Bürgern ankommt, ist nur teilweise von den Wissenschaftlerinnen und Wissenschaftlern abhängig. Denn die Kommunikation ist eine Angelegenheit von Medien – und daher auch eine Angelegenheit von Personen, Unternehmen und Organisationen, die sich auf die Handhabung medialer Kommunikation auf unterschiedlichen Kanälen verstehen. Ob und wie die sachlichen Informationen und ihre theoretische Einordnung seitens der Wissenschaft in den Medien halbwegs erhalten, mehr oder weniger stark modifiziert oder auch völlig verzerrt werden, ist von Fall zu Fall verschieden. Angemessenes Handeln in umweltpolitischen Fragen setzt zwar nicht eine perfekte Informationsbasis voraus. Aber es erfordert Beteiligte, die sich um bestmögliche Informationen bemühen und genug Urteilskraft besitzen, um offensichtliche Fehlinformationen (Fake News) als solche zu erkennen, und die sich ihrer Verantwortung bewusst sind.

17.3 Das Problem der Macht

Lösungen von Umwelt- und Nachhaltigkeitsproblemen müssen durchgesetzt werden, und wer etwas durchsetzen will, braucht Macht. Von Macht ist oft die Rede, aber was Macht ist, lässt sich nicht leicht definieren. Macht im einfachsten Sinne ist das Vermögen einer Person, durch eine Handlung ein selbstgesetztes Ziel zu verwirklichen. Aber zur politischen Macht gehört immer eine Vielzahl von Personen in einem gesellschaftlichen Kontext. Demgemäß schreibt Max Weber „Macht bedeutet jede Chance, innerhalb einer sozialen Beziehung den eigenen Willen auch gegen Widerstreben durchzusetzen, gleichviel worauf diese Chance beruht". Spricht man in der Sphäre des Politischen von Macht, so bezieht man sich nicht auf eine isolierte Handlung, sondern auf ein «Ensemble von koordinierten Handlungen» (Foucault). Macht ist demgemäß die Fähigkeit, ein solches Ensemble, wie man es strukturell immer schon in der Gestalt von

Institutionen und Organisationen vorfindet, zu beeinflussen und in eine bestimmte Richtung zu lenken, im Fall von Transformationen ist dies eine Richtung, die in den bisherigen Handlungsabläufen so nicht vorgesehen war. In unseren Konzepten gehört Macht in diesem Sinne in den Bereich des *Homo politicus* (vgl. Kap. 5 zu *Menschenbildern*). Der Einsatz von Macht beginnt nie am Nullpunkt, sondern selbst die Macht für einen Neuanfang setzt bereits vorhandene Macht voraus. Diese Seite der Macht wäre, in der Sprache unserer Konzepte, unter dem Thema Bestände (vgl. Kap. 14) anzusprechen. Um Macht genauer zu bestimmen, müsste man diesen Begriff abgrenzen vom Begriff der Gewalt oder vom Begriff der Herrschaft. Die Debatte darüber, wie derartige Abgrenzungen zu leisten wären, ist in der Politischen Philosophie des 20. Jahrhunderts durchaus kontrovers geführt worden. Max Weber hebt anlässlich der Ausübung von Macht das Moment des stets zu überwindenden Widerstandes hervor, weshalb er Gewalt als für Macht nahezu unentbehrliches Mittel ansieht. Hannah Arendt betont dagegen, dass das Wesen der Macht gerade nicht in Gewalt, sondern in der mehr oder weniger willentlichen Mitwirkung aller an dem anstehenden Handlungsensemble Beteiligten besteht.[1]

Umwelt- und Nachhaltigkeitsziele auf dem Feld des Politischen zu realisieren bedeutet, Macht für ihre Durchsetzung zu gewinnen und diese Macht so lange zu erhalten, bis diese Ziele erreicht worden sind. Eine solche Macht bedarf, wie alle Macht, entsprechender Mittel: Dazu gehören materielle Ressourcen, Finanzen, Netzwerke, Verbände, Administrationen, Organisationen wie Parteien und NGOs, politische Zusammenschlüsse wie Koalitionen, dazu gehört öffentliches Eintreten und Werben für die Ziele in allen Medien, so dass sie im gesellschaftlichen Diskurs ständig präsent sind. Das Zusammenbringen dieser Mittel und ihre Ausrichtung auf ein bestimmtes Ziel ist eine der wesentlichen Aufgaben politischer Akteure. Die Organisation, Ausübung und Bewahrung dieser Macht im Sinne der *Verantwortung* (vgl. Kap. 6) für diese Ziele bedarf der *Urteilskraft* (vgl. Kap. 7) von *Homines politici*. Darzustellen und zu begründen, was hier im Einzelnen zu leisten ist, überschreitet die Möglichkeiten dieses Buches bei weitem. Aus langjähriger Erfahrung auch in der Politikberatung in der Bundesrepublik Deutschland, in Großbritannien, den USA und der Volksrepublik China möchten wir jedoch einige Schlaglichter auf dieses Thema werfen.

a) Wer sich für weitreichenden Umweltschutz und umfassende Nachhaltigkeitsziele einsetzt, ist im Allgemeinen nicht auf der Seite der politisch maßgeblichen Mehrheit. Gerade wenn eine neue Problematik aufkommt, sind die Umweltschützer zunächst die Schwächeren. Das bedeutet, dass die Macht der Gegner in der Regel überlegen ist. Daher sind Umweltbewegungen zumindest in ihren Anfängen so etwas wie eine «bedrohte Spezies». Da der Umweltschutz, von der Macht her gesehen, in der Regel auf der schwächeren Seite steht, ist er auf die

---

[1] Die Überlegungen dieses Abschnittes beziehen sich auf den Artikel von Paulick (2018) im Socialnet Lexikon.

Institutionen des Rechtes angewiesen. Engagierte Akteure sind darauf angewiesen, dass das Recht ihre Freiheit, sich öffentlich zu äußern und durch Demonstrationen und andere auffällige Maßnahmen Aufsehen zu erregen, schützt, so dass es unmöglich ist, sie zum Verzicht auf ihre Forderungen oder gar zum Aufgeben zu zwingen. Sie sind oft unbequem, für manche Teile der Gesellschaft gar befremdlich. Sorgsam abgewogene Rechtsbrüche im Einzelnen können als Zeichenhandlungen unter Umständen zusätzliche Aufmerksamkeit verschaffen. Aber dieses Mittel muss mit Augenmaß und einer gewissen Vorsicht eingesetzt werden. Eine «fünf vor zwölf»-Stimmung könnte dazu verführen, auch weitreichende Rechtsbrüche in Kauf zu nehmen, damit die Rettung der Welt vor Umwelt- und Klimakatastrophen vielleicht doch noch gelingen könnte. Diese Vorgehensweise hat sich bisher als nicht zielführend erwiesen. Es ist nicht selten so, dass der Rechtsbruch in der öffentlichen Diskussion stärker thematisiert wird als der Grund, warum Recht gebrochen wurde.

b) Der Gebrauch von Macht ist immer von einer gewissen Zweideutigkeit begleitet. Man ist auf Bündnispartner angewiesen, mit deren Positionen man in vieler Hinsicht nicht übereinstimmt, man muss Kompromisse schließen, die Elemente enthalten, die man von der Sache her eigentlich nicht billigen kann. Und man muss ein Gespür dafür entwickeln, wo jeweils die Grenze ist: Welche Bündnispartner kommen definitiv nicht in Frage, welche Art von Kompromissen ist auf alle Fälle auszuschließen? Oft noch problematischer als die Wahl von fragwürdigen Bündnispartnern ist jedoch der Fundamentalismus in Umweltfragen, d. h. eine Mentalität, die überhaupt keine Bündnisse eingehen kann, da sie bei jedem potenziellen Bündnis so sehr auf die Reinheit der Lehre schaut, dass eigentlich niemand mitmachen möchte außer denen, die sowieso schon dabei sind. Wer Ziele der Nachhaltigkeitspolitik verwirklichen möchte, kommt nicht umhin, mit Macht umzugehen. Dazu braucht man Vertrauen und Hoffnung: Vertrauen, dass die richtige und gerechte Sache bei wackligen Bündnispartnern und bei denen, mit denen man unbequeme Kompromisse eingegangen ist, doch langfristig ihre Wirkung ausübt. Und Hoffnung braucht man, um die Halbheiten und die Irrwege des politischen Geschäftes auch nur einigermaßen auszuhalten, ohne zu verzweifeln.

Literatur

Paulick, C. (2018). *socialnet Lexikon: Macht | socialnet.de*. socialnet. https://www.socialnet.de/lexikon/Macht.
Piketty, T. (2022). *Eine kurze Geschichte der Gleichheit* (S. Lorenzer, Übers.). C.H. Beck.

Printed in the United States
by Baker & Taylor Publisher Services